饮料

李祥睿 陈洪华 编著

制作与调配

YINLIAO

ZHIZUO YU

TIAOPEI

U0296670

化学工业出版社

·北京·

内 容 提 要

本书主要介绍了饮料的品种设计、调制方法、色彩配制、香气调配、口味调配、装饰造型、质感调配、营养评价等，附有大量茶类饮料、咖啡类饮料、果汁类饮料、乳类饮料、冰鲜类饮料的详细配方和制作过程。

本书可供饮料生产企业技术管理人员、饮料爱好者参考，也可作为食品相关专业师生的参考读物。

图书在版编目（CIP）数据

饮料制作与调配/李祥睿，陈洪华编著. —北京：化学工业出版社，2020.7（2024.11重印）
ISBN 978-7-122-36643-6

Ⅰ.①饮… Ⅱ.①李… ②陈… Ⅲ.①饮料-制作
Ⅳ.①TS27

中国版本图书馆 CIP 数据核字（2020）第 075432 号

责任编辑：彭爱铭　　　　　　　　装帧设计：刘丽华
责任校对：王素芹

出版发行：化学工业出版社（北京市东城区青年湖南街 13 号　邮政编码 100011）
印　　装：北京科印技术咨询服务有限公司数码印刷分部
710mm×1000mm　1/16　印张 23¾　字数 470 千字　2024 年 11 月北京第 1 版第 6 次印刷

购书咨询：010-64518888　　售后服务：010-64518899
网　　址：http://www.cip.com.cn
凡购买本书，如有缺损质量问题，本社销售中心负责调换。

定　　价：88.00 元　　　　　　　　　　　　　　　　版权所有　违者必究

前　言

近年来，我国软饮料行业飞速发展，已经成长为一个庞大、成熟的市场，形成了原料供应—制造—流通完整的产业链条和工业体系。饮料种类繁多，根据产品属性可以分为工业化产品和手工制作产品。

《饮料制作与调配》分为七章：在第一章中概述了饮料的概念、分类及发展趋势；第二章介绍了饮料的品种设计、调制方法、色彩配制、香气调配、口味调配、装饰造型、质感调配、营养评价、创新调配等知识；第三章介绍了茶类饮料的配方案例；第四章介绍了咖啡类饮料的配方案例；第五章介绍了果汁类饮料的配方案例；第六章介绍了乳类饮料的配方案例；第七章介绍了冰鲜类饮料的配方案例。

本书中配方皆为手工制作产品类型，而且对每种饮料案例都给出了原料配方、制作过程等介绍。在编写过程中，本书力求浅显易懂，把握当下流行的饮料趋势，以实用为原则，理论与实践相结合，注重理论的实用性和技能的可操作性，便于读者掌握，是广大饮料爱好者的必备读物，同时，本书也可作为食品相关企业从业人员及广大食品科技工作者的参考资料。

本书由扬州大学李祥睿、陈洪华编著。中国人民大学王祚荣，清华大学周静，江南大学陆中军，扬州市广陵区委组织部李佳琪，扬州市旅游商贸学校高正祥、王文琪、王志强、豆思岚、张亮亮、沈海军，浙江信息工程学校帅飞飞、周倩，浙江省绍兴市上虞区职业中等专业学校陶胜尧，江苏省大丰中等专业学校潘宏香，盐城市东台磊达大酒店徐用军等提供了部分配方素材。另外，本书在编写过程中，得到了扬州大学旅游烹饪学院（食品科学与工程学院）领导以及化学工业出版社的大力支持，并提出了许多宝贵意见，在此，谨向他们一并表示衷心的感谢！

由于本书涉及的学科多，内容广，加之编者的水平和能力所限，书中难免有疏漏和不足之处，敬请同行专家和广大读者批评指正。

李祥睿　陈洪华
2020 年 2 月

目录

Chapter 4

第四章 咖啡类饮料 / 109

Chapter 5

第五章　果汁类饮料 / *196*

Chapter **6**

第六章　乳类饮料 / *271*

Chapter 7
第七章　冰鲜饮料 / 289

第一章

饮料概述

近年来，饮料行业持续火爆。天天排队的喜茶，主打茶＋软欧包的奈雪的茶，以颜值著称的鹿角巷，因抖音爆火开了 200 多家加盟店的答案茶……过去的这一两年里，我们朋友圈里刷屏的那些场景，总有各种饮料品牌的身影。

从数据看，行业报告显示，2018 年我国现制饮料市场全面爆发，开店数保持在高位，截止到 2018 年第三季度，全国现制饮料门店数达到 57 万家，一年内增长 59%。2019 年大戏仍在上演，2020 年虽然开年碰到疫情，但未来依然可期……

是谁在推动饮料行业大爆发？深究饮品爆发的背后，我们会发现购买力升级、消费理念提升、技术变革，这三方面的因素创造的"新消费环境"为现制饮品行业的发展提供了契机。

第一节　饮料的概述

根据国家 GB/T 10789—2015 标准定义：饮料，即饮品，它是经过定量包装的，供直接饮用或按一定比例用水冲调或冲泡饮用的，乙醇含量（质量分量）不超过 0.5% 的制品，也可为饮料浓浆或固体形态。它的作用是解渴、补充能量等。

人类文明始于饮食，这里的"饮食"，指的是"饮品与食品"。《诗·小雅·楚茨》："苾芬孝祀，神嗜饮食。"郑玄笺："苾苾芬芬有馨香矣，女之以孝敬享祀也，神乃歆尝女之饮食。"中也是这个意思，它是人类生存和提高身体素质的首要物质基础，也是社会发展的前提。当人类开始进入文明时代，饮食就已成为人类自身智慧和技艺的创造，具有了文化属性。进入现代文明社会之后，人们对饮食也尤为重视，更加注重饮品与食品的天然、健康、营养、时尚、安全。

第二节　饮料的分类

饮料的种类较多，用料广泛，在我国，常根据饮料的原料、饮用习惯和流行趋势进行分类，大致可分为以下几种。

一、茶类饮料

以茶叶或茶叶的水提取液或其浓缩液、茶粉（包括速溶茶粉、研磨茶粉）或直接以茶的鲜叶为原料，添加或不添加食品原辅料和（或）食品添加剂，经加工制成的液体饮料，如原茶汁（茶汤）/纯茶饮料、茶浓缩液、茶饮料、果汁茶饮料、奶茶饮料、复（混）合茶饮料、其他茶饮料等。

二、咖啡类饮料

以咖啡豆和（或）咖啡制品（研磨咖啡粉、咖啡的提取液或其浓缩液、速溶咖啡等）为原料，添加或不添加糖（食糖、淀粉糖）、乳和（或）乳制品、植脂末等食品原辅料和（或）食品添加剂，经加工制成的液体饮料，如浓咖啡饮料、咖啡饮料、低咖啡因咖啡饮料等。

三、果汁类饮料

以水果等原料，经加工或发酵制成的液体饮料。

四、乳类饮料

以乳或乳制品为原料添加或不添加其他食品原辅料和（或）食品添加剂，经加工或发酵制成的制品，如配制型含乳饮料、发酵型含乳饮料、乳酸菌饮料等。

五、冰鲜饮料

通常指经过冷冻制作或利用冷冻原料制作而成的饮品，包括冰沙、奶昔、冰激凌等。

六、其他饮品

一般指以食、药两用或新资源食材为主加工而成的饮品。

第三节　饮料的流行趋势

世界饮料工业从20世纪初起已达到相当大的生产规模。20世纪60年代以后，饮料工业开始大规模集中生产和高速度发展。矿泉水、碳酸饮料、水果汁、蔬菜汁、奶等都已形成大规模和自动化生产体系。时至21世纪的今日，饮料品种越来越多，产品之间也是跨界融合，而且随着国内经济的发展和生活水平的提高，人们对饮料的选择开始讲究营养和口味。

健康、绿色、定位清晰的饮料产品将会成为未来几年饮料产品市场的发展趋势。

一、政策到位，经济发展，带动了饮料市场的发展

据国家发展和改革委员会发布的《产业结构调整指导目录》（2013年修订）提出，要鼓励"热带果汁、浆果果汁、谷物饮料、本草饮料、茶浓缩液、茶粉、植物蛋白饮料等高附加价值植物饮料的开发生产与加工原料基地建设；果渣、茶

渣等的综合开发与利用"。

另据《国民经济和社会发展第十三个五年规划》指出："十三五"期间经济社会发展的主要目标是"经济保持中高速增长。在提高发展平衡性、包容性、可持续性基础上，到 2020 年国内生产总值和城乡居民人均收入比 2010 年翻一番，主要经济指标平衡协调，发展质量和效益明显提高。"收入水平的提高有助于推动居民消费能力的提升和消费结构的升级，有利于推动饮料等快速消费品市场的稳定发展。

2017 年 1 月 5 日，国家发展和改革委员会、工业和信息化部发布《关于促进食品工业健康发展的指导意见》。提出食品工业发展目标：到 2020 年，食品工业规模化、智能化、集约化、绿色化发展水平明显提升，供给质量和效率显著提高。产业规模不断壮大，产业结构持续优化，规模以上食品工业企业主营业务收入预期年均增长 7% 左右；创新能力显著增强，"两化"融合水平显著提升，新技术、新产品、新模式、新业态不断涌现；食品安全保障水平稳步提升，标准体系进一步完善；资源利用和节能减排取得突出成效，能耗、水耗和主要污染物排放进一步下降。这有利于推动我国饮料行业的稳定发展。

2017 年 3 月，国家食品药品监督管理总局发布了《关于食品生产经营企业建立食品安全追溯体系的若干规定》，提出食品生产经营企业通过建立食品安全追溯体系，记录和保存食品质量安全信息，实现食品质量安全顺向可追踪、逆向可溯源、风险可管控。从制度上保证了饮料的健康安全发展。

二、健康理念，口味升级，推动了饮料市场的消费

随着国民生活水平日渐提高与健康消费观念的增强，天然、健康的饮品更容易受到消费者青睐，因此饮品市场也将迎来新一轮的变化调整。

例如，传统台式奶茶的高糖高脂将逐渐被低脂或脱脂原料取代；果茶饮品以新鲜水果搭配优质茗茶、鲜榨果汁为主要原料制作；辅料方面则替换成手作珍珠芋圆、新鲜果粒与五谷罐头等相对健康的产品。

再如，饮品健康化的同时也预示着茶饮市场未来将以高端路线为发展方向，从原料到产品再到服务，各项体验将稳步提升。例如，中国茶饮行业的发展在经历了两个阶段后（第一阶段为粉末时代，第二阶段为街头时代），现正往第三阶段迈进，即新式茶饮时代。预计将来，新式茶饮的风头将更甚，特别是新中式茶饮将占据饮品市场的半边天。新中式茶饮之所以能在众多品类中脱颖而出，与产品品质的提升有很大的关系。在定位上，新中式茶饮为中高端饮品，以适合中国人口味的茶为主要切入点，从而衍生出一系列茶饮品，其独到的保健作用以及创新的搭配，受到许多消费的喜爱。

还有，茶饮市场的更新迭代速度快，单一的健康茶饮已经无法满足消费者的需求。其中以"茶饮＋软欧包"以及"茶饮＋轻食"为主要改造方向的时尚化、

轻餐饮化转型工作正进行得如火如荼。其中软欧包近两年在内地发展迅猛，不同于口感软糯、以甜腻为主的日式面包，软欧包个大厚实，口感外脆内韧，以高纤、低糖、低油、低脂为特点，注重谷物的天然原香，是一种更适合中国人口味的面包。时尚健康且色香味俱全，赢得了市场的青睐。

同时，受网红文化影响，消费者热衷通过社交媒体被种草，"喜欢"成为消费者购买的主要动机，"口味好"是现制茶饮消费者的核心需求，"优惠活动"也是消费者购买现制茶饮关注的要素。

总之，在产品体系方面，预计越来越多的饮料品牌将朝着多元化方向拓展，走多产品体系，如咖啡＋烘焙、奶茶＋甜品等复式经营模式，不仅可以促进消费者的购买欲，同时还可以提升客单价，从而增加盈利，推动饮料市场的消费。

三、城市发展，网络便利，刺激了饮料市场的消费

2017 年中国城市人口数量突破 8 亿，城市化渗透率提升至 58.5%，近年来城镇居民人均可支配收入达到 36396 元……城市人口数量增长及城镇居民收入水平的持续提升，直接影响中国消费者购买力提升，同时也带动现制饮品消费能力提升。

另外，80/90/00 后已经成为消费主力，这一代人将拉动未来五年 69% 的经济增长，社交属性影响下产生的消费显著增加。饮品恰恰是极具社交属性的产品，看它的主要消费场景就知道了：办公室下午茶、合作约谈、休闲放松等。其中饮料行业报告中显示，女性消费独树一帜：在现制茶饮消费用户性别分布中，男女比例为 1：3，女性成为消费主体人群。

再加上外卖行业的快速发展，移动 App、小程序帮助现制饮品商家在线上便捷触达消费者，这些都扩展了现制饮品消费场景——不管楼下有没有饮品店，下午 3 点，中国各城市的办公室白领们都能一起点杯下午茶；早起太困？加班太累？手机下单，提神咖啡 30 分钟内就能送达。

总之，综合以上种种情况，都刺激了饮料市场的发展。

第二章

饮料的
调配技巧

饮料常指软饮料，又称清凉饮料或无醇饮料。饮料的主要原料是饮用水或矿泉水、果汁、蔬菜汁或植物的根、茎、叶、花和果实的抽提液。其基本化学成分是水分、碳水化合物和风味物质，有些饮料还含蛋白质、维生素和矿物质。

第一节　饮料的品种设计

一、饮料的宏观设计原则

饮料的品种很多，但无论生产或调配哪一种饮料，从宏观来讲，都需要从以下几个方面来进行品种设计。

1. 紧跟潮流，遴选合适的饮料种类

中国饮料的年产量基本呈逐年增长的趋势，保持在两位数的百分比增长率，为 10.9%～20%，平均每年的总产量已接近 3000 万吨，是食品工业中发展速度最快的行业之一。目前，国内饮料市场流行的主要是含果肉、果纤类果汁，低糖或无糖茶饮料，以及瓶装水等产品。随着产品逐渐细化和细分的发展趋势，针对不同饮料消费群体的饮料市场将表现得更加丰富多彩。例如，从饮茶消费群体的性别方面来看，女性饮茶人数逐渐上升，分析其原因主要是因为饮茶有助于女性控制体重，防止身材发福变胖。同时女性群体对于茶饮料所具有的保健功能也较男性有着更高的认识。

随着健康理念的逐渐普及，消费者对于饮料的功能性以及健康功效越发重视，例如姜黄、抹茶、牛磺酸、芦荟等成了饮料配料表中的常客，总的来讲，人们追求的是富含维生素和其他营养物质、健康快捷的饮料产品。并在此基础上，新的消费趋势正在显现，在追求改善睡眠、提升体能、提高识别力、美容养颜、消脂减肥、促进消化等功效的同时，人们看重的是更加个性化的功能，例如口腔健康、保护心血管健康等。

2. 贴近需求，设计撩人的饮料包装

随着社会的进步与发展，形形色色的包装材料也越来越多了。我国饮料包装行业也在这个过程中逐步创新，经历了最早的纸盒包装、铝制罐头包装、玻璃瓶包装等，如今已经进入了塑料瓶包装以及复合型材料包装的新时代。目前，市面上各种互动性和创意性十足的包装也因为新材料的普及层出不穷，如各种运动饮料包装以及街边奶茶等手工饮料的包装，既方便携带和饮用，又新奇有趣，夺人眼球。

3. 营养健康，注重严格的饮料安全

大多数饮料具有一定的营养价值，但总的说饮用饮料的目的主要在于解渴，当然适当地添加些营养成分就更好。为此可以在饮料中加些天然果汁和维生素

C，其中维生素 C 还可以起到抗氧化作用。

同时，饮料大都以冷食为主，故又称冷饮。在生产过程中要加强卫生管理，对工具或设备应用蒸汽等进行严格消毒。半成品、成品要严格检验，要做到不合格的半成品不投产、不合格的成品不出产，严格遵守国家《食品安全法》。

4. 风味创意，打造前沿的饮料潮流

一杯色、香、味、型都能引人入胜的饮料，实际上是一件精美的艺术品，给人以视觉、味觉、触觉等综合的审美感受。风味创新和包装创意是饮料界永恒的追求，拥有了创新和创意才能带领饮料发展的潮流，赢得更多的消费群体。

二、饮料的微观设计原则

1. 新颖独特

任何一款饮料都必须突出一个"新"字，无论在包装表现手法，还是在色彩、香气、口味、质感、装饰等方面，以及饮料所表达的意境等都应令人耳目一新，给消费者以新意。

2. 易于推广

作为设计的饮料，首先，必须满足消费者的口味需要，易于被消费者接受；其次，也必须要考虑其价格因素；再次，必须有简洁的配方；最后，还必须有简便的调制方法。

3. 色彩鲜艳

色彩是表现饮品魅力的重要因素之一，任何一款饮料都可以通过赏心悦目的色彩来吸引消费者，并通过色彩来增加饮料自身的鉴赏价值。

4. 口味卓绝

饮品必须诸味调和，酸、甜、苦、辣诸味必须相协调。过酸、过甜或过苦都会掩盖人的味蕾对味道的品尝能力，从而降低饮料的品尝价值。

三、饮料的品种设计步骤

1. 创意

创意，又称立意，即确立饮料的设计意图。可以因人、因时、因事、因物等而产生设计灵感。

2. 选料

任何一款饮料，有了好的创意还需要通过具体的原料来进行具体形象的表达，因此，确定了创意后，认真准确地选择调配原料就显得十分重要。可以根据色泽、口味、香味、质感及营养成分等条件选择原料。

3. 调配

根据具体饮料的制作方法调配饮品具体品种。

4. 包装

包装是饮料风味特征色、香、味、型中"型"的重要组成部分。所谓饮料是体，包装是衣，人靠衣装，饮料也要靠包装。包装的设计和选择在饮料设计中具有十分重要的作用。好的包装能让人耳目一新，抓住消费者的眼球。

5. 装饰

装饰是现场调制饮料的最后一道工序，装饰的目的有两个：一是调味，二是点缀。借助于装饰物的制作，设计者可以将自己的艺术构思和艺术才华得到淋漓尽致的发挥。

6. 配方

饮料配方是保证饮品色、香、味等诸因素达到和符合规定标准、要求的基础。因此，不论创新什么样的饮料，都必须筛选、制定相应配方，规定饮料主辅料的构成，陈述基本的调制方法和步骤。所以，标准饮料配方包括名称、主辅料及其用量、调制方法、包装（载杯）、装饰物、创意、口感特征等几个方面。

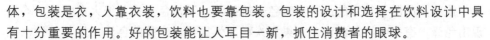

第二节　饮料的调制方法

本书稿涉及的具体饮料制作多为清吧、茶屋、咖啡厅等场所通用的制作方法，简单实用，色、香、味、型俱佳。其制作方法主要有以下 3 种。

一、电动搅和法

搅和法是把饮料与碎冰块或刨冰按配方分量放进粉碎机中，启动电动搅拌要运转 10～20 秒后，连冰带饮料一起倒入载杯中。这种方法调制的饮料多使用哥连士杯和特饮杯。

二、搅拌法

采用调酒杯和吧匙调配软饮料的方法叫搅拌法。将两种或两种以上的饮料混合而成。

三、摇晃法

摇晃法又称摇动法或摇和法，即使用摇酒壶（雪克壶）将含鸡蛋、牛奶、奶油、糖浆、果汁等进行摇匀的一种调制方法。

第三节　饮料的色彩配制

色泽是辨别饮料的先决条件，有的色泽使人喜悦而引起食欲，有的则使人感到厌恶。

　　饮料产品除了特定的品种为无色天然果汁，不加色素外。绝大多数饮料均呈现出色泽，有些会添加色素，水果型饮料尤为重要，产品的色泽如果与天然水果的色泽相一致，则能给消费者产生一种真实感，产品就具有吸引力，要使产品获得理想的色泽，就得掌握调色知识。

一、色素分类

　　色素可分为天然色素和人工合成色素两大类（表2-1），天然色素无毒、安全，添加量一般不受限量，大都用于儿童饮料和保健饮料，但天然色素着色力弱，用量大，保存期短，色泽单调且不够鲜明，对热和光不稳定，容易退色和变色。使用天然色素应遮免高温加热和日光照射，色液要严格过滤，添加适量的维生素C，以防止因氧化而造成退色和褐变，尽管天然色素调色，不十分理想。但由于它对人体无害而受到消费者的青睐，并有不断上升的趋势。

表2-1　色素分类

名称 　　　分类	天然色素	人工合成色素
红色素	甜菜红、番茄红、辣椒红	胭脂红
黄色素	胡萝卜素、栀子黄、姜黄、藏红花黄	柠檬黄、日落黄
绿色素	叶绿素	果绿
紫色素	玫瑰茄、葡萄色	
蓝色素		靛蓝、亮蓝
棕色素	可可、咖啡、焦糖	

　　人工合成色素有着色力强、用量少、色调鲜明、耐热耐光性较好等优点，但对人体健康无益，添加量受到严格的限制，绝对不允许超过国家卫生标准规定用量，如调复色（几种色素调成的色泽）则应以几种色素总用量计规定用量为0.01%，避免在儿童饮料和保健饮料中使用为宜。

二、调色方法

　　因水果型饮料在饮料产品占主要地位，所以对水果型饮料调色的研究十分重要。天然水果的色由叶绿素。叶黄素、胡萝卜素、花青素和黄酮类等成分组成，是十分复杂的。各种水果所含色素各不相同，故无论添加天然或人工合成的单色素均不易调成天然水果的色泽，往往要采用复色调配而成。调色时，首先要确定主色，然后考虑辅色，还要懂得不同色素调配时形成的色泽，如黄色＋蓝色＝绿色，黄色为主色，蓝色为辅色，则呈淡绿色，蓝色为主色，黄色为辅色，呈深绿色；红色＋蓝色＝紫色，红色为主色，蓝色为辅色，呈红紫色，蓝色为主色，红色为辅色，呈紫红色；红色＋黄色＝橙色，红色为主色，黄色为辅助，呈橙红色，黄色为主色，红色为辅助色，呈橙黄色。各种色素加入白色乳化剂中均呈淡色调，如粉红色、淡黄色、淡蓝色、淡绿色等。具体见下面配色规律：

基本色　　红　　　黄　　　蓝　　　红　　　黄

二次色　　　　橙　　　绿　　　紫　　　橙

三次色　　　　　　橄榄　　　灰　　　棕褐

　　要获得理想的色泽，应按不同的色素和不同的比例，做大量的调色试验。以标准色卡为准，将调好的色液，放在比色管中作对照，选择最佳色泽，然后确定色素和添加量的数据，作为配方。调色时还要考虑到不同的色素在受热、受光和在酸碱条件下的不稳定因素，为防止成品在后期褪色、变色等情况的发生，应作常温冷藏、光照等保藏观察试验，调色还应考虑到地方性和习惯性，水果型饮料有的按照果皮的色泽调色，有的则以果汁的色泽调色。

　　大城市喜爱淡雅的色调，农村则可能以深一些的色调为宜。调色时应注意到不要将色素直接加入糖浆中，事先将色素配成色素母液然后使用。以免色素在糖浆中溶解不均匀，造成色点和沉淀。

第四节　饮料的香气调配

　　饮料中的香气是指挥发性物质经鼻子的嗅觉神经传递到中枢神经而引起的感觉，香气与口味也有着密切的关系，所以，在鉴别香气时往往还要借助于舌头来品尝饮料，香气的种类有花香、果香、药香、乳香、焦香等香型。饮料常用香料的类型见表2-2。

表2-2　饮料常用香料的类型

花香型	茉莉、玉兰、玫瑰、菊花、金银花等
果香型	苹果、柠檬、橘子、柚子、菠萝、桃子、草莓、芒果、荔枝等
药香型	玉桂、茴香、丁香、豆蔻、薄荷、生姜等
乳香型	牛奶、黄油等
焦香型	焦糖、烘焙可可、烘焙咖啡、炒麦芽等

　　一般具有芳香的挥发性物质才会产生香气，其组成成分较为复杂，大多含有萜、烯、醇、醛、酮、酯等有机成分组成。饮料除花香型饮料，因含有萃取的芳香物质可以不添加香料外，水果型饮料仅在果汁中含轻微的香气，还有的饮料本身无香气，均要借助于添加香料或香精以弥补其不足。香料可分为天然香料和人工合成香料。天然香料是从植物中提取的芳香物质，称之为精油或芳香油；人工合成香料系根据香气成分的化学结构经人工合成而得。将香料用乙醇、丙二醇等

溶剂稀释后，称之为香精。在香精中添加胶体物质，如阿拉伯树胶、变性淀粉等，经研磨再加溶剂稀释而得者称之为乳化香精（混浊香精）。

调香时要根据不同产品，选用不同的香型，如花香型饮料选用花香型香料；果香型饮料选用果香型香料，以此类推。当选择好香型后，要确定主香料和辅助香料，在鉴别香气时，不要用鼻子直接嗅闻，也不要连续多次嗅闻，以免嗅觉神经受到刺激而失鉴别能力。应用调香纸片蘸少量香料，离开鼻子的适当距离，嗅闻次数亦不能太多。由于鼻腔中发出的香气比较正确，也可以将香料滴入水溶液中经搅拌均匀后，通过品尝鉴别香气，调香应由淡到浓逐步添加香料，总用量控制在 0.08%～0.12%。直到香气柔和协调，方可作为配方，用量还要注意所用香精的牌子和编号，因为同一品名由于牌子和编号不同，所调配的香气差距很大，影响产品质量的稳定性和一致性。香料中含有大量的挥发性物质，在调香时不能将香料直接加入热的糖浆中，而应先使糖浆冷凉后加入香料以免芳香气挥发掉，加入香料后应进行搅拌，使香液在糖浆中充分混合。

第五节　饮料的口味调配

食品中的可溶性物质溶于唾液中刺激舌面味觉神经的味蕾产生味感，当人体对味觉发生好感时即分泌出大量的消化液而增加食欲，故食品的滋味是否适口是至关重要的。

饮料的主要呈味物质是糖和酸，个别的产品还含有苦味质和单宁，呈苦涩味，所以糖和酸的配比（甜酸比）是十分重要的。不同的甜味料和酸味剂，又能产生不同的甜酸味，为了调配成适合的口味，还应根据不同的产品选用不同的甜味料和酸味剂，水果型饮料尤为重要。常见水果糖、酸、果胶含量见表2-3。

表2-3　常见水果糖、酸、果胶含量　　　　　　单位:%

品名	总糖	葡萄糖	果糖	蔗糖	总酸	柠檬酸	苹果酸	酒石酸	果胶
柑橘	9～11.5	2.0～4.0		4.0～8.0	0.5～1.5	＋	－		4.2
橙子	6～16				2.0～4.0	－			4.4
苹果	8～14	2.0～4.0	4.0～8.0	3.0～6.0	0.2～0.8	－	＋	－	1.5～2.0
洋梨	8.2～12	0.5～2.5	5.0～9.0	0.2～2.0	0.1～0.6		＋		0.4～0.9
樱桃	7～12	4.0～8.0	3.0～6.0		0.2～0.4	＋	＋		0.4～1.0
葡萄	10～16	4.0～8.0	4.0～8.0		0.5～1.5			＋	0.6～1.6
草莓	3.6～4	3.5～4.5	2.5～3.5	1.5～1.7	0.3～1.0	＋			0.6～0.7
菠萝	10～11		2～3	7～8	1.2～1.4	＋			
柚子	10～11.3				8～9	＋			1.6～4.5
梅子	6～10				4～6				2～3

续表

品名	总糖	葡萄糖	果糖	蔗糖	总酸	柠檬酸	苹果酸	酒石酸	果胶
柠檬	2～3				4～8	＋	－		3～4
桃子	7～11	0.5～1.0	4.0～8.0	3.0～7.0	0.5～0.8	＋	－		0.3～1.2

注："＋"表示含量多；"－"表示含量少。

甜味与糖度有关，糖度10%有快适感，20%时有不易消散的甜感。葡萄糖可以改善香气，有爽口和清凉感。各种甜味料的甜度不同，见表2-4，在使用时以蔗糖为标准进行折算。

味觉与温度亦有关，一般在10～40℃之间较易感觉，以30℃为最敏感，在50℃以上其感觉明显迟钝，酸味更显著，故在品尝时应事先放在冰箱中降至适当温度时才品尝。

表 2-4 几种甜味料的甜度

品名	甜度	品名	甜度
蔗糖	100	麦芽糖	32.5
葡萄糖	70	糖精	3000～5000
果糖	130	甜菊糖	3000

甜味与舌头接触至感觉甜味的时间各有不同，蔗糖甜味感觉较快，消失也较快，而高果糖甜味感觉比蔗糖更快，消失也快，所以采用蔗糖和高果糖配制的饮料甜味柔和并有爽口感；糖精和甜菊糖配制的饮料上口感到甜味不足，后味又腻口，不适合配制高级的饮料。

酸味由溶液中解离后的氢离子所引起的，不论无机酸、有机酸以及酸性盐类均有酸味，但其强度并不与溶液中 pH 相一致。就各种酸的呈味极限值而言，无机酸为 pH3.4～3.5，有机酸为 pH. 3.7～4.9，酸性盐 pH 值为 5.3～6.4。水果型饮料常用酸味剂为柠檬酸、苹果酸、酒石酸，可乐型饮料为磷酸，乳品型饮料为乳酸。各种酸的酸度见表2-5。

表 2-5 饮料常用酸的酸度

品名	酸度	品名	酸度
柠檬酸	1	乳酸	1.2
苹果酸	1.2	磷酸	1
酒石酸	1.2～1.3		

由于水果的品种不同成熟度不一，糖和酸的含量差别很大，一般含糖量采用上限值，果汁和果汁饮料所选用之果汁，应是品种优良、成熟度较高的新鲜水果，所取得的原果汁不加糖、香料、色素和增稠剂等添加物。果汁和果汁饮料其区别在于果汁含量的多少，见表2-6。

表 2-6　果汁、果汁饮料的果汁含量

浓缩果汁	原果汁的 3～5 倍
原果汁	含原果汁 100%
果汁饮料	含原果汁的 50% 以上
含果汁饮料	含原果汁的 10% 以上
果汁汽水	含原果汁的 2.5% 以上
果味汽水	含原果汁的 2.5% 以下

饮料可分为含气饮料（汽水）和不含气饮料（果汁饮料、乳品饮料等）两类，汽水以含糖量分又可分为高糖、中糖、低糖三个等级，见表 2-7，果汁饮料、乳品饮料一般在用餐前后饮用，在一定意义上是为了调节口味，增加营养和帮助消化。

表 2-7　汽水含糖量的分类

高糖（全糖）	含糖 10% 以上，不含糖精
中糖	含糖 7% 以上，糖精含量不超过 0.015%
低糖	含糖 5%～7%，糖精含量不超过 0.015%

饮用汽水的主要目的是在于解渴，除了含有香气和甜酸味外，还要含有二氧化碳气体，当饮用后 CO_2 气体在体内受热膨胀从而从胃里逸出会产生爽口感和清凉感。

第六节　饮料的装饰造型

饮料装饰是调制饮料的最后一道工序，当然不是所有的饮料都需要装饰，但它对创造饮料的整体风格，提高饮料的外在魅力起着重要作用。一杯饮料只有经过精心装饰，才能使其更添美丽色彩和诱惑力，使其最终成为一杯色、香、味、型俱佳的饮料。

一、装饰物的选择与应用

1. 装饰物的选择

饮料装饰物的选择范围比较广泛，常常选择以下几类材料：

（1）蔬菜类　蔬菜类装饰材料常见的有西芹条、酸黄瓜、新鲜黄瓜条、红萝卜条、樱桃番茄等。具有蔬菜的特殊清香、美好的色泽和自然成趣的外形，与饮料巧妙搭配，相得益彰。

（2）水果类　水果类是饮料装饰最常用的原料，如柠檬、青柠、菠萝、苹果、香蕉、杨桃等。根据饮料装饰的要求可将水果切配成片状、皮状、角状、块状等进行装饰。

（3）花草类 花草绿叶的装饰使饮料充满自然和生机，令人倍感活力。花草绿叶的选择以小型花序和小圆叶为主，常见的有新鲜薄荷叶、洋兰等。花草绿叶的选择应清洁卫生，无毒无害，不能有强烈的香味和刺激味。

（4）其他类 人工装饰物包括各类吸管（彩色、加旋形等）、调酒棒、象形鸡尾酒签、小花伞、小旗帜等。甚至载杯的形状和杯垫的图案花纹，对饮料也起到了装饰和衬托作用。

2. 装饰物的应用

装饰是饮料的一个重要组成部分。一杯饮料给人最初印象的好坏，装饰会起很大的作用。在饮料实际调制过程中，装饰物的应用应注意以下几点。

① 要留意杯的大小和装盛成品饮料的整体比例。

饮料所用的装饰是用来突出它的外观，而不是掩盖它的真貌。饰物的大小、形状应与酒杯的大小、形状相互映衬。虽然并不一定严格强调"黄金分割"的比例，但也要与饮料形成一体，起到"万绿丛中一点红"的点缀效果。

② 要注意蔬菜水果、花草类饰物的季节性。

蔬菜水果、花草绿叶都有季节性，有时未必恰逢时令，也许当时只需一串新鲜的红醋栗简单地挂在杯边，或者一小束蘸了糖霜的葡萄，已足以成为极为有效的装饰物。注意混合互补的颜色与不同质感，选取与饮料颜色相呼应的蔬菜、水果等，都是正确的最后装饰艺术。

③ 饮料的装饰宁简勿繁、宁缺毋滥。

一般来说，当选择饮料的装饰物时，较保守的做法是宁愿让人觉得简单一点。否则，这杯饮料便会令人觉得没有亲切感，甚至拒人于千里之外。因为不是每一杯饮料都需要这种大量的装饰。一杯饮料的装饰不可过多、过滥，要抓住要点，使其成为陪衬而不是主角。

二、装饰形式

饮料的饰物多种多样，尽管如此，通常根据装饰物的某些共有的特点和装饰规律将饮料的装饰形式分为三大类。

1. 点缀型装饰

大多数饮料的装饰，都属于这一类。主要饰物为蔬菜水果、花草绿叶等，因为它们修剪后体积小，颜色与饮料相协调，能较好地发挥其装饰作用。

2. 调味型装饰

调味型饰物主要是具有特殊味道的调料和特殊风味的果蔬等。常见的调料为盐、糖、辣椒汁等；特殊风味的果蔬主要有柠檬、芹菜、珍珠洋葱、薄荷叶等。

3. 实用型装饰

实用型饰物主要有吸管、调酒棒、装饰签等，具有装饰和实用双重功能。

三、常见的装饰方法

饮料的装饰方法主要有以下几种。

1. 杯口装饰

杯口装饰是常用的装饰方法之一。其特点是装饰物直观突出，色彩鲜艳，与饮品协调一致。由于多数装饰物属水果类，为此，需要掌握水果类装饰物制作技法。

2. 杯中装饰

杯中装饰是指将装饰物放在杯中，或沉入杯底，或浮在饮料的表面上。其特点是艺术性强，寓意含蓄，常能起到画龙点睛的作用。它不像杯口装饰有大的空间可以摆设，因此所用装饰物不宜太大。常用装饰材料有水橄榄、珍珠洋葱、樱桃、柠檬皮、芹菜、薄荷叶、花瓣等。有时为了让装饰物浮在饮料上面，可用牙签串插支撑或以冰块、碎冰粒堆为依托，让装饰物显露出来。

3. 雪霜杯装饰

雪霜杯又称雪糖杯，是指杯口需用盐或糖沾上一圈的装饰方法。由于像一层雪霜凝结于杯口，故称为雪霜杯。其制法是，先将杯口在柠檬的切口上涂一圈均匀的果汁，然后再将杯口在盛有盐或糖的小碟里蘸一下即成。雪霜杯不仅富有特色，而且也有调味的作用。

4. 实用装饰

（1）调酒棒　可准备各种形状和颜色的调酒棒，根据酒品的色调，插在杯中，一般多用于长饮类饮料。

（2）吸管　可准备各种色彩塑料吸管，根据配方的要求，在杯中插入吸管，既美观又实用。

（3）载杯　选用精美造型的载杯是重要的装饰手法之一。玻璃杯不仅是盛载饮料的用具，而且也是一种艺术品，各色造型的载杯，能给饮料增色无限。

（4）杯垫　各种花纹、色彩的杯垫既是一种实用品，也是一种装饰品。

（5）纸制工艺品　常用彩色纸制作小伞、小动物、小彩球等形状的装饰品，插在水果上面，使饮料更显得精致、美观。

5. 组合装饰

装饰物组合一般采用装饰签或吸管进行组合，这主要根据杯型的大小、装饰物的作用来完成。组合性装饰物更突出了装饰的技巧和艺术魅力。

第七节　饮料的质感调配

人们对饮料的感觉，受视觉、嗅觉、听觉、触觉的影响，其中，触觉的作用非同一般，所谓"饮食之道，所尚在质"，其中一个很重要的含义，即指食物的质感。它是构成饮料风味的重要内容之一。

在日常生活中，人们在品尝饮料时往往容易将饮料的质感与味感相混淆，因为饮料的味感与质感均需在口腔中经过咀嚼才能感受到。通过咀嚼后，舌头上的味蕾将味感通过味觉神经系统传输给大脑中枢神经；同时，饮料中的果粒、珍珠等在口腔中咀嚼、滚动、摩擦时被齿龈和软腭、硬腭感受到的一系列感觉，即质感，也通过触觉神经系统传送给大脑。这两者往往相互掺杂，相互影响，且前后传输给大脑的信号间距较短，所以人们在品尝饮料时，对饮料的味、质均感到满意时，往往会说："味道好""好喝"，这其中的"味"实际上便包含了"质"。

饮料的质感（日本人称之为物理味觉，相对于甜味、酸味、咸味、苦味等的化学味觉而言），也称为质地。它一般包括饮料的韧性、弹性、胶性、黏附性以及脆、嫩、软、硬、滑、松、酥、糯、绵、烂等口感。

例如，一般情况下大部分饮料为液体状态，形态大体可分为清汁型、混汁型、果粒型和果肉型四类。清汁型饮料，要求澄清透明、不混浊、无沉淀；混汁型饮料要求均匀混浊、浊度适中、无沉淀和分层；果粒饮料有清汁、混汁两种，但果粒不应破碎，果粒大小较一致，均匀地悬浮在饮料中，无下沉和上浮现象；果肉饮料与果粒饮料的区别在于饮料中所含果肉不呈颗粒状而是呈酱体，其含量为20%～60%，其工艺条件和果粒饮料大体相同。

此外，各大饮料制造商都在着力提升产品的口感、风味和配方，例如开瓶即饮咖啡产品。历来罐装咖啡难以复制咖啡厅那种绵密、丝滑的口感，为此，人们发明了"摇一摇"咖啡，摇晃之后口感更加丰富、复杂。

第八节　饮料的营养评价

饮料是以水为基本原料，由不同的配方和制造工艺生产出来，供人们直接饮用的液体食品。饮料除提供水分外，由于在不同品种的饮料中含有不等量的糖、酸、乳以及各种氨基酸、维生素、无机盐等营养成分，因此有一定的营养价值。

例如：果汁饮料是用成熟适度的新鲜或冷藏果实为原料，经机械加工所得的果汁或混合果汁类制品，或加入糖液、酸味剂等配料所得的制品。其成品可直接饮用或稀释后饮用。这类饮料还分为原果汁、鲜果汁、浓缩果汁和果汁糖浆等。果汁饮料是营养丰富、容易消化的理想饮料，且由于含有丰富的有机酸，可刺激胃肠分泌，助消化，还可使小肠上部呈酸性，有助于钙、磷的吸收。但也因果汁含有一定水分，不稳定，易发酵、生霉，因此要特别注意此类饮料的保质期和保存条件等，符合卫生质量者方可饮用。

再如，含乳饮料包括两类，一类以鲜乳或乳制品为原料，加入糖、果汁（或水、可可、咖啡）、食用香精及着色剂等配料得到的乳饮料；另一类以鲜乳或乳制品为原料，用乳酸菌或酵母发酵，加入糖、食用香精等配料而制得的糊状或液状制品，并以此为原料加水稀释的饮料。两种类型的饮料都具有一定的营养价值。

但总的来说，饮用饮料的目的主要在于解渴，当然适当地添加些营养成分更好。

保健饮料的范围较广泛，有的添加果汁和多种维生素，亦有的添加药物和微量元素，饮用后对人体起到一定程度的保健作用。

第九节　饮料的创新调配

长期以来，饮料市场一直保持着难以置信的活力和创新精神，其特点是新产品开发程度高，消费者竞争激烈。近年来出现了一股特别激烈的新产品开发热潮，出现了全新的细分产品。

一、抓住饮料流行趋势，创新饮料品种

为了在这个日益饱和的市场中竞争，必须开发新的、紧跟潮流的产品。消费者非常愿意品尝新产品，并欣赏其饮料选择的多样性。要了解消费者需求和未来的趋势是至关重要的。

例如，植物性饮食是整个食品行业的一个主要趋势。当前消费者的饮食习惯越发多元化、健康化，除了必要的肉和奶之外，人们摄入的植物成分产品越来越多，植物成分被认为更加健康、更加环保。植物成分产品在 2013～2017 年间的全球销量增长了 62%，而且这一增长并非是因为素食主义的普及，其中 86% 的消费者并非是素食主义者。数据显示，83% 平时喜欢在咖啡中加奶或奶油的消费者愿意尝试植物代奶产品，其中 34% 的人已经开始用植物奶代替牛奶，例如杏仁奶、豆奶、椰奶、花生奶、燕麦奶等。

在饮料营养方面，植物蛋白尤为重要，且很有吸引力，因为它们取代了乳清（一种乳制品的副产品）和其他不太理想的成分。像豌豆、糙米和麻类植物这样的蛋白质近年来作为奶昔和干制混合饮料的成分蓬勃发展。我们预计植物蛋白领域将继续发展，因为消费者对这一领域的兴趣没有减弱的迹象。有相当比例的购买者表示对用植物蛋白（如豌豆）制作的饮料感兴趣。

再如，强化咖啡饮料是一个日益增长的类别。消费者通过防弹咖啡（Bulletproof coffee）等健康品牌熟悉了咖啡作为一种功能性饮料的作用，防弹咖啡会在饮料中添加黄油和椰子油（或中链脂肪酸油，即 MCT 油），从而产生生酮作用，支持减肥。其他消费者正在寻求加工程度更低、含糖更少的能量饮料，而以咖啡为基础的饮料正好符合这一要求。

还如，减糖是饮料中的流行趋势。新的营养标签对食品和饮料中的糖含量进行了额外的检查。饮食趋势正从减少脂肪转向限制糖的摄入，因此，饮料制造商需要考虑如何在不影响口感的情况下降低糖分。

许多品牌都在利用风味调制技术来应对这一挑战，即使在没有额外糖的情况下，也可以利用香料来提高甜度的感觉。在国外，49%的美国消费者正试图少吃糖；在一项全球调查中，超过60%的受访者表示他们会监控自己的糖摄入量；全球25%的消费者积极寻求低糖食品。

最后，饮料的颜色和乡情值得晒图分享。从口味和颜色的角度看，消费者更加喜欢颜色鲜明、大胆的产品，年轻消费者日常习惯于在社交媒体上分享日常饮食，因此值得拍照的产品必定更受欢迎。颜色和功能性通常相辅相成，例如蓝色的甘蓝、红色的甜菜根、绿色的抹茶和紫色的茶等，既健康时尚，又非常适合拍照晒图。

乡情则能帮助人们暂时逃离繁忙、高压的生活环境。符合这一潮流的原材料包括谷物奶、生日蛋糕、现烤饼干、南瓜汁、枫糖、焦糖苹果等，这些也非常适合晒图分享。

总之，要想在市场洪流中乘风破浪，立于不败之地，关键是要紧跟市场潮流，把准市场方向，在大趋势的指引下进行产品研发和创新，打造具有自身特色的产品线，做出门店的差异化优势。

二、体贴服务升级体验，遴选饮料伴侣

饮料的升级发展如火如荼，例如，自现制饮料进入中国人的视野中，它在数年间历经了数场迭代与升级。最早的现制饮料，多以茶粉、奶精粉等人工调味配料所制成，价格低廉，以小店为主要贩卖场所；渐渐地，以茶叶冲泡为特点的茶混上鲜奶的鲜奶茶出现，鲜奶茶又变为现今人手一杯的奈雪的茶、喜茶等。

越来越多的品牌需要迎合消费者日益复杂的需求，通过"按需饮用"为消费者创造个性体验。千禧一代是这一趋势的主要推动者之一，因为他们在健康和便利需求方面引领着这一趋势。他们想要超越产品本身的独特体验，所以饮料品牌需要通过创新来提升自己的竞争力。

例如，开发不同的饮料产品来面对不同消费场景。在传统的早餐麦片、果汁、面包、下午茶的消费场景中，增加零食类如饼干、欧包、巧克力、咖啡、气泡饮料和茶类饮品的功能来适应消费场景。如某个品牌的茶饮与欧包的搭配堪称完美。精美的食材搭配，有嚼劲的粗粮面包里包裹着满满的坚果和其他配料，充满香甜的味道却又不让人感到腻烦，一口下去，很是满足。整体蓬松而柔软的面包用料十足，看上去其貌不扬，咬开后内里满是大块的坚果和果仁，微咸的口感极为别致，消费者对它赞不绝口，吃得根本停不下来！有了满分的欧包，少了可口的饮料怎么行！可口的饮料配着充实感满满的欧包，麦香与果香在口中相遇，

碰撞出惊艳美味，同时也让就餐变得更为营养健康。消费者有了满满的体验感，茶品与欧包组成了完美的伴侣。

其实在我国点心与饮料的搭配早有先例。例如，中式糕点如月饼、蛋黄酥、老婆饼、鲜花饼等，都属于中式点心，它们的最佳搭配是绿茶或花茶，这些中式糕点，味道虽然带有古早味的香甜，但是口感却比较干，总的来说是"干香"。绿茶、花茶这些清淡又不串味的茶，既可以缓解口中的干腻，又可以突出中式糕点的古早味。吃中式糕点，最好不搭配黑咖，容易串味。除了绿茶和花茶，牛奶、豆浆、甜羹也是不错的选择。港式点心如鸡蛋仔、冰火菠萝油、西多士、蛋挞一类的，它们的口感偏向于面包，但比面包的糖、油含量要高一些，这个时候搭配奶茶、牛奶、咖啡、豆浆、果汁都是极好的，甚至可以搭配冰激凌。

西式蛋糕如芝士蛋糕、慕斯蛋糕、巧克力蛋糕、提拉米苏等，它们的最佳搭配是咖啡和红茶。西式蛋糕的每一种，几乎都有自己突出的特色味道，口感比较湿润，但是难免会有些甜，这个时候就搭配浓一些的咖啡或红茶，比较解腻，还会更加突出西点自带的特色。但是不宜搭配酸奶、汽水、果汁，它们会冲淡蛋糕的味道。西式小点心如马卡龙、巧克力（也译作朱古力）、水果塔、派、曲奇等，通常比西式蛋糕更加甜，黑咖和红茶是百搭。

日式点心如羊羹、各色和果子、铜锣烧、鲷鱼烧等，颜值精美小巧，口感细腻，单独吃的话容易觉得甜，这个时候搭配绿茶、花茶、黑咖、玄米茶、抹茶等都是不错的选择。

总之，以上都是一些时尚经典的搭配，具体搭配还要看消费者的体验。

第三章

茶类饮料

一、果茶系列

1 泡沫绿茶

(1) 原料配方　绿茶水 250 毫升，冰块 5 块，果糖糖浆 10 克。

(2) 制作过程

① 在雪克壶中放入冰块，加绿茶水至八分满，再加入果糖糖浆。

② 双手急速晃动摇匀。

③ 倒入透明玻璃茶杯中即可。

2 苹果红茶

(1) 原料配方　苹果 1 个，红茶速溶袋泡茶 1 包，热开水 350 毫升，冰糖 25 克。

(2) 制作过程

① 苹果洗净切成 2～3mm 厚，再切出薄三角形片。

② 将红茶速溶袋泡茶茶袋与苹果片同时放入玻璃茶壶中，加入冰糖，用热开水闷香。

③ 将红茶轻轻倒入透明玻璃茶杯中。

3 草莓红茶

(1) 原料配方　草莓 2 颗，红茶速溶袋泡茶 1 包，热开水 350 毫升，冰糖 25 克。

(2) 制作过程

① 草莓洗净切成 2～3mm 厚，再切出薄三角形片。

② 将红茶速溶袋泡茶茶袋与草莓片同时放入玻璃茶壶中，加入冰糖，用热开水闷香。

③ 将红茶轻轻倒入透明玻璃茶杯中。

4 凤梨红茶

(1) 原料配方　凤梨 1 个，红茶速溶袋泡茶 1 包，热开水 350 毫升，冰糖 25 克。

(2) 制作过程

① 将凤梨去皮洗净切成 2～3mm 厚，再切出薄三角形片。

② 将红茶速溶袋泡茶茶袋与凤梨片同时放入玻璃茶壶中，加入冰糖，用热开水闷香。

③ 将红茶轻轻倒入透明玻璃茶杯中。

5 香蕉红茶

（1）原料配方 香蕉2根，红茶速溶袋泡茶1包，热开水350毫升，冰糖25克。
（2）制作过程
　① 香蕉去皮切成2～3mm厚，再切出薄三角形片。
　② 将红茶速溶袋泡茶茶袋与香蕉片同时放入玻璃茶壶中，加入冰糖，用热开水闷香。
　③ 将红茶轻轻倒入透明玻璃茶杯中。

6 柳橙红茶

（1）原料配方 柳橙1个，红茶速溶袋泡茶1包，热开水350毫升，冰糖25克。
（2）制作过程
　① 柳橙洗净带皮切成2～3mm厚，再切出薄三角形片。
　② 将红茶速溶袋泡茶茶袋与柳橙片同时放入玻璃茶壶中，加入冰糖，用热开水闷香。
　③ 将红茶轻轻倒入透明玻璃茶杯中。

7 泡沫红茶

（1）原料配方 立顿红茶袋1包，开水250毫升，冰块5块，果糖糖浆10克。
（2）制作过程
　① 先用开水冲泡红茶，过滤出茶汤备用。
　② 在雪克壶中放入冰块，加红茶汤至八分满，再加入果糖糖浆。
　③ 双手急速晃动摇匀，利用冷热冲击下急速冷却的原理产生泡沫。
　④ 倒入透明玻璃茶杯中即可。

8 梨香红茶

（1）原料配方 红茶包1个，水梨1个，热开水400毫升，冷开水200毫升，柠檬汁少许，蜂蜜1大匙（约15毫升），冰块适量。
（2）制作过程
　① 茶壶中倒入400毫升热开水，放入红茶包加盖闷泡5分钟，待茶汤颜色变红，取出红茶包，静置待凉，放入冰箱冰镇备用。
　② 水梨洗净，去皮核，切块，放入果汁机中和200毫升冷开水一起搅打成汁，加入蜂蜜、红茶和少许柠檬汁拌匀。
　③ 倒入玻璃杯中，加入冰块即可饮用。

9　贵妃蜜茶

(1) 原料配方　绿茶包 1 个，荔枝汁 100 毫升，蜂蜜 15 毫升，热水 200 毫升，冰块 50 克。

(2) 制作过程

① 茶壶内放入 200 毫升热水，加入绿茶包泡出茶色，约 2～3 分钟。

② 茶汁滤入雪克壶中，加入冰块，再加入荔枝汁、蜂蜜摇匀。

③ 倒入玻璃杯中即可。

10　冰橘茶饮

(1) 原料配方　红茶包 2 个，热水 150 毫升，金橘 7 个，冰块 200 克，柳橙 2 个，柠檬 1/6 个，橘子果酱 6 克，蜂蜜 30 毫升。

(2) 制作过程

① 金橘洗净对切，压成汁约 30 毫升，将金橘皮放入杯中；柳橙洗净对切，压成汁约 90 毫升；柠檬洗净，取 1/6 个压成汁约 5 毫升。

② 雪克壶中倒入热水，放入红茶包，浸泡 3 分钟后取出茶包。

③ 倒入橘子果酱，搅拌至溶解，再加入金橘汁、柳橙汁、柠檬汁、蜂蜜及冰块，盖紧盖子摇动 10～20 下，倒入杯中即可。

11　桂圆枣茶

(1) 原料配方　桂圆汁 55 毫升，红枣酱 50 毫升，桂圆干（或新鲜桂圆 6～8 个）8～10 片，红枣干 8～10 个，立顿红茶包 2 个，开水 1200 毫升。

(2) 制作过程

① 茶壶加入桂圆汁、红枣酱、桂圆干、红枣干，加开水搅匀，放入茶包泡 3～4 分钟。

② 倒入玻璃杯中。

12　时鲜果茶

(1) 原料配方　立顿红茶包 1 袋，柳橙半个（80 克），苹果半个（90 克），金橘 3 个（35 克），纯净水 600 毫升，冰糖 20 克。

(2) 制作过程

① 将纯净水煮开，放入茶包，再加入冰糖，煮至融化。

② 柳橙、苹果切丁；金橘切开，一起放入茶壶内。

③ 将煮开的红茶倒入茶壶内，搅拌均匀即可。

13 桑葚蜜茶

(1) 原料配方 红茶包 1 个，热开水 400 毫升，桑葚数粒，蜂蜜 1 大匙，冰块 100 克。

(2) 制作过程

① 茶壶中倒入 400 毫升热开水，放入红茶包加盖泡 5 分钟，待茶汤颜色变红，取出红茶包，静置待凉，放入冰箱冰镇备用。

② 桑葚果实放入纱布袋中，用手挤出汁液（也可用其他更好的办法），加入红茶中，再加入蜂蜜一起拌匀，最后加入冰块即可饮用。

14 百香果茶

(1) 原料配方 红茶包 2 个，开水 300 毫升，百香果 2 个，水蜜桃 50 克，凤梨汁 45 毫升，蜂蜜 15 毫升。

(2) 制作过程

① 百香果洗净对切，以汤匙挖出果肉小丁；水蜜桃洗净剥皮去核，取 50 克果肉切小丁。

② 茶壶中倒入开水，放入百香果、水蜜桃、凤梨汁及蜂蜜搅拌均匀，浸泡 3 分钟。

③ 放入红茶包浸泡 2~3 分钟，取出茶包即可倒入杯中。

15 兰香子茶

(1) 原料配方 凤梨果酱 1 汤匙，凤梨糖浆 15 毫升，绿茶汤 100 毫升，果糖 10 毫升，冰块 50 克，兰香子 1 汤匙。

(2) 制作过程

① 将凤梨果酱、凤梨糖浆、绿茶汤、果糖与冰块一起放入雪克杯中，摇匀装入玻璃杯内。

② 将兰香子漂浮在玻璃杯的表面，即可饮用。

16 杂果红茶

(1) 原料配方 金橘汁 20 毫升，凤梨汁 20 毫升，百香果汁 20 毫升，石榴香蜜 15 毫升，蜂蜜 30 毫升，鲜榨柳橙汁 30 毫升，鲜榨柠檬汁 15 毫升，新鲜水果（苹果、水梨、柳橙或柠檬）切丁 4~6 块，红茶包 2 个，开水 1200 毫升。

(2) 制作过程

① 茶壶中加入除红茶包外所有材料，注入开水调匀。

②再放入红茶包浸泡 3~4 分钟。

17 青橘茉莉

(1) 原料配方　青橘 5 个，茉莉花茶汤 100 克，冰块 50 克。

(2) 制作过程

　　① 将青橘切两半，压汁备用。

　　② 雪克壶中加入茉莉花茶汤、青橘汁、冰块等摇匀。

　　③ 倒入玻璃杯中，把刚榨过汁的青橘也放进去进行装饰即可。

18 夏威夷茶

(1) 原料配方　凤梨加味茶 16 克，开水 300 毫升，柠檬 10 克，柳橙 10 克，凤梨 10 克，苹果 10 克，草莓 1 颗，玉桂粉 2 克，蜂蜜 30 毫升。

(2) 制作过程

　　① 柠檬及柳橙洗净，均不去皮切小丁；凤梨果肉切小丁；苹果洗净去皮，去核籽后取 10 克果肉切小丁；草莓洗净，去蒂后切小丁。

　　② 茶壶中倒入开水放入所有材料搅拌均匀（除了凤梨加味茶外），浸泡 3 分钟。

　　③ 放入凤梨加味茶浸泡 3 分钟，取出茶渣后倒入杯中即可。

19 薰衣草茶

(1) 原料配方　草莓 4 颗，薰衣草茶 2 克，柠檬 1 片，蜂蜜 20 毫升，开水 400 毫升。

(2) 制作过程

　　① 薰衣草茶用开水泡开。

　　② 杯内再加入草莓、柠檬片、蜂蜜即可。

20 酸梅红茶

(1) 原料配方　红茶 1 包，白糖 200 克，梅子 500 克，冰糖 10 克。

(2) 制作过程

　　① 梅子用白糖腌制半天。

　　② 取 5 个腌好的梅子，加适量腌制用的原汁 10 毫升，放入茶壶中，加入开水、冰糖、红茶泡开即可。

21 葡萄柚茶

(1) 原料配方　红茶包 1 个，葡萄柚 200 克，蜂蜜 45 毫升，冰块 200 克，开水 200 毫升。

(2) 制作过程

① 先将葡萄柚洗净，取 200 克压榨成约 120 毫升的果汁备用。

② 茶壶中倒入开水，放入红茶包，浸泡 3 分钟后取出茶包。

③ 雪克壶中倒入葡萄柚汁、蜂蜜、60 毫升红茶汁及冰块，盖紧盖子快速摇动 10～20 下，倒入杯中即可。

22　龙眼蜜茶

(1) 原料配方　红茶 1 包，开水 300 毫升，鲜龙眼 50 克，蜂蜜 15 毫升。

(2) 制作过程

① 茶壶中倒入开水，放入红茶包，浸泡 3 分钟后取出茶包，热红茶倒入杯内。

② 杯内再加入龙眼、蜂蜜、拌匀即可。

23　柠檬红茶

(1) 原料配方　红茶 1 包，开水 300 毫升，柠檬片 2～3 片，方糖 1 块。

(2) 制作过程

① 茶壶中倒入开水，放入红茶包，浸泡 3 分钟后取出茶包，热红茶倒入杯内，加上柠檬片。

② 饮用前加入方糖拌匀即可。

24　综合果茶

(1) 原料配方　热红茶 1 杯，金橘 20 克，苹果 20 克，奇异果 20 克，柠檬片 1 片，方糖 1 块。

(2) 制作过程

① 金橘、苹果、奇异果等洗净切成块。

② 水果放入热红茶中泡出水果香，加入柠檬片。

③ 饮用前加入方糖拌匀即可。

25　冰水果茶

(1) 原料配方　红茶 90 毫升，柳橙 10 克，柠檬 10 克，苹果 10 克，柳橙浓缩汁 30 毫升，糖水 30 毫升，柠檬汁 15 毫升，百香果浓缩汁 15 毫升，冰块 50 克。

(2) 制作过程

① 柳橙、柠檬、苹果洗净、切小丁放入杯中备用。

② 其他材料放入雪克壶中摇动 10～20 下，倒入杯中即成。

26 冰橘蜜茶

（1）原料配方 红茶 120 毫升，金橘 3 个，金橘浓缩汁 30 毫升，柳橙浓缩汁 30 毫升，柠檬汁 15 毫升，百香果浓缩汁 15 毫升，蜂蜜 15 毫升，冰块 50 克。

（2）制作过程

① 金橘洗净，挤汁至雪克壶中，果肉放入杯中备用。

② 其他材料放入雪克壶中摇动 10～20 下，倒入杯中即成。

27 桂花柠茶

（1）原料配方 红茶包 1 个，热开水 1000 毫升，桂花 1 小匙，柠檬 1/4 个，蜂蜜 15 毫升，装饰用柠檬 4 小片。

（2）制作过程

① 茶壶中倒入 1000 毫升热开水，放入红茶包加盖闷泡约 5 分钟。

② 待茶汤颜色变红，取出红茶包，加入蜂蜜拌匀，静置待凉。

③ 柠檬对半切开，取 1/4 个榨汁备用，剩下的柠檬切片当装饰用。

④ 待饮用时倒入杯中，加入冰块，撒上桂花，挤入柠檬汁拌匀，杯口插上柠檬片装饰即可。

28 柚子姜茶

（1）原料配方 红茶 1.5 杯，柚子肉 1 个，柚子皮 15 克，生姜丝 15 克，砂糖 10 克。

（2）制作过程

① 红茶倒入锅中加热。

② 将所有材料放入搅拌机中搅拌均匀即可。

29 柠檬西柚茶

（1）原料配方 热红茶 1.5 杯，柠檬 1 片，柚子茶 50 克，碎冰 50 克。

（2）制作过程

① 柚子茶用热红茶冲开。

② 再加入碎冰、柠檬片即可。

30 冰橘莓茶

（1）原料配方 冰红茶 250 毫升，新鲜橘子 7～9 个，草莓酱 1 大匙，蜂蜜

20 毫升，冰块 50 克。

(2) 制作过程

① 取一个新鲜橘子切片后作装饰用，将其余新鲜橘子榨成汁（约 45 毫升）。

② 在装有冰块的雪克壶中倒入所有材料充分摇和后倒入果汁杯中，加入橘片装饰。

31　柚香葡茶

(1) 原料配方　柚子茶 15 毫升，葡萄柚汁 150 毫升，红茶汁 150 毫升，冰块 50 克。

(2) 制作过程

① 红茶汁中放入柚子茶搅拌均匀。

② 再加入葡萄柚汁和冰块调匀即可。

32　蓝莓红茶

(1) 原料配方　立顿红茶 1 包，立顿茉莉花茶 1 包，开水 400 毫升，优果蓝莓茶 30 克，糖浆 20 克，冰块 100 克。

(2) 制作过程

① 茶壶中放入 400 毫升开水，加上红茶包、茉莉花茶包泡 3～4 分钟，取出茶包。

② 在泡好的茶水中加入优果蓝莓茶、糖浆搅匀。

③ 加上冰块拌匀即可。

33　经典柠茶

(1) 原料配方　冰红茶 150 毫升，柠檬汁 30 毫升，蜂蜜 10 毫升，柠檬 2 片，冰块 100 克。

(2) 制作过程

① 杯中放入冰块、蜂蜜与柠檬汁。

② 杯中加入冰红茶至九分满，放入柠檬片装饰即可。

34　薄荷柠茶

(1) 原料配方　红茶 200 毫升，绿薄荷汁 15 毫升，柠檬 1 片，蜂蜜 20 毫升，碎冰适量。

(2) 制作过程

① 杯内依次加入碎冰、绿薄荷汁、蜂蜜、柠檬片。

② 再倒入红茶即可。

35 热橘蜜茶

(1) 原料配方　红茶包 2 个，开水 400 毫升，柳橙汁 90 毫升，橘子果酱 6 克，金橘 7 粒，柠檬半个，蜂蜜 30 毫升 。

(2) 制作过程

　① 金橘洗净对切，榨汁约 30 毫升，柠檬半个榨汁约 15 毫升备用。

　② 煮锅中倒入开水，放入金橘汁、柠檬汁、柳橙汁及橘子果酱以大火煮至溶解，放上红茶包，转小火煮 15 秒后熄火。

　③ 取出茶包，加入蜂蜜搅拌均匀后即可倒入杯中。

36 金橘蜜茶

(1) 原料配方　热红茶 1 杯，金橘 2～3 个，蜂蜜 20 毫升。

(2) 制作过程

　① 金橘洗净，切成薄片。

　② 杯内加入热红茶、蜂蜜调匀后放入金橘即可。

37 多味果茶

(1) 原料配方　红茶 1 包，纯净水 600 毫升，橘子果酱 1 大匙，柠檬汁 10 毫升，菠萝肉 2 块，蜂蜜 15 毫升。

(2) 制作过程

　① 将纯净水放入煮锅中，再把各种原料放入锅中，煮至菠萝肉熟，取出红茶包。

　② 加入蜂蜜拌匀即可饮用。

38 木瓜椰茶

(1) 原料配方　热红茶 1 杯，木瓜果酱 30 克，椰子粉 50 克，冰块 50 克。

(2) 制作过程

　① 先把椰子粉加热红茶溶化，然后在雪克壶里加入冰块，使椰奶变冷。

　② 再加入木瓜果酱 30 克，放冰块，摇匀即可。

39 洛神花茶

(1) 原料配方　洛神花 25 克，红茶 3 克，糖 50 克，开水 1000 毫升。

(2) 制作过程

　① 洛神花、红茶、糖等放入茶壶中。

② 加 1000 毫升开水，浸泡 5～6 分钟。

③ 取出茶包，倒入玻璃杯中即可。

40　热带冰茶

(1) 原料配方　热纯净水 2 杯，泰利莱（Tetley Black）红茶和绿茶各 1 包，菠萝汁 1 杯，红石榴汁 1/4 杯，橙片、橙条各 1 个，冰块 200 克。

(2) 制作过程

① 将热纯净水放入茶壶中，加入泰利莱（Tetley Black）红茶和绿茶各 1 包，浸泡 3～4 分钟，取出茶包。

② 加入菠萝汁、红石榴汁拌匀，再加入冰块。

③ 倒入玻璃杯中，加上橙片、橙条装饰。

41　综合果茶

(1) 原料配方　苹果 1 个，凤梨 2 片，柳橙半个，柠檬 1/4 个，红茶包 1 个，蜂蜜 15 毫升，开水 1000 毫升。

(2) 制作过程

① 苹果洗净，连皮切丁；凤梨片切丁；柠檬，柳橙切开，用榨汁器榨成汁备用。

② 茶壶中倒入开水，放入苹果丁和凤梨丁加盖泡 8 分钟，待香味散出，再加入红茶包，泡 3 分钟至入味，取出茶包，静置待凉。

③ 饮用前加入柠檬汁、柳橙汁和蜂蜜拌匀，倒入杯中再加入冰块即可。

42　橙葡柚茶

(1) 原料配方　橙子 0.5 个，葡萄柚 0.5 个，热红茶 1 杯，蜂蜜 15 毫升。

(2) 制作过程

① 将橙子与葡萄柚去皮取出果肉后放入搅拌机搅拌。

② 在热红茶中倒入果肉汁，加入蜂蜜后搅拌均匀即可饮用。

43　夏日凉饮

(1) 原料配方　红茶汁 300 毫升，苹果 1 个，柠檬皮 1 片，柠檬汁适量，香槟酒 5 毫升，白糖 15 克。

(2) 制作过程

① 将柠檬汁、柠檬皮、红茶汁、白糖一起放入杯中，拌匀。

② 苹果削皮去核，切成小块，放入杯中，加盖后置入冰箱冷藏，5 小时后取出，再注入香槟酒即可。

44 老柠檬茶

(1) 原料配方 柠檬 1 个，盐 3 克，开水 1000 毫升。

(2) 制作过程

① 将柠檬 1 个加水煮熟，加盐腌制，晒干，放入瓷缸中存储。

② 饮用时，每次用 1 个柠檬，加 1000 毫升开水冲泡，加盖闷 15 分钟即可。

45 芒柳红茶

(1) 原料配方 立顿红茶 1 包，开水 400 毫升，芒果汁 10 毫升，柳橙汁 10 毫升，糖浆 10 毫升，冰块 50 克。

(2) 制作过程

① 茶壶中放入立顿红茶 1 包，注入开水 400 毫升冲泡 3～4 分钟后，取出茶包。

② 在雪克壶中加入泡好的红茶水 200 毫升，加入芒果汁、柳橙汁、糖浆与冰块摇匀后，装杯即可。

46 柚香冰茶

(1) 原料配方 葡萄柚 1 个，红茶包 1 个，蜂蜜 30 毫升，开水 500 毫升。

(2) 制作过程

① 茶壶中倒入 500 毫升开水，放入红茶包加盖泡 3 分钟，待茶汤颜色变红，取出红茶包，静置待凉。

② 葡萄柚切开，用榨汁器榨成汁，倒入茶壶中加入蜂蜜和红茶拌匀，放入冰箱冰镇或加入冰块即可饮用。

47 冰柠檬茶

(1) 原料配方 柠檬 4 个，橘子 2 个，斯里兰卡茶汤 4 杯，新鲜生姜 1 小片，白糖 5 克，新鲜薄荷 4 枝，冰块 100 克。

(2) 制作过程

① 将新鲜柠檬 4 个榨汁，橘子 1 个榨汁，1 个切片。

② 压碎薄荷，加入玻璃杯中，倒入水果汁和过滤后的茶汤，加入生姜、白糖用于调味，冷却，然后加入冰块。

③ 饮用时用薄荷叶和一片橘子装饰。

48　柳橙果茶

(1) 原料配方　柳橙加味茶叶 5 克，开水 400 毫升，柳橙 20 克，柠檬 20 克，凤梨 20 克，草莓果酱 10 克，蜂蜜 15 毫升。

(2) 制作过程

①　柳橙及柠檬洗净，均不去皮切小丁；凤梨切小丁。

②　茶壶中倒入开水，放入所有材料搅拌均匀（除柳橙加味茶叶外），浸泡 3 分钟。

③　放入柳橙加味茶叶浸泡 3 分钟，取出茶包后倒入杯中即可。

49　时鲜果茶

(1) 原料配方　红茶包 2 个，热开水 150 毫升，柳橙 2 个，柳橙果肉 10 克，柠檬 1/6 个，柠檬果肉 10 克，苹果 10 克，凤梨 10 克，糖水 30 毫升，冰块 200 克。

(2) 制作过程

①　柳橙洗净，取 2 个压成汁约 100 毫升；柳橙果肉切小丁；柠檬洗净，取 1/6 个压成汁约 5 毫升，柠檬果肉切小丁；苹果洗净去皮，去核籽后取 10 克果肉切小丁；凤梨果肉切小丁，将所有水果丁放入杯中。

②　雪克壶中倒入热开水，放入红茶包，浸泡 3 分钟后取出茶包。

③　倒入柳橙汁、柠檬汁、糖水及冰块，盖紧盖子摇动 10～20 下，倒入杯中即可。

50　可乐姜茶

(1) 原料配方　姜茶 1 包，开水 60 毫升，可乐 1 杯，冰块 100 克。

(2) 制作过程

①　将姜茶放入玻璃杯中加开水泡开，搅拌至无颗粒。

②　加入冰块，注入可乐。搅拌均匀即可饮用。

51　百香花茶

(1) 原料配方　百香果茶 40 克，茉莉花茶 1 包，开水 400 毫升，冰块 100 克。

(2) 制作过程

①　玻璃杯中放入茉莉花茶一包，加入 400 毫升的开水泡开后，取出茶包。

②　再加入百香果茶 40 克，搅拌均匀。最后加入适量冰块即可。

52 布丁奶绿

(1) 原料配方　绿茶 1 包，开水 300 毫升，薄荷香蜜 20 克，奶精 40 克，白糖 20 克，布丁 1 份。

(2) 制作过程

① 玻璃杯中加入绿茶 1 包，加开水泡开。

② 再加入薄荷香蜜、奶精、白糖等搅拌均匀。最后加入布丁 1 份装饰即可。

53 甘蔗柚茶

(1) 原料配方　红茶 1 包，开水 100 毫升，葡萄柚 150 克，柠檬 1/6 个，甘蔗汁 30 毫升，糖水 15 毫升，冰块 200 克。

(2) 制作过程

① 将葡萄柚取果肉，榨汁 75 毫升；柠檬去皮取果肉榨汁 5 毫升。

② 将开水倒入雪克壶中，放入红茶包，浸泡 3 分钟后取出。

③ 将其他材料倒入雪克壶中，盖上盖子用力摇匀后倒入杯中。

54 菠萝茶饮

(1) 原料配方　红茶 1 包，菠萝肉 100 克，菠萝汁 15 毫升，柠檬汁 5 毫升，蜂蜜 10 毫升，纯净水 600 毫升。

(2) 制作过程

① 菠萝肉切片，加纯净水煮 5 分钟。

② 加入菠萝汁、柠檬汁、蜂蜜、红茶包离火拌匀，泡 5 分钟后滤汁，倒入杯中即可。

55 加味绿茶

(1) 原料配方　绿茶 1 小包，开水 600 毫升，葡萄 10 粒，凤梨 2 片，蜂蜜 1 小匙，柠檬 2 片。

(2) 制作过程

① 取绿茶包放在茶壶中，加入开水浸泡 3~4 分钟。

② 将凤梨片与葡萄榨成汁。

③ 将果汁、蜂蜜、柠檬和绿茶同时倒入玻璃杯中搅匀即可。

56 玫瑰蜜茶

(1) 原料配方　玫瑰花 6 朵，红茶 1 小包，蜂蜜 15 毫升，柠檬片 1 片，开水 600 毫升。

（2）制作过程

① 茶壶中放入开水，加入红茶包，冲泡约 6 分钟。

② 将玫瑰分朵放入红茶内拌一拌继续浸泡。

③ 倒入蜂蜜调匀，加入柠檬片即可。

57 菊花绿茶

（1）原料配方　菊花 10 克，热绿茶水 300 毫升，柠檬片 10 克，蜂蜜 15 毫升。

（2）制作过程

① 将菊花放入热绿茶水中浸泡。

② 放入少量蜂蜜，放入柠檬片，即可饮用。

58 芦荟红茶

（1）原料配方　芦荟 20cm 长的 1 段，菊花 2 克，红茶包 1 个，蜂蜜 1 勺。

（2）制作过程

① 芦荟去皮只取内层透明肉质。

② 将芦荟和菊花放入水中用小火慢煮。

③ 水沸后加入红茶包浸泡 3～4 分钟。饮用前加入蜂蜜调匀即可。

59 蜜梨绿茶

（1）原料配方　蜜梨 1 只，绿茶水 600 毫升，冰糖 15 克。

（2）制作过程

① 将蜜梨去皮切块，用搅拌机榨汁，留汁去渣。

② 将蜜梨汁倒入沏泡好的绿茶水中，加冰糖搅溶，即可饮用。

60 葡萄红茶

（1）原料配方　红茶 1 包，葡萄 10 颗，白糖 10 克，开水 600 毫升。

（2）制作过程

① 将开水放入茶壶中，放入红茶包沏好，取出茶包。

② 葡萄去茎洗净，用消毒纱布榨汁，汁水倒入茶水中。

③ 饮用前放入白糖溶解即可。

61 苹果绿茶

（1）原料配方　绿茶水 600 毫升，苹果 1 个，蜂蜜 15 毫升。

(2) 制作过程

① 苹果洗净，去皮切成小块，放入搅拌机中，搅成汁，倒入沏泡好的绿茶水中拌匀。

② 饮用前放入蜂蜜溶解即可。

62 红枣花茶

(1) 原料配方　红枣 10 颗，冰糖 15 克，花茶 1 包，纯净水 600 毫升。

(2) 制作过程

① 红枣去核捣碎，倒入锅内，加纯净水、冰糖煮 8～10 分钟，滤渣。

② 汁水倒入沏好的花茶中浸泡 3～4 钟即可。

63 罗汉果茶

(1) 原料配方　罗汉果 1 个，绿茶 1 包，鲜柠檬 1 片，干菊花 1 朵，冰糖 15 克，纯净水 1000 毫升。

(2) 制作过程

① 罗汉果去外壳，加纯净水浸泡 20 分钟，然后煮开，加上冰糖用小火再煮 5～10 分钟。

② 离火后，放入绿茶包、干菊花浸泡 3～4 分钟，取出茶包。

③ 饮用时倒入玻璃杯中，加上 1 片柠檬即可。

64 梅子绿茶

(1) 原料配方　绿茶 1 包，青梅 2 颗，青梅汁 15 毫升，冰糖 15 克，纯净水 1000 毫升。

(2) 制作过程

① 将冰糖加入纯净水中煮溶化，再加入绿茶包浸泡 5 分钟。

② 滤出茶汁，加入青梅及少许青梅汁拌匀即可。

65 麦柠红茶

(1) 原料配方　炒焦黄大麦 15 克，冰糖 10 克，纯净水 1000 毫升，红茶 1 包，柠檬 1 片。

(2) 制作过程

① 将炒焦黄大麦放入纯净水中煮 5～7 分钟，加入冰糖煮溶，滤出茶汁。

② 将红茶包浸入麦汁中煮两三分钟。饮用时加入 1 片柠檬即可。

66 菠萝蜜茶

(1) 原料配方　红茶 1 包，纯净水 600 毫升，菠萝肉 25 克，柠檬皮丝 10 克。

(2) 制作过程

　① 将红茶包浸入纯净水中煮开 2～3 分钟，待凉。

　② 菠萝切块加入红茶中，再加入柠檬皮丝搅匀即可。

67 简单果茶

(1) 原料配方　红茶包 1 个，纯净水 600 毫升，苹果半个，肉桂粉 0.5 克，方糖 2～3 块。

(2) 制作过程

　① 把半个苹果切块，连带着果皮放到锅中，加入纯净水，撒一点肉桂粉，一起煮沸。

　② 加上方糖，改中小火煮上几分钟，然后加入一个红茶包，浸泡 3～4 分钟，取出茶包。

　③ 倒入玻璃杯中即可。

68 桂花姜茶

(1) 原料配方　阿萨姆红茶包 1 个，开水 450 毫升，桂花酱 50 毫升，生姜酱 30 毫升，蜂蜜 20 毫升。

(2) 制作过程

　① 将 1 个阿萨姆红茶包放入 450 毫升纯净水中烧开后，浸泡 3 分钟取出茶包。

　② 再把桂花酱、生姜酱、蜂蜜加入茶水中调匀即可。

69 观音露茶

(1) 原料配方　铁观音 2 克，甘菊 3 克，茉莉 5 克，枸杞 5 粒，纯净水 600 毫升。

(2) 制作过程

　① 将洗净的甘菊、茉莉、枸杞用 600 毫升的纯净水烧开后，浸泡 10 分钟。

　② 待汤汁晾凉后过滤掉花朵，倒入铁观音茶水，撒上少许花瓣装饰即可。

70　柳橙红茶

(1) 原料配方　锡兰红茶茶包1个，柳橙1个，开水350毫升。

(2) 制作过程

　　① 锡兰红茶茶包与压烂的柳橙（皮）4～5片放入壶中，再以开水闷香。

　　② 压柳橙皮时沿杯缘摩擦一圈，增添香味。

　　③ 红茶倒入杯中，上面浮一片3～4mm的圆状柳橙片即可。

71　薄荷红茶

(1) 原料配方　锡兰红茶茶包1个，柑橘1个，薄荷叶1～2片，开水350毫升。

(2) 制作过程

　　① 锡兰红茶茶包与压烂的柑橘（皮）4～5片放入壶中，再以开水闷香。

　　② 加入少许薄荷叶用开水继续闷香。

　　③ 压柑橘皮时沿杯缘摩擦一圈，以增加香味。

　　④ 红茶慢慢倒入杯中，浮1～2片薄荷叶，最后再把柑橘片挂在杯缘作装饰。

72　小种红茶

(1) 原料配方　正山小种茶叶5克，沸开水600毫升，柠檬2片，冰块200克，糖浆适量（或不加）。

(2) 制作过程

　　① 根据瓷壶的容量投入适量正山小种茶叶，注入沸开水（冲泡后的茶汤要求汤色红艳为佳），冲泡时间一般为三到五分钟。

　　② 往高壁玻璃杯中投入冰块。投放冰块时要将冰块不规则地投入，投放的冰块量要求与高壁玻璃杯口齐平。

　　③ 根据个人的口感投入适量的糖浆，不加入糖浆也可。

　　④ 待茶冲泡五分钟后，将过滤网置于茶杯上方，而后快速地将茶水注入茶杯中。此时注入茶水一定要急冲入杯中，否则在茶杯上方会出现白色泡沫会影响冰红茶的美观。在杯口放上两片柠檬装饰。

73　珍珠绿茶

(1) 原料配方　绿茶汁120毫升，冰块10块，糖水25毫升，五彩珍珠粉圆25克，苹果角3片，小金橘1个，珍珠吸管1根。

（2）制作过程

① 煮制五彩珍珠粉圆，然后将煮好的五彩珍珠粉圆放入透明玻璃茶杯中。

② 将冰块、绿茶汁、糖水依次放入雪克壶中，充分摇匀后倒入放有珍珠粉圆的杯中。

③ 用苹果角、小金橘装饰杯口，插入 1 根珍珠吸管。

74 水蜜桃茶

（1）原料配方　红茶茶包 1 个，水蜜桃 3 个，柠檬 0.5 个，蜂蜜 15 克，纯净水 350 毫升。

（2）制作过程

① 先将水蜜桃切片，放入煮锅加入纯净水煮沸。

② 加入新鲜压榨的柠檬汁及蜂蜜。

③ 加入红茶包并泡制 5 分钟。滤出红茶汁装入玻璃杯即可。

75 雪奶红茶

（1）原料配方　鲜牛奶 100 克，红茶包 1 个，砂糖 15 克，开水 350 毫升。

（2）制作过程

① 将红茶用开水泡开，取出茶包。

② 再将烧开的牛奶加入其中搅拌均匀。最后加入砂糖拌匀即可。

76 菊普茶饮

（1）原料配方　普洱茶 5 克，菊花 l0 克，开水 600 毫升。

（2）制作过程

① 将菊花、普洱茶用开水冲泡，约 6～8 分钟。

② 滤出茶汁即可饮用。

77 美味醋茶

（1）原料配方　绿茶 5 克，柳橙 1 个，苹果醋 15 毫升，开水 350 毫升。

（2）制作过程

① 将绿茶放入茶壶加入开水冲泡，3 分钟后滤出茶汁。柳橙榨汁。

② 在茶汁中加入苹果醋、柳橙汁，搅拌均匀。

78 桂花蜜茶

（1）原料配方　绿茶 5 克，桂花 8 克，热开水 250 毫升，蜂蜜 15 克。

（2）制作过程

　　① 将绿茶及桂花用热开水冲泡，浸泡约 5 分钟，滤出茶汁。

　　② 再加入蜂蜜搅拌均匀即可。

79　茉莉蜜茶

（1）原料配方　茉莉花茶 5 克，开水 250 毫升，蜂蜜 15 克。

（2）制作过程

　　① 将茉莉花茶放入茶壶用开水冲泡。滤出茶汁放入雪克壶中加入冰块和蜂蜜。

　　② 开始握杯上下摇动，让杯内的茶变凉，并与蜂蜜充分融合，倒入玻璃杯中即可。

80　枸杞龙井

（1）原料配方　龙井茶 3 克，枸杞子 15 克，山楂 10 克，开水 350 毫升。

（2）制作过程

　　① 将龙井茶、枸杞子、山楂等放入茶壶，用开水冲泡。

　　② 趁热注入玻璃杯中饮用。

81　龙眼绿茶

（1）原料配方　绿茶包 1 个，龙眼肉 10 克，开水 350 毫升。

（2）制作过程

　　① 将龙眼肉、绿茶放入茶壶用开水冲泡。

　　② 趁热注入玻璃杯中饮用。

82　五味子茶

（1）原料配方　绿茶包 1 个，五味子 3 克，蜂蜜 25 克，开水 400 毫升。

（2）制作过程

　　① 五味子用文火炒至微焦，与绿茶一起用开水冲泡 5 分钟。

　　② 滤出茶汁，趁热加入蜂蜜拌匀即成。

83　女贞子茶

（1）原料配方　红茶 3 克，女贞子 5 克，干枣 15 克，开水 400 毫升。

（2）制作过程

　　① 红茶、女贞子、干枣烘干粉碎制成颗粒茶。

② 开水冲泡后过滤饮用。

84 党参红茶

（1）原料配方　茶叶 5 克，党参 15 克，红枣 20 枚，开水 400 毫升。
（2）制作过程
　　① 将党参、红枣用水洗净后放入煮锅用开水煮制。
　　② 最后放入茶叶泡制，过滤后饮用。

85 大枣姜茶

（1）原料配方　红茶 5 克，大枣 25 克，生姜 10 克，开水 400 毫升。
（2）制作过程
　　① 生姜切片，加入蜂蜜炒至微黄。
　　② 再将大枣、生姜和红茶用开水冲泡 3～5 分钟即成。

86 黄芪茶饮

（1）原料配方　黄芪 5 克，红茶包 1 个，开水 400 毫升。
（2）制作过程
　　① 将黄芪加水煎沸 5 分钟。
　　② 趁热加入红茶包，浸泡 3～5 分钟即成。

87 首乌青茶

（1）原料配方　乌龙茶 3 克，何首乌 5 克，砂糖 5 克，纯净水 600 毫升。
（2）制作过程
　　① 将何首乌洗净切片，加纯净水和砂糖煮沸 10～15 分钟，去渣取汁。
　　② 趁沸加入乌龙茶，泡 6～8 分钟即成。

88 红豆喜茶

（1）原料配方　红茶汁 120 毫升，红豆汤 120 毫升，炼乳 15 克，砂糖 15 克，冰块 50 克。
（2）制作过程
　　① 在雪克壶中加入红茶汁、红豆汤、炼乳、砂糖、冰块等。
　　② 用单手或双手持壶大力摇匀后，倒入透明玻璃茶杯中即可。

89 肉桂红茶

（1）原料配方　红茶包 1 个，开水 350 毫升，砂糖 15 克，肉桂棒 1 根，冰块适量。

(2) 制作过程

① 在茶壶中加入红茶包、砂糖，冲入开水，盖上盖子。

② 5分钟后，将红茶从茶壶中倒入茶杯内。

③ 饮用时，先在杯中加入冰块，再倒入茶汁，在杯中入一根肉桂棒。

90 豆浆红茶

(1) 原料配方　红茶水 150 毫升，豆浆 300 毫升，白砂糖 25 克

(2) 制作过程

① 将红茶水、豆浆、白砂糖加入煮锅中煮开。

② 撇去浮沫后装入透明玻璃茶杯即可。

91 石榴红茶

(1) 原料配方　红石榴汁 25 毫升，柠檬 1 个，红茶速溶袋泡茶 1 包，开水 350 毫升，蜂蜜 15 克，冰块适量。

(2) 制作过程

① 柠檬洗净带皮切成 2～3mm 厚圆片。

② 将红茶速溶袋泡茶茶袋与柠檬片同时放入壶中，加入蜂蜜和红石榴汁，用热开水闷香。

③ 将红茶轻轻倒入透明玻璃茶杯中，加上冰块。

92 三宝茶饮

(1) 原料配方　普洱茶 3 克，菊花 3 克，罗汉果 3 克，开水 250 毫升。

(2) 制作过程

① 将菊花洗净，罗汉果去壳取肉备用。

② 再将普洱茶与菊花、罗汉果肉等放入茶壶用开水泡制 10 分钟后饮用。

93 菊槐绿茶

(1) 原料配方　绿茶 3 克，菊花 3 克，槐花 3 克，开水 350 毫升。

(2) 制作过程

① 将菊花和槐花洗净，与绿茶放在一起。

② 放入茶壶用开水冲泡，3～5 分钟后饮用。

94 芝麻绿茶

(1) 原料配方　黑芝麻 6 克，茶叶 3 克，开水 250 毫升。

（2）制作过程

　　① 将黑芝麻炒熟备用。

　　② 放入茶壶加茶叶，开水冲泡饮用。

95　蜂蜜绿茶

（1）原料配方　蜂蜜 25 克，绿茶 2 克，开水 350 毫升。

（2）制作过程

　　① 将绿茶放入茶壶，用开水冲泡。

　　② 滤出茶汁后加入蜂蜜即可。

96　桂螺春茶

（1）原料配方　桂圆肉 6 克，碧螺春茶 3 克，开水 350 毫升。

（2）制作过程

　　① 将桂圆肉、碧螺春茶等放入茶壶，用开水冲泡。

　　② 趁热注入玻璃杯中饮之。

97　美味醋茶

（1）原料配方　绿茶 5 克，柳橙 1 个，苹果醋 15 毫升，开水 350 毫升。

（2）制作过程

　　① 将绿茶放入茶壶加入开水冲泡，3 分钟后滤出茶汁。柳橙榨汁。

　　② 在茶汁中加入苹果醋、柳橙汁，搅拌均匀。

98　降脂青茶

（1）原料配方　青茶 3 克，陈皮 1 克，乌梅 3 克，冰糖 10 克，开水 500 毫升。

（2）制作过程

　　① 将陈皮、乌梅等用清水洗净，加上冰糖用开水冲泡，闷 5 分钟。

　　② 把乌龙茶放入茶壶用开水冲泡，滤出茶汁后，与滤出的陈皮、乌梅
冰糖汁进行兑和。

　　③ 装入透明玻璃茶杯即可。

99　桂花酸茶

（1）原料配方　红茶 3 克，乌梅 5 克，干桂花 3 克，冰糖 15 克，开水 1000 毫升。

（2）制作过程

　　① 煮锅内倒入 750 毫升开水，放入乌梅煮 20～30 分钟，再放入干桂

花、冰糖煮 10 分钟。

② 将红茶放入茶壶中用剩余的开水冲泡 5 分钟，滤出茶汁。

③ 将红茶汁和乌梅、干桂花冰糖汁兑和在一起。

100 贵妃冰茶

(1) 原料配方 红茶包 1 个，热开水 100 毫升，芭乐汁 90 毫升，柠檬 1/2 个，红石榴汁 30 毫升，蜂蜜 30 毫升，糖水 15 毫升，冰块 10 块。

(2) 制作过程

① 将柠檬 1/2 个，压成汁约 5 毫升。

② 在雪克壶中倒入热开水，放入红茶包，浸泡 3 分钟后取出茶包。

③ 倒入芭乐汁、柠檬汁、红石榴汁、蜂蜜、糖水及冰块，盖紧盖子摇动 10～20 下，倒入杯中即可。

二、奶茶系列

1 果味奶茶

(1) 原料配方 茶叶 3 克，开水 400 毫升，奶油 50 克，果酱 50 克，西瓜汁 50 毫升，白糖 15 克。

(2) 制作过程

① 茶叶 3 克放入茶壶，用开水冲泡 3 分钟，取出茶包。

② 加入白糖、果酱、西瓜汁拌匀，稍冷却后加入奶油拌匀，冰镇后即可饮用。

2 生姜奶茶

(1) 原料配方 立顿红茶 1 包，生姜丝 15 克，牛奶 150 毫升，纯净水 150 毫升。

(2) 制作过程

① 将茶包与生姜丝放入煮锅中，以纯净水煮沸浸泡。

② 茶叶泡开了之后，加入与纯净水同量的牛奶并加温。

③ 倒入茶壶之后，注入预先温热的玻璃杯中，并将宽 1～2mm 的生姜丝装饰。

3 七喜奶茶

(1) 原料配方 七喜 100 毫升，奶精 30 克，葡萄果粉 20 克，水晶果 40 克，碎冰 200 克。

(2) 制作过程

① 在冰沙机中加入七喜少许，奶精 30 克，葡萄果粉 20 克。

② 加入碎冰，放入冰沙机中，快速搅打 30 秒；再加入水晶果 20 克，再次快速搅打 10 秒，倒入杯中。

4 椰香奶茶

(1) 原料配方　红茶包 1 个，开水 100 毫升，椰汁 150 毫升，冰糖 15 克。

(2) 制作过程

① 将红茶放入煮锅中，加入开水泡开后，取出茶包。

② 再倒入椰汁、冰糖，煮开即可。

5 花草奶茶

(1) 原料配方　牛奶 500 毫升，蜂蜜 30 毫升，花草茶 10 克。

(2) 制作过程

① 将牛奶倒入锅中加热至 80℃。把花草茶放入其中用小火煮 1 分钟左右。

② 再把蜂蜜加入搅拌均匀。最后倒入玻璃杯中即可。

6 公主奶茶

(1) 原料配方　茉莉花茶 1 包，开水 350 毫升，奶精 40 克，玫瑰香蜜 20 克，糖浆 10 克。

(2) 制作过程

① 杯中放入茉莉花茶 1 包加开水泡开，2～3 分钟拿掉茶包备用。

② 再依次加入奶精、糖浆搅拌均匀。最后加入玫瑰香蜜即可。

7 珍珠奶茶

(1) 冷款

1) 原料配方　砂糖 15 克，炼乳 25 克，红茶 3 克，蜂蜜 10 克，黑珍珠粉圆 50 克，开水 250 毫升，冰块适量。

2) 制作过程

① 煮粉圆　水沸腾后，将黑珍珠粉圆下锅，一般煮制 15 分钟左右。平均三到五分钟翻搅一次粉圆，以免粘在锅底；而且要保持汤本身的清晰度，随时加水，以免煮不熟粉圆。

② 焖粉圆　等粉圆首次浮上来才可转为中小火，盖上锅盖，焖制 5 分钟。然后取出沥干，用蜂蜜或糖浆拌匀防止粉圆粘在一起。

③ 泡茶　用开水泡红茶，待茶叶下沉后滤除茶汁备用。

④ 摇匀　将茶汁、砂糖、炼乳、冰块等放入雪克壶中，用双手持壶摇匀。

⑤ 成品。将摇匀的奶茶倒入透明玻璃茶杯中，放入粉圆于杯中即可。

（2）热款

1）原料配方　红茶包 2 个，开水 150 毫升，煮好的粉圆 20 克，温鲜奶 150 毫升，奶精粉 8 克，细砂糖 8 克。

2）制作过程

① 取 20 克煮好的粉圆放入杯中。

② 煮锅中倒入开水，放入红茶包浸泡 3 分钟，取出茶包。

③ 加入温鲜奶、奶精粉搅拌至溶解，倒入杯中。再加入细砂糖拌匀即可。

8　威尼斯海岸冰奶茶

（1）原料配方　绿茶水 150 毫升，柳橙汁 30 毫升，黄苹果汁 15 毫升，蓝橙汁 30 毫升，奶精粉 15 克，冰块 50 克。

（2）制作过程

① 将冰块倒入雪克壶，八分满。

② 把奶精粉、蓝橙汁、黄苹果汁、柳橙汁、绿茶水一同加入雪克壶。

③ 用力摇晃均匀，最后倒入杯中。

9　木瓜珍珠冰奶茶

（1）原料配方　绿茶水 200 毫升，蜂蜜 30 毫升，木瓜粉 8 克（或新鲜木瓜泥 80 克），奶精粉 8 克（或牛奶 100 毫升），煮好的珍珠圆子 35 克，冰块 100 克。

（2）制作过程

① 将冰块倒入雪克壶，八分满，加入木瓜粉或新鲜木瓜泥、奶精粉或牛奶。

② 把蜂蜜、绿茶水一同加入雪克壶。

③ 大力摇晃均匀，最后倒入装有煮好的珍珠圆子的杯中。

10　迷迭香奶茶

（1）原料配方　奶精粉 15 克，热开水 400 毫升，蜂蜜 30 毫升，迷迭香小枝 8 克。

（2）制作过程

① 煮锅中倒入热开水、蜂蜜、奶精粉，以大火煮至溶解。

② 放入迷迭香小枝，以小火煮 1～2 分钟后，取出迷迭香小枝。

③ 最后倒入玻璃杯中。

11　芝麻冰奶茶

（1）原料配方　红茶水 200 毫升，牛奶 100 毫升，蜂蜜 30 毫升，熟黑芝麻粒 3 克，冰块 100 克。

（2）制作过程

① 将冰块倒入雪克壶，八分满。把蜂蜜、牛奶及红茶水一起加入雪克壶中。

② 摇匀后倒入玻璃杯中，撒入熟黑芝麻粒。

12　黑白奶茶

（1）原料配方　红茶 5 克，黑白淡奶 100 毫升，开水 350 毫升，糖 20 克。

（2）制作过程

① 煮锅中加入开水，倒入红茶煮 3 分钟，加入白糖拌匀。

② 过滤茶叶，倒入黑白淡奶。倒入玻璃杯中。

13　印第安奶茶

（1）原料配方　牛奶 150 毫升，酸奶 200 毫升，蜂蜜 30 毫升，绿茶包 2 个。

（2）制作过程

① 将煮锅中倒入牛奶、蜂蜜煮至溶解。

② 加入绿茶包，以小火煮 1～2 分钟后熄灭，取出茶包。

③ 晾凉后加入酸奶搅拌均匀。

14　丝袜奶茶

（1）原料配方　红茶包 1 袋，开水 600 毫升，全脂牛奶 300 毫升，白砂糖 15 克。

（2）制作过程

① 将红茶包放入茶壶中，倒入适量开水，泡开后取出红茶包，放到另一个茶壶中，冲入第一次泡出的茶水，重复 6 次。

② 完成第一遍拉茶后，将茶水连同红茶包用小火焖煮约 5 分钟，再次重复步骤①。完成第二遍拉茶后，再将茶水（含红茶包）用小火焖煮 20 分钟，继续重复步骤①。

③ 完成第三遍拉茶后，取出红茶包，用小火煮热茶水。

④ 将全脂牛奶倒入杯中，冲入煮好的红茶，调入白砂糖，拌匀即可。

15 生姜撞奶

（1）原料配方　牛奶 200 毫升，生姜 50 克，白糖 15 克。

（2）制作过程

① 生姜洗净去皮切块，用榨汁机榨出汁备用。

② 牛奶加白糖煮开，待 80℃左右，用吧调勺稍搅动，快速倒入姜汁，静置 10～60 秒，成豆腐花状即可食用。

16 霜冰奶茶

（1）原料配方　冰红茶 250 毫升，奶精粉 10 克（或者牛奶 60 毫升），糖浆 20 毫升，冰块 50 克。

（2）制作过程

① 将材料倒入放有冰块的摇酒器中用力摇和。

② 摇荡均匀至外部结霜，再将奶茶与冰块倒出，并夹取吸管放入杯中即可。

17 搅打奶茶

（1）原料配方　抹茶粉 2 勺（约 14 克），热水 100 毫升，牛奶 250 毫升，白糖 15 克。

（2）制作过程

① 把抹茶粉倒到茶壶里，倒入 100 毫升 85℃左右的热水。水的多少取决于个人喜欢奶味浓还是淡。也可以把牛奶加热直接用牛奶泡抹茶。

② 加入牛奶、白糖，放入茶壶中拌匀即可倒入杯中。

18 绿仙子奶茶

（1）原料配方　热绿茶汁 150 毫升，薄荷糖浆 60 毫升（或 30 毫升），奶精粉 1 大匙，糖浆 15 毫升，冰块适量，红樱桃 1 个，柳橙 1 片、洋兰 1 朵，羊齿叶 1 片。

（2）制作过程

① 将冰块置入雪克壶中约 2/3，然后加入热绿茶汁、薄荷糖浆、糖浆、奶精粉后充分摇匀。

② 最后倒入杯中，放上红樱桃、柳橙、洋兰、羊齿叶装饰。

19 缤纷奶茶

（1）原料配方　冰红茶 250 毫升，糖浆 30 毫升，奶精粉 2 大匙（或者用牛奶），裱花奶油25克，彩色巧克力米5克。

(2) 制作过程

① 将冰块放入雪克壶中约6分满，然后将冰红茶、糖浆、奶精粉倒入后摇晃均匀。

② 最后，裱挤上鲜奶油，撒上彩色巧克力米即可。

20 草莓奶茶

(1) 原料配方 红茶包2个，草莓粉8克，奶精粉8克，热开水400毫升，蜂蜜30毫升。

(2) 制作过程

① 煮锅中倒入热开水、蜂蜜、草莓粉、奶精粉，以大火煮至溶解。

② 放入红茶包，用小火煮1~2分钟，熄火后取出茶包即可。

21 焦糖奶茶

(1) 原料配方 CTC茶粉10克，全脂鲜奶500毫升，糖浆或焦糖15克，炼乳30毫升。

(2) 制作过程

① 糖浆或焦糖、炼乳倒入拿铁杯中备用。

② 全脂鲜奶倒入煮锅中加热至90℃左右，倒出一半备用。

③ 锅中鲜奶放入CTC茶粉浸泡3分钟，待温度降至50℃，以细滤网滤出茶汁轻轻倒入拿铁杯中。

④ 倒出的热鲜奶打成奶泡，轻轻倒进拿铁杯中即成。

注：CTC茶属于红茶的一种，特色是叶片细碎，味道比整片更为浓郁，但冲出的茶汁透明度较差。CTC是其制作过程的缩写（切碎茶）。

22 香绿奶茶

(1) 原料配方 绿茶10克、咖啡伴侣2大匙（或脱脂牛奶60毫升），热开水500毫升，冰糖10克。

(2) 制作过程

① 将绿茶泡入热开水中，再加入咖啡伴侣、冰糖搅匀。

② 滤出茶汁即可饮用。

23 青苹果西米露冰奶茶

(1) 原料配方 绿茶水200毫升，蜂蜜30毫升，青苹果粉8克，奶精粉8克，西米露1勺，冰块100克。

（2）制作过程

① 先把西米露倒入杯中。

② 在雪克壶中加入冰块、青苹果粉、奶精粉、蜂蜜及绿茶水。

③ 用力摇匀后倒入杯中。

24 橙香冰奶茶

（1）原料配方　红茶水 200 毫升，蜂蜜 30 毫升，炼乳 30 毫升，奶精粉 8g（或适量牛奶）浓缩橙汁 15 克，冰块 50 克。

（2）制作过程

① 将冰块倒入雪克壶，八分满。

② 把炼乳、蜂蜜、奶精粉、浓缩橙汁、红茶水一起加入雪克壶。

③ 用力摇匀，最后倒入杯中。

25 咖啡可可奶茶

（1）原料配方　红茶水 100 毫升，冰咖啡 100 毫升，蜂蜜 45 毫升，可可粉 8 克，奶精粉 8 克（或适量牛奶），奶油球 3 个，冰块 100 克。

（2）制作过程

① 将冰块倒入雪克壶，六分满。

② 把蜂蜜、冰咖啡、可可粉、奶精粉、红茶水一起加入雪克壶中摇匀后倒入杯中，最后淋上 3 颗奶油球。

26 曼特宁咖啡奶茶

（1）原料配方　红茶包 1 个，细砂糖 5 克，奶精粉 16 克，咖啡酒 2 毫升，曼特宁咖啡 70 毫升。

（2）制作过程

① 将煮好的曼特宁咖啡倒入杯中，放入红茶包浸泡 1 分钟，取出茶包。

② 加入奶精粉搅拌至溶解，倒入咖啡酒、细砂糖搅匀即可。

27 热咖啡奶茶

（1）原料配方　热红茶 100 毫升，热蓝山咖啡 50 毫升，奶精粉 1 大匙，糖浆 60 毫升，冰块 50 克，红樱桃 1 个，胡姬花 1 朵，羊齿叶 1 片。

（2）制作过程

① 将冰块置入摇酒器内约 2/3 处，加入热红茶、热蓝山咖啡、糖浆、奶精粉。

② 然后充分摇匀即可，最后把奶茶倒入杯内，放上红樱桃、胡姬花、羊齿叶装饰即可。

28　蓝莓椰肉冰奶茶

(1) 原料配方　绿茶水 200 毫升，蜂蜜 30 毫升，蓝莓粉 8 克（或适量新鲜蓝莓），奶精粉 8 克（或牛奶 60 毫升），椰肉 1 勺，冰块 100 克。

(2) 制作过程

① 将冰块倒入雪克壶，八分满。

② 把蓝莓粉、奶精粉、蜂蜜、绿茶水一起加入雪克壶。

③ 用力摇匀，倒入杯中，最后加入椰肉。

29　珍珠西谷米奶茶

(1) 原料配方　热绿茶 150 毫升，珍珠粉圆 1 中匙，西谷米粉圆 1 中匙，糖浆 60 毫升，牛奶 60 毫升，冰块 100 克，红樱桃 1 个，洋兰 2 朵，羊齿叶 1 片。

(2) 制作过程

① 将珍珠粉圆、西谷米粉圆置于锅内，煮熟后，过凉开水后放入玻璃杯中。

② 将冰块置入雪克壶中约 2/3 处。加入热绿茶，加入 60 毫升的糖浆。

③ 然后再加以摇匀，倒入杯中，放上红樱桃、洋兰、羊齿叶装饰即可。

30　福尔摩斯奶茶

(1) 原料配方　红茶包 2 个，热开水 450 毫升，巧克力酱 30 毫升，奶精粉 16 克，玉桂粉 2 克，蜂蜜 30 毫升。

(2) 制作过程

① 煮锅中倒入热开水，放入巧克力酱、奶精粉及玉桂粉以大火煮至溶解，熄火。

② 放入红茶包浸泡 3 分钟，取出茶包后加入蜂蜜拌匀。倒入玻璃杯中即可。

31　百里香草奶茶

(1) 原料配方　牛奶 500 毫升，蜂蜜 30 毫升，百里香草茶 10 克。

(2) 制作过程

① 将牛奶倒入煮锅中加热至 80℃。

② 把百里香草茶放入其中用小火煮 1 分钟左右。

③ 再把蜂蜜加入搅拌均匀，最后倒入玻璃杯中。

32 雪克奶茶

(1) 原料配方　红茶水 300 毫升，奶精 2.5 勺，果糖 25 毫升，冰块 6～8 块。

(2) 制作过程

① 雪克壶中加入奶精、果糖，再加冰 6～8 块，加入红茶水。

② 摇匀去沫出品即可。

33 咕嘀奶茶

(1) 原料配方　绿茶水 350 毫升，果糖 15 克，碎冰 100 克，裱花奶油 50 克，可可粉 1 克。

(2) 制作过程

① 在咕嘀杯中依次把绿茶水、果糖以及碎冰加至 8 分满。

② 将裱花奶油挤入 9 分满，撒上少许可可粉即可。

34 金橘柠檬奶茶

(1) 原料配方　金橘 6 个，柠檬片 2 大片，糖浆 2 勺，冰块 100 克，绿茶水 350 毫升，炼乳 30 毫升。

(2) 制作过程

① 金橘切十字形，跟柠檬一起压汁。

② 雪克壶中加入糖浆、金橘柠檬汁、绿茶水、炼乳与冰块一起摇匀即可。

35 薰衣草奶茶

(1) 原料配方　薰衣草茶 5 克，牛奶 150 毫升，开水 80 毫升，蜂蜜 15 毫升。

(2) 制作过程

① 取 5 克薰衣草茶放入壶中，加入开水先浸泡，等薰衣草的香气溢出即可。

② 加盖闷 5 分钟，待颜色出来。

③ 把牛奶放煮锅中加热至 60℃以上，往壶中注入牛奶，浸泡片刻后加入适量蜂蜜调匀。

④ 滤去薰衣草即可。

36 柠檬薰衣草奶茶

(1) 原料配方　薰衣草茶 8 克，开水 400 毫升，蜂蜜 35 毫升，炼乳 50 毫升，柠檬汁 15 毫升。

（2）制作过程

① 煮锅中倒入开水、蜂蜜、炼乳，用大火煮至溶解。

② 放入薰衣草茶，用小火煮 1~2 分钟。滤入茶壶中，拌入柠檬汁即可。

37 翡翠冰奶茶

（1）原料配方　绿茶水 200 毫升，薄荷蜜 30 毫升，蜂蜜 15 毫升，奶精粉 15 克（牛奶 100 毫升），冰块 100 克。

（2）制作过程

① 将冰块倒入雪克壶至八分满，加入奶精粉或牛奶。

② 把薄荷蜜、蜂蜜、绿茶水一同加入雪克壶，用力摇匀即可。

38 抹茶星冰乐

（1）原料配方　抹茶 1 小勺，牛奶 200 毫升，方糖 3 块，奶油 15 克，冰块 12 块。

（2）制作过程

① 将牛奶、抹茶、方糖与冰块倒入雪克壶中摇匀。

② 然后滤入杯中，挤上奶油即可。

39 伯爵奶茶

（1）原料配方　伯爵红茶包 1 个，开水 350 毫升，鲜奶 120 毫升，奶精粉 16 克，蜂蜜 30 毫升。

（2）制作过程

① 煮锅中倒入开水，加入鲜奶、奶精粉以大火煮至溶解，放入伯爵红茶包，转小火煮 1 分钟后熄火。

② 取出茶包，加入蜂蜜拌匀即可倒入杯中。

40 漂浮泰式冰茶

（1）原料配方　泰茶 1 杯，苏打水 1/4 杯，白糖 1/4 茶匙，冰激凌 2 勺。

（2）制作过程

① 把泡好的冷冻泰茶倒入杯中，加上白糖搅拌均匀，然后注入苏打水。

② 慢慢加入 2 勺冰激凌。

41 "莫离"奶茶

（1）原料配方　奶精 16 克，热茉莉花茶水 350 毫升，冰块适量。

（2）制作过程

① 雪克壶中加入奶精、热茉莉花茶水，摇晃溶化。

② 最后加入冰块，摇晃均匀即可。

42 冬瓜奶茶

（1）原料配方　冬瓜茶 100 毫升，鲜奶 150 毫升，冰块 100 克。

（2）制作过程

将冬瓜茶倒入杯中，加入半杯冰块，倒入牛奶即可。

注：冬瓜茶是以冬瓜和糖为原材料，长时间熬煮成汤汁的饮料。

43 速溶咖啡奶茶

（1）原料配方　红茶包 1 个，纯净水 350 毫升，牛奶 150 毫升，速溶咖啡 1 包，白糖 10 克。

（2）制作过程

① 把 350 毫升纯净水煮到沸腾，取其中的 250 毫升水倒进预备好的杯子里面，再把红茶包缓缓地放进去，把杯盖盖上，闷上大约五分钟。

② 往剩下的 100 毫升开水中，加入速溶咖啡并搅拌均匀。

③ 等到茶水闷好后，把茶水、咖啡、牛奶混合拌匀，再加入适量的糖搅拌均匀即可。

44 抹茶拿铁

（1）原料配方　抹茶 5 克，抹茶粉少许，奶精 15 克，糖浆 15 毫升，开水 300 毫升，奶油 35 克，巧克力糖浆 15 克。

（2）制作过程

① 雪克壶中加入抹茶、奶精、糖浆，加开水搅拌均匀。

② 放入冰块，充分地摇晃后，倒入杯中。

③ 在做好的奶茶上面，挤上奶油，再挤上巧克力糖浆。

④ 最后撒上少许抹茶粉装饰即可。

45 太妃奶茶

（1）原料配方　红茶 1 包，奶精 40 克，开水 300 毫升，太妃香蜜 20 克，糖浆 20 克，冰块 100 克。

（2）制作过程

① 红茶放杯中加入开水泡开，拿出茶包。

② 再加入奶精、太妃香蜜、糖浆搅拌均匀。最后加入冰块即可。

46　宇治打奶茶

(1) 原料配方　宇治抹茶粉 5 克，温牛奶 350 毫升，奶油 10 毫升，糖浆 30 毫升。

(2) 制作过程　将所有材料倒入搅拌机中搅拌均匀，倒入杯中即可。

47　酥油茶

(1) 原料配方　砖茶（固体茶）1/3 杯，纯净水 3 杯，牛奶 100 毫升，无盐酥油 15 克，盐（岩盐）0.1 克。

(2) 制作过程

① 削碎砖茶，往锅里加入 3 杯水，边搅拌边小火煮 10 分钟。

② 过滤煮出的茶，加入牛奶、无盐酥油以及岩盐搅拌均匀即可。

48　罗曼蒂克奶茶

(1) 原料配方　牛奶 500 毫升，蜂蜜 30 毫升，红葡萄汁 60 毫升，花草茶 10 克。

(2) 制作过程

① 将牛奶倒入煮锅中加热至 80℃。

② 把花草茶放入其中用小火煮 1 分钟左右。

③ 再把蜂蜜、红葡萄汁加入搅拌均匀。

49　法国皇家奶茶

(1) 原料配方　红茶包 1 个，鲜奶 350 毫升，鲜奶油 30 毫升，蜂蜜 15 毫升，白兰地 1 毫升。

(2) 制作过程

① 将煮锅中倒入鲜奶、白兰地、鲜奶油、蜂蜜，以大火煮至 80℃。

② 放入红茶包，以小火煮 1～2 分钟，熄火后取出茶包。

50　罗密欧奶茶

(1) 原料配方　绿茶包 2 个，哈密瓜汁 60 毫升，奶精粉 16 克，开水 400 毫升。

(2) 制作过程

① 煮锅中倒入开水、哈密瓜汁、奶精粉，用大火煮至溶解。

② 放入绿茶包，用小火煮 1～2 分钟，熄火后取出茶包。

51　蓝莓奶茶

(1) 原料配方　绿茶包 2 个，开水 400 毫升，蜂蜜 30 毫升，奶精粉 16 克，蓝莓粉 8 克。

(2) 制作过程

① 煮锅中倒入开水，把奶精粉、蓝莓粉及蜂蜜放入锅中。

② 以大火煮至溶解，再放入绿茶包浸泡 1～2 分钟。

52　红豆西米奶茶

(1) 原料配方　红茶包 2 个，牛奶 100 毫升，红豆 15 克，西米 15 克，冰糖 10 克，开水 200 毫升。

(2) 制作过程

① 红豆与西米煮好备用。煮好后过凉开水。

② 煮锅里放入水烧开，加入红茶，再煮 3 分钟。

③ 拿掉红茶包，倒入牛奶与冰糖，再煮 3 分钟。

④ 倒入杯中，放入红豆与西米即可。

53　熊猫奶茶

(1) 原料配方　红茶水 350 毫升，椰奶 100 毫升，西米 15 克，黑珍珠 25 克，糖浆 15 毫升，冰块 100 克。

(2) 制作过程

① 西米、黑珍珠等煮好，过凉开水后，放在玻璃杯中。

② 红茶水、椰奶、糖浆和冰块等一起放入雪克壶中摇晃均匀。

54　波本奶茶

(1) 原料配方　牛奶 500 毫升，蜂蜜 30 毫升，波本威士忌 1 毫升，花草茶 10 克。

(2) 制作过程

① 将牛奶倒入锅中加热至 80℃左右。

② 把花草茶放入其中用小火煮 1 分钟左右。加入蜂蜜搅拌均匀。

③ 最后倒入玻璃杯中加上波本威士忌拌匀。

55　甜言蜜语奶茶

(1) 原料配方　红茶包 1 个，纯牛奶 250 毫升，冰糖 10 克，蜂蜜 60 毫升，纯净水 100 毫升。

(2) 制作过程

① 煮锅中放入纯净水煮开后放入红茶包，继续煮 2 分钟。

② 加入纯牛奶煮开后，关火，拿掉茶包，调入冰糖和蜂蜜拌匀。

③ 放入冰箱冰镇，将多余的奶茶放入冰格冰镇。

④ 倒入杯中，加入奶茶冰块，插入吸管即可饮用。

56 天生赢家奶茶

(1) 原料配方　牛奶 500 毫升，蜂蜜 30 毫升，皇家礼炮 1 毫升，花草茶 10 克。

(2) 制作过程

① 将牛奶倒入煮锅中加热至 80℃。

② 把花草茶放入其中用小火煮 1 分钟左右。加入蜂蜜搅拌均匀。

③ 最后放入皇家礼炮搅匀倒入玻璃杯中。

57 青春活力奶茶

(1) 原料配方　牛奶 500 毫升，蜂蜜 30 毫升，薄荷蜜 15 毫升，花草茶 10 克。

(2) 制作过程

① 将牛奶倒入煮锅中加热至 80℃。

② 把花草茶放入其中用小火煮 1 分钟左右。加入蜂蜜搅拌均匀。

③ 最后放入薄荷蜜搅匀倒入杯中。

58 摩卡可可冰奶茶

(1) 原料配方　红茶水 200 毫升，蜂蜜 30 毫升，可可粉 8 克，牛奶 100 毫升，浓缩冰咖啡 30 毫升，冰块 100 克。

(2) 制作过程

① 将冰块倒入雪克壶，八分满。

② 把蜂蜜、浓缩冰咖啡、可可粉、牛奶、红茶水一起加入雪克壶中。

③ 用力摇匀，倒入杯中。

59 悠闲浪漫奶茶

(1) 原料配方　牛奶 500 毫升，蜂蜜 30 毫升，朗姆酒 1 毫升，花草茶 10 克。

(2) 制作过程

① 将牛奶倒入煮锅中加热至 80℃。

② 把花草茶放入其中用小火煮 1 分钟左右。加入蜂蜜搅拌均匀。

③ 最后放入朗姆酒搅匀，倒入杯中。

60 恋恋红尘奶茶

(1) 原料配方　红茶包 2 个，开水 150 毫升，牛奶 150 毫升，红石榴汁 15 毫升，糖浆 30 毫升，冰块 150 克。

(2) 制作过程

① 雪克壶中倒入开水，放入红茶包，浸泡 3 分钟后取出茶包。

② 倒入牛奶搅拌均匀，加入红石榴汁、糖浆及冰块，盖紧盖子摇动 10~20 下，倒入杯中即可。

61 绿野仙踪冰奶茶

(1) 原料配方　绿茶水 200 毫升，青苹果汁 30 毫升，百香果汁 30 毫升，牛奶 100 毫升，冰块 150 克。

(2) 制作过程

① 将冰块倒入雪克壶，八分满。

② 把牛奶、青苹果汁、百香果汁、绿茶水一同加入雪克壶。

③ 用力摇匀后倒入杯中。

62 巧克力奶茶

(1) 原料配方　鲜牛奶 100 毫升，铁观音茶 5 克，开水 150 毫升，德芙巧克力 15 克。

(2) 制作过程

① 铁观音茶放入玻璃杯中用开水泡开，滤出茶叶。

② 融化德芙巧克力后倒入锅中，加入鲜牛奶与茶水拌匀即可。

63 天蝎座奶茶

(1) 原料配方　牛奶 500 毫升，蜂蜜 30 毫升，樱桃白兰地 1 毫升，花草茶 10 克。

(2) 制作过程

① 将牛奶倒入雪平锅中加热至 80℃。

② 把花草茶放入其中用小火煮 1 分钟。加入蜂蜜搅拌均匀。

③ 最后放入樱桃白兰地搅匀后倒入杯中。

64 翡翠绿珍珠

(1) 原料配方　红茶水 150 毫升，薄荷蜜 60 毫升，珍珠粉圆 25 克，奶精粉

1 大匙，糖水 30 毫升，冰块 100 克，洋兰 1 朵，薄荷叶 1 片。

（2）制作过程

　① 将珍珠粉圆煮熟后放入杯中。

　② 将冰块置入雪克壶中约 2/3 处，加入红茶水、薄荷蜜、糖水、奶精粉。

　③ 然后充分摇匀后，倒入杯内，放上洋兰、薄荷叶装饰。

65　绿豆沙奶茶

（1）原料配方　红茶水 150 毫升，绿豆沙 200 克，冰水 50 毫升，牛奶 150
毫升，蜂蜜 30 克，冰块 150 克，洋兰 1 朵，薄荷叶 1 片。

（2）制作过程

　① 将绿豆沙和冰水于果汁机内搅打均匀备用。

　② 将冰块置入雪克壶中约 2/3 处，加入红茶水、果汁机内的绿豆沙、
蜂蜜，然后再加以摇匀。

　③ 最后把调制好的奶茶倒入杯内，放上洋兰、薄荷叶装饰。

66　香柚奶茶

（1）原料配方　葡萄柚 1 个，热红茶 150 毫升，蜂蜜 30 毫升，牛奶 150 毫
升，冰块 150 克，红樱桃 1 个，薄荷叶 1 片，葡萄柚 1 片。

（2）制作过程

　① 将冰块倒入雪克壶中约 2/3，加入 150 毫升的热红茶。

　② 将葡萄柚 1 个压汁，加入雪克壶内，再加入蜂蜜、牛奶，然后摇匀即可。

　③ 将奶茶倒入杯内，放上红樱桃、薄荷叶、葡萄柚装饰。

67　菩提叶奶茶

（1）原料配方　热开水 400 毫升，蜂蜜 30 毫升，奶精粉 16 克，菩提叶 8 克。

（2）制作过程

　① 煮锅中倒入热开水、蜂蜜、奶精粉，以大火煮至溶解。

　② 放入菩提叶，浸泡 1～2 分钟。最后倒入玻璃杯中即可。

68　水瓶座奶茶

（1）原料配方　牛奶 500 毫升，花草茶 10 克，蜂蜜 30 毫升，龙舌兰汁 30
毫升。

（2）制作过程

　① 将牛奶倒入雪平锅中加热到 80℃。

　② 把花草茶放入其中，用小火煮 1 分钟左右。再加入蜂蜜搅拌均匀。

③ 最后加入龙舌兰汁搅拌均匀，倒入玻璃杯中。

69　热鸳鸯奶茶

(1) 原料配方　开水 350 毫升，红茶包 1 个，三花淡奶或牛奶 150 毫升，速溶咖啡粉 15 克，咖啡伴侣 15 克，白糖 10 克。

(2) 制作过程

① 将开水 250 毫升放入茶壶中，先将茶包缓缓从杯沿放入后，再将杯盖盖上，闷约 5 分钟后取出茶包。

② 将速溶咖啡粉、咖啡伴侣倒入杯中，加入 100 毫升开水拌溶后，倒入茶壶中，再加入三花淡奶或牛奶以及白糖调匀即可。

70　血糯红豆奶茶

(1) 原料配方　红茶 5 克，血糯米 1 杯，红豆 1 杯，牛奶 250 毫升，蜂蜜 30 毫升。

(2) 制作过程

① 红豆与血糯米浸泡一晚后用高压锅煮烂。放入蜂蜜调匀，使之入味。

② 锅中放入牛奶与红茶煮沸。取血糯与红豆适量于玻璃杯中，倒入奶茶即可。

71　红豆奶茶

(1) 原料配方　红茶包 1 个，鲜牛奶 200 毫升，炼乳 10 毫升，煮熟的红豆 2 汤匙，蜂蜜 15 毫升。

(2) 制作过程

① 将鲜牛奶和炼乳倒入煮锅中，中火煮到即将沸腾时加入红茶包，立即关火。

② 将煮好的茶倒入茶壶中放置 2～3 分钟，加上蜂蜜，直到茶汤闷出颜色及香味。

③ 将煮熟的红豆舀入杯中，然后倒入煮好的奶茶即可。

72　薄荷盆栽奶茶

(1) 原料配方　红茶包 2 袋，开水 200 毫升，牛奶 90 毫升，奥利奥饼干屑 35 克，蜂蜜 15 毫升，薄荷叶 3 根，裱花奶油 25 克。

(2) 制作过程

① 玻璃杯中放入红茶包倒入开水冲泡 3 分钟后，取出茶包。

② 倒入牛奶与蜂蜜充分拌匀后挤上裱花奶油。

③ 放上奥利奥饼干屑，插上薄荷叶装饰即可。

73　简式奶茶

(1) 原料配方　牛奶 500 毫升，泰国红茶粉 1 把，炼乳 15 克。

(2) 制作过程

　　① 牛奶倒入煮锅中加热。

　　② 泰国红茶粉倒入牛奶中，搅拌至煮开，煮开后关火闷 2～3 分钟。

　　③ 加入炼乳拌匀，倒入杯中，也可以放入冰箱冷饮。

74　乌瓦奶茶

(1) 原料配方　斯里兰卡乌瓦红茶 8 克，黑白淡奶 150 毫升，85℃开水 400 毫升，砂糖 15 克。

(2) 制作过程

　　① 将斯里兰卡乌瓦红茶倒入带滤网的茶壶，加入 85℃的开水至壶容量的四分之三处，静置两分钟左右再不断搅拌使其出味。

　　② 待茶汤变色散发出浓郁的红茶香后，加入黑白淡奶，再加入砂糖，慢慢搅拌后就可以倒入到杯子里。

75　魔力奶茶

(1) 原料配方　牛奶 500 毫升，蜂蜜 30 毫升，金巴利苦酒 1 毫升，花草茶 10 克。

(2) 制作过程

　　① 将牛奶倒入煮锅中加热至 80℃左右。

　　② 把花草茶放入其中用小火煮 1 分钟左右。加入蜂蜜搅拌均匀。

　　③ 最后将金巴利苦酒倒入壶中调匀即可。

76　情缘冰奶茶

(1) 原料配方　绿茶水 200 毫升，蓝橙蜜 30 毫升，蜂蜜 15 毫升，奶精粉 16 克，冰块 100 克。

(2) 制作过程

　　① 将冰块倒入雪克壶中八分满。

　　② 把蓝橙蜜、蜂蜜、奶精粉、绿茶水一起加入雪克壶。

　　③ 用力摇匀，最后倒入杯中。

77　绿豆奶茶

(1) 原料配方　绿茶包 2 个，开水 200 毫升，绿豆沙 25 克，牛奶 100 毫升，蜂蜜 15 毫升。

(2) 制作过程

① 绿茶包放入茶壶中，用开水泡 2～3 分钟，取出茶包。

② 加入绿豆沙、牛奶、蜂蜜等搅拌均匀，倒入玻璃杯中。

78 木瓜奶茶

(1) 原料配方　绿茶包 2 个，木瓜粉 8 克（或用新鲜木瓜），奶精粉 8 克（或适量牛奶），热开水 350 毫升，蜂蜜 30 毫升。

(2) 制作过程

① 煮锅中加入热开水、蜂蜜、木瓜粉、奶精粉或牛奶，用大火煮至溶解。

② 放入绿茶包，用小火煮 1～2 分钟，熄火后取出茶包即可。

79 翡翠玉露奶茶

(1) 原料配方　茉莉绿茶包 1 包，开水 200 毫升，荔枝汁 100 毫升，冰糖芦荟 25 克，冰块 100 克。

(2) 制作过程

① 雪克壶中加入开水，放入茉莉绿茶包泡 2～3 分钟，取出茶袋。

② 加入冰糖芦荟、荔枝汁、冰块等摇晃均匀即可。

80 薄荷奶泡奶茶

(1) 原料配方　川宁红茶包 1 个，开水 100 毫升，鲜奶 200 毫升，薄荷 2 枝。

(2) 制作过程

① 川宁红茶包放入茶壶中，放入开水中泡 2 分钟，然后取出茶包。

② 牛奶加热至 70～80℃，将奶打到起泡。

③ 茶水倒入杯中，再倒入打好的奶泡，用薄荷装饰即可。

81 香芋珍珠冰奶茶

(1) 原料配方　绿茶水 200 毫升，蜂蜜 30 毫升，香芋粉 8 克，奶精粉 8 克（或牛奶 60 毫升），珍珠豆 1 勺，冰块 100 克。

(2) 制作过程

① 将冰块倒入雪克壶，八分满。

② 把蜂蜜、香芋粉、珍珠豆、奶精粉（或牛奶）、绿茶水一同加入雪克壶。

③ 用力摇匀，最后倒入杯中。

82 薄荷风味奶茶

（1）原料配方　红茶 15 毫升，雀巢热牛奶 90 毫升，薄荷蜜 15 克，咖啡伴侣 15 克，蜂蜜 15 毫升，冰块 100 克，椰肉 25 克，柠檬片 1 个。

（2）制作过程

① 将雪克壶加入冰块八分满，将椰肉、柠檬片除外的材料倒入雪克壶中，用力摇匀。

② 直到雪克壶外层结霜，再倒入杯中，加入椰肉、柠檬片装饰即可。

83 泰式冰奶茶

（1）原料配方　泰国红茶粉 2 大匙，炼乳 1 大匙，鲜奶油或淡奶 1 茶匙，糖浆或蜂蜜 1 茶匙，矿泉水 350 毫升，冰块适量。

（2）制作过程

① 将 350 毫升矿泉水烧开，倒入泰国红茶粉煮沸 1 分钟后，滤去茶渣。

② 将过滤后的红茶水中趁热加入鲜奶油（淡奶）、糖浆（蜂蜜）、炼乳。

③ 杯中装满冰块，倒入奶茶附上吸管搅棒即可。

84 仿贡茶奶盖奶茶

（1）原料配方

① 奶茶配方：红茶包 2 个，纯净水 250 毫升，牛奶 250 毫升，冰糖 10 克。

② 奶盖配方：淡奶油 100 克，牛奶 30 克，砂糖 15 克，盐 1/2 茶匙，可可粉 1 克。

（2）制作过程

1）奶茶的做法

① 煮锅中放入纯净水煮开，加入红茶包煮 3 分钟左右，拿出茶包，轻轻挤压下水分，丢弃。

② 加入牛奶与冰糖，用小火煮至锅边开始冒泡，冰糖溶化关火。

2）奶盖的做法

① 淡奶油加砂糖打发到 6 成。

② 加入牛奶和盐继续打发至 7～8 成，约 10 分钟。

3）仿贡茶奶盖奶茶的做法

① 将奶茶倒入杯中。再加上奶盖。

② 用可可粉装饰即可。

85　印式奶茶

(1) 原料配方　普洱茶 5 克左右，纯净水 200 毫升，牛奶 2/3 杯，生姜丁（3 片量），细砂糖 15 克。

(2) 制作过程

① 锅中倒入普洱茶与纯净水煮沸，直到茶色变深，水量为 1/3 马克杯多一点。

② 倒入 2/3 马克杯牛奶煮到微沸。加入两茶匙细砂糖，可自行调整。

③ 沸腾后关火用网漏或纱布滤入杯中。

86　南亚奶茶

(1) 原料配方　红茶 12 克，焦糖 15 毫升，纯净水 100 毫升，鲜牛奶 300 毫升，巧克力酱 10 克，奶油 1 匙。

(2) 制作过程

① 将焦糖放进锅内，加少量的水煮至液化，糖汁呈金黄色并冒出焦香味，但要注意不可煮得过焦。

② 在浓稠的糖汁沸腾起泡时，缓缓倒入鲜牛奶，并不断以长匙搅拌调匀，同时避免糖汁焦粘锅底。

③ 取 12 克红茶加入锅中一起煮。当奶茶煮沸以后，再改用小火煮 1 分钟，渐渐呈现出棕红的汤色。

④ 依照个人的口味，添加适量的巧克力酱入锅，最好以长匙稍微搅拌，使汤色均匀。

⑤ 取一匙奶油进锅，先略拌几下，让奶茶再以小火煮约 2 分钟，然后熄火。

⑥ 先将煮锅中的奶茶装进茶壶，在客人面前再将壶内的奶茶过滤至玻璃杯中。

87　尼泊尔奶茶

(1) 原料配方　玛夏拉红茶（Masala Tea）8 克，鲜牛奶 250 毫升，纯净水 50 毫升，蜂蜜 30 毫升。

(2) 制作过程

① 将鲜牛奶倒入锅中煮沸。

② 加入玛夏拉红茶，煮 2~3 分钟，加入蜂蜜拌匀。也可以加适量纯净水调节奶味浓度。

③ 煮好后用网漏或纱布滤出茶叶，倒入玻璃杯中即可。

88　港式奶盖奶茶

(1) 原料配方　锡兰红茶 5 克，开水 300 毫升，黑白淡奶 100 毫升，砂糖 20
克，淡奶油 15 克，盐 1 克，糖粉 10 克，巧克力粉 2 克。

(2) 制作过程

① 锡兰红茶放进杯子里，加入 300 毫升开水，泡几分钟，加入砂糖，
泡好加入黑白淡奶搅拌均匀。

② 将淡奶油放入容器里加入少许盐和糖粉，打发到浓稠可流动状态。

③ 最后附上搅打好的奶盖，撒上巧克力粉即可。

89　仙草西米珍珠奶茶

(1) 原料配方　仙草粉 100 克，纯净水 300 毫升，沸水 2 升，珍珠粉圆 35
克，西米 15 克，牛奶 200 毫升，红茶 5 克，白糖 10 克。

(2) 制作过程

① 仙草粉用 100 毫升纯净水调匀，再加入 2 升刚烧开的沸水，边搅拌
边煮至沸腾。

② 倒入容器中，常温下降温，再放入冰箱冷藏。

③ 珍珠粉圆和西米分别放水中煮熟，关火闷 3～5 分钟。再用凉开水冲
洗，放冰箱冷藏。

④ 把切好的仙草冻和煮好的珍珠粉圆、西米放入杯中。

⑤ 再将红茶用纯净水 200 毫升烧开，加入白糖与牛奶搅拌均匀，倒入
玻璃杯里。

90　红粉佳人冰奶茶

(1) 原料配方　红茶水 200 毫升，草莓汁 30 毫升，红石榴汁 30 毫升，奶精
粉 16 克，冰块 100 克。

(2) 制作过程

① 将冰块倒入雪克壶，八分满，加入草莓汁、奶精粉。

② 把红茶水、红石榴汁一同加入雪克壶。用力摇匀，最后倒入杯中。

91　胚芽奶茶

(1) 原料配方　红茶包 2 个，开水 150 毫升，奶精粉 8 克，胚芽粉 16 克，
细砂糖 8 克，冰块 150 克，薄荷叶 1 枝，洋兰 1 朵。

（2）制作过程

① 雪克壶中倒入开水，放入红茶包，浸泡 3 分钟。

② 取出茶包，加入奶精粉、胚芽粉搅拌至溶解，再加入细砂糖、冰块，盖紧盖子摇动 10～20 下，倒入杯中，放上薄荷叶、洋兰装饰即可。

92　香草果肉冰奶茶

（1）原料配方　绿茶水 200 毫升，蜂蜜 30 毫升，香草粉 8 克，奶精粉 8 克，青苹果肉 1 勺，冰块 150 克。

（2）制作过程

① 把青苹果肉切小块倒入杯中。

② 在雪克壶中加入冰块、香草粉、奶精粉、蜂蜜及绿茶水。

③ 用力摇匀，倒入杯中。

93　巨蟹座奶茶

（1）原料配方　牛奶 500 毫升，蜂蜜 30 毫升，百利甜酒 1 毫升，花草茶 10 克。

（2）制作过程

① 将牛奶倒入锅中加热至 80℃。

② 把花草茶放入其中用小火煮 1 分钟左右。

③ 加入蜂蜜搅拌均匀。最后倒入百利甜酒搅拌均匀，倒入玻璃杯中即可。

94　洛神花奶茶

（1）原料配方　开水 400 毫升，蜂蜜 30 毫升，奶精粉 16 克，洛神花 8 克。

（2）制作过程

① 煮锅中倒入开水、蜂蜜、奶精粉，用大火煮至溶解。

② 放入洛神花，用小火煮 1～2 分钟。最后倒入玻璃杯中。

95　冰爽奶茶

（1）原料配方　立顿红茶包 2 包，85℃开水 100 毫升，牛奶 100 毫升，蜂蜜 30 毫升，碎冰 150 克。

（2）制作过程

① 将立顿红茶包放入杯中，冲入 85℃的开水 100 毫升左右，浸泡 2 分钟后拿出茶包，放凉备用。浸泡期间要不断将茶包上下搅动。

② 杯中倒入牛奶、蜂蜜拌匀后，倒入半杯碎冰。

③ 最后倒入红茶水，插入吸管。

96 养颜杏子奶茶

(1) 原料配方　红茶包 1~2 个，开水 150 毫升，杏仁粉 8 克，牛奶 1 盒，白糖 10 克。

(2) 制作过程

　　① 茶壶中加入红茶包与开水，浸泡 2~3 分钟，取出茶包。

　　② 将杏仁粉、白糖、牛奶等搅拌均匀，放入茶壶中，煮 3 分钟。

97 仙草菊花奶茶

(1) 原料配方　仙草冻 100 克，菊花茶 5 克，开水 150 毫升，蜂蜜 15 毫升，冰块 150 克，牛奶（或淡奶）150 毫升。

(2) 制作过程

　　① 仙草冻切块备用。菊花茶用开水泡 3 分钟后，沥除余渣后放凉备用。

　　② 玻璃杯中加入适量冰块，加入仙草冻、菊花茶水、牛奶及蜂蜜，搅拌均匀即可。

98 芝麻奶茶

(1) 原料配方　热红茶水 300 毫升，黑芝麻粉 25 克，奶精粉 16 克，蜂蜜 90 克，冰块 150 克，洋兰 1 朵，薄荷 1 枝。

(2) 制作过程

　　① 在玻璃杯中加入黑芝麻粉，倒入热红茶水搅拌均匀。

　　② 将冰块放入雪克壶中约 2/3 处，加入红茶水、蜂蜜、奶精粉，然后充分摇匀，倒入杯中。

　　③ 放上洋兰、薄荷装饰即可。

99 英式热奶茶

(1) 原料配方　红茶包 1 个，鲜奶 500 毫升，巧克力酱 30 毫升。

(2) 制作过程

　　① 煮锅中倒入鲜奶以大火煮沸，再倒入巧克力酱搅拌至溶解。

　　② 转小火，放入红茶叶煮 1 分钟，熄火后取出茶渣，将奶茶倒入杯中即可。

100 苏格兰奶茶

(1) 原料配方　红茶包 2 个，开水 400 毫升，苏格兰威士忌 1 毫升，奶精粉

16 克，蜂蜜 30 毫升。

(2) 制作过程

① 将煮锅中倒入开水、奶精粉、蜂蜜煮至溶解。

② 加入红茶包，以小火煮 1～2 分钟后熄火，取出茶包，加入苏格兰威士忌搅拌均匀。

101 索马里海盗奶茶

(1) 原料配方　丁香 5 个，牛奶 1 盎司，肉豆蔻 1/4 茶匙，纯净水 150 毫升，肉桂棒 1 根，小豆蔻 2 个，红糖 15 克。

(2) 制作过程

① 在茶壶中用高温将水烧开，加入所有原料。肉豆蔻要新鲜的，丁香捣碎，肉桂要棒状的。

② 转小火煮 15 分钟，然后滤入玻璃杯中即可。

102 草莓椰肉冰奶茶

(1) 原料配方　红茶水 200 毫升，蜂蜜 30 毫升，草莓粉 8 克，奶精粉 8 克或牛奶适量，椰肉 1 勺，冰块 150 克。

(2) 制作过程

① 先把椰肉倒入杯中。

② 在雪克壶中加入冰块、草莓粉、奶精粉或适量牛奶、蜂蜜及红茶水。

③ 用力摇匀后倒入杯中。

103 巧克力玄米茶

(1) 原料配方　巧克力粉 30 克，巧克力 1 块，玄米茶 30 克，糖水 15 毫升，牛奶 45 毫升。

(2) 制作过程　雪克壶内依次加入巧克力粉、巧克力、玄米茶、牛奶、糖水摇晃均匀。

104 玫瑰珍珠奶茶

(1) 原料配方　热玫瑰红茶水 150 毫升，煮好的珍珠粉圆 35 克，奶精粉 16 克，蜂蜜 30 毫升，冰块 150 克，玫瑰 1 朵。

(2) 制作过程

① 将煮好的珍珠粉圆放入玻璃杯中。

② 将冰块置入雪克壶中约 2/3 处，然后加入除玫瑰外的所有材料后摇匀。

③ 最后把调制好的奶茶倒入杯中，放上玫瑰 1 朵装饰。

105　茉莉花奶茶

（1）原料配方　茉莉花 8 克，开水 400 毫升，蜂蜜 30 毫升，奶精粉 16 克。

（2）制作过程

　　① 茶壶中倒入开水、蜂蜜、奶精粉，以大火煮至溶解。

　　② 放入茉莉花，浸泡 1～2 分钟。

106　双鱼座奶茶

（1）原料配方　牛奶 500 毫升，蜂蜜 30 毫升，雪碧 60 毫升，花草茶 10 克。

（2）制作过程

　　① 将牛奶倒入煮锅中加热至 80℃。

　　② 把花草茶放入其中用小火煮 1 分钟左右，滤去茶渣。加入蜂蜜搅拌均匀。

　　③ 最后晾凉后倒入玻璃杯中，倒上雪碧即可。

107　奶茶三剑客

（1）原料配方　红茶包 1 个，开水 150 毫升，牛奶 150 毫升，仙草冻 15 克，煮好的珍珠粉圆 15 克，煮好的西米 15 克，冰块 50 克。

（2）制作过程

　　① 将红茶包放入茶壶中，倒入开水浸泡 3～4 分钟，取出茶包。

　　② 将煮好的珍珠粉圆、西米以及仙草冻放入玻璃杯中，放入冰块，倒入红茶水和牛奶搅匀即可。

108　香料奶茶

（1）原料配方　红茶包 1 个，鲜奶 150 毫升，豆蔻粉 3 克，肉桂棒 2 支，奶精粉 8 克。

（2）制作过程

　　① 煮锅中倒入鲜奶以大火煮沸，加入豆蔻粉、奶精粉搅拌至溶解，熄火。

　　② 放入红茶包浸泡 3 分钟，取出茶包。

　　③ 将奶茶倒入杯中，加入 2 支肉桂棒，稍浸泡至入味即可饮用。

109　焦糖香草奶茶

（1）原料配方　水牛奶 250 毫升，红茶约 5 克，香草豆荚约 1/4 根，白砂糖 8 克。

(2) 制作过程

① 白砂糖倒入煮锅内，用小火加热，待白砂糖溶化后，慢慢呈现焦糖色。

② 加入水牛奶，继续小火加热。

③ 香草豆荚从中间刨开，用牙签取出香草籽。

④ 把香草籽和香草豆荚还有茶包一起放入锅中小火煮开。

⑤ 取出茶包，用茶漏过滤掉杂质和气泡，倒入玻璃杯中即可。

110 抹茶奶油拿铁

(1) 原料配方 抹茶粉 6 克，开水 250 毫升，奶粉 16 克，奶油 35 克，白糖 15 克，冰块 150 克。

(2) 制作过程

① 将抹茶粉、奶粉、白糖加到杯子里，倒入开水搅拌均匀。

② 倒入冰块，挤上搅打好的奶油。

111 玫瑰奶茶

(1) 原料配方 红茶包 1 个，开水 150 毫升，玫瑰花 5 克，蜂蜜 15 克，牛奶 150 毫升。

(2) 制作过程

① 将红茶包与玫瑰花放入茶壶中，加适量开水冲开。

② 当红茶和玫瑰花泡开后，滤出茶渣，加入适量蜂蜜。

③ 最后根据自己的口味加入牛奶调匀饮用。

112 柠檬蜂蜜奶茶

(1) 原料配方 红茶包 2 个，开水 350 毫升，蜂蜜 15 毫升，奶油球 1 颗，炼乳 15 毫升，柠檬 1 片。

(2) 制作过程

① 将红茶包放入茶壶中，边加入开水边搅动，直到出现茶色。

② 加入蜂蜜、炼乳再次搅匀，放上柠檬片、奶油球即可。

113 薄荷拿铁奶茶

(1) 原料配方 川宁红茶包或立顿红茶包 2 个，鲜牛奶 80 毫升，蜂蜜或糖浆 30 毫升，开水 200 毫升，冰块 100 克，薄荷叶 2 枝。

(2) 制作过程

① 茶包放入杯中，倒入沸水，浸泡 2 分钟左右，拿掉茶包，倒入蜂蜜

或糖浆调味，放凉备用。

② 牛奶加热到 60℃，用奶泡器打成奶沫。

③ 在杯中倒入打好的奶沫牛奶与冰块，用薄荷叶装饰即可。

114　冰布丁奶茶

(1) 原料配方　冰原味奶茶 400 毫升，炼乳 15 毫升，市售布丁 100 克，冰块 100 克。

(2) 制作过程

① 将冰块装入雪克杯中至 1/2 左右，再加入炼乳和冰原味奶茶后，盖上杯盖，用力摇匀。

② 将布丁切成小块状后，加入杯中，打开雪克壶的上盖，再将饮料倒入杯中，并打开过滤盖，倒入适量的冰块于杯中即可。

115　泡沫鸳鸯奶茶

(1) 原料配方　红茶包 1 个，黑咖啡 1 包，开水 350 毫升，方糖 3 块或砂糖 15 克，三花淡奶 80 毫升（20 毫升打奶沫）。

(2) 制作过程

① 将红茶包放入杯中，注入 250 毫升开水。

② 重复拉动茶包约 30 次，让红茶均匀溶于水中，取出茶包。

③ 将三花淡奶 60 毫升注入冲泡好的红茶中充分搅拌均匀。

④ 黑咖啡注入另一个杯中，放入方糖或砂糖，冲入剩下的 100 毫升开水。

⑤ 将调匀的黑咖啡注入调制好的奶茶中，搅拌均匀。

⑥ 将 20 毫升的三花淡奶放入一个小杯中，用奶泡器打出奶沫。

⑦ 最后倒在奶茶上即可。

116　冰激凌盆栽奶茶

(1) 原料配方　红茶包 1～2 袋，牛奶 250 毫升，白糖 15 克，奥利奥饼干 35 克，冰激凌 1 盒，薄荷叶 1～2 枝。

(2) 制作过程

① 冰激凌取出，切成块；奥利奥饼干压成碎屑。

② 牛奶用小火加热后放入茶包，喜欢茶味重一点的，可加两包。

③ 用勺子不停翻动以免煳锅。煮成深深的奶茶色就可以了。取出茶包，滤入杯里。注意大半杯就好，不要太满。杯子盖上保鲜膜放入冰箱冷藏。

④ 冷藏好的奶茶看口味加糖，因为有冰激凌不建议加很多糖。搅拌均

匀后上面放上冰激凌，再倒入奥利奥饼干碎屑。

⑤ 插上薄荷叶装饰即可。

117　芒果珍珠奶茶

（1）原料配方　红茶包 1 袋，开水 180 毫升，奶精 40 克，芒果粉 50 克，糖浆 15 克，煮好的珍珠粉圆 25 克，冰块 100 克。

（2）制作过程

① 将红茶包放入茶壶中，加 90 毫升开水泡 3 分钟左右，晾凉待用。

② 煮好的珍珠粉圆放入玻璃杯中待用。

③ 将奶精、芒果粉、糖浆倒入雪克壶中，加 90 毫升开水调匀。

④ 将红茶、冰块倒入雪克壶中，充分摇匀，待冰块融化后倒入装有珍珠粉圆的玻璃杯内即可。

118　桑葚珍珠奶茶

（1）原料配方　红茶包 2 个，开水 400 毫升，桑葚粉 15 克，煮好的珍珠粉圆 35 克，蜂蜜 30 毫升，奶精粉 16 克。

（2）制作过程

① 锅中倒入开水、煮好的珍珠粉圆、蜂蜜、桑葚粉、奶精粉，以大火煮至溶解。

② 放入红茶包，以小火煮 1～2 分钟，熄火后取出茶包。

119　草莓珍珠奶茶

（1）原料配方　热红茶 300 毫升，珍珠粉圆 35 克，草莓粉 15 克，奶精粉 16 克，蜂蜜 90 克，冰块 100 克，红樱桃 1 个，洋兰 1 朵，薄荷叶 1 枝。

（2）制作过程

① 将冰块置入雪克壶内约 2/3，加入 300 毫升的热红茶，再把 90 克的蜂蜜加入，再加入奶精粉、草莓粉等，然后摇和均匀。

② 将珍珠粉圆放在杯内，再把调制好的奶茶倒入杯内，然后再加入适量的冰块于奶茶内，用红樱桃、洋兰、薄荷叶装饰即可。

120　泡沫奶茶

（1）原料配方　红茶包 2 袋，开水 150 毫升，可可粉 15 克，蜂蜜 15 克，冰块 50 克。

（2）制作过程

① 红茶包放入茶壶中，加 150 毫升开水泡 3～4 分钟，依次加入可可粉

与蜂蜜调匀。

② 雪克壶中放入少量冰块，最后倒入调好的常温的红茶。

③ 迅速摇晃 30 次左右，直至出现泡沫为止。

121　椰香果肉冰奶茶

(1) 原料配方　红茶水 200 毫升，蜂蜜 30 毫升，椰香粉 8 克，奶精粉 8 克，雪梨果肉 1 勺，冰块 150 克。

(2) 制作过程

① 先把雪梨果肉倒入杯中。

② 在雪克壶中加入冰块、蜂蜜、椰香粉、奶精粉及红茶水。

③ 大力摇晃均匀，倒入杯中。

122　芒果椰奶西米露

(1) 原料配方　芒果汁 60 毫升，芒果茶 60 毫升，椰子粉 16 克，开水 100 毫升，冰块 150 克，煮好的西米 35 克。

(2) 制作过程

① 椰子粉加开水泡开，加入冰块。再加入芒果汁、芒果茶等搅拌均匀。

② 最后加入煮好的西米，继续搅拌均匀即可。

123　兰香子奶茶

(1) 原料配方　云南大叶金红茶 5 克，开水 300 毫升，牛奶 50 毫升，兰香子 3 克，太古黄糖 3 克。

(2) 制作过程

① 云南大叶金红茶倒入开水冲泡好，备用。放入兰香子泡发。

② 加入牛奶和太古黄糖，轻轻搅拌后就可以饮用。

124　英式农家奶茶

(1) 原料配方　英国红茶包 2 包，牛奶 500 毫升，蜂蜜适量。

(2) 制作过程

① 牛奶倒入煮锅中加热。放入红茶包加热至香味扑鼻就可以关火了。

② 倒入杯中，根据需要加减蜂蜜的量调整甜度。

125　英式绅士奶茶

(1) 原料配方　红茶包 2 个，开水 350 毫升，奶精粉 16 克，英式干金酒 1

毫升，巧克力膏 25 毫升。

(2) 制作过程

① 煮锅中加入开水，再加入奶精粉、英式干金酒、巧克力膏，以大火煮至溶解。

② 放入红茶包，小火煮 1～2 分钟，熄火后取出茶包。

③ 最后倒入茶壶中，出品搭配杯子、碟。

126 普通英式奶茶

(1) 原料配方 红茶茶叶 16 克，开水 350 毫升，鲜奶 150 毫升，巧克力膏 30 毫升，肉桂粉 0.5 克。

(2) 制作过程

① 红茶茶叶用 350 毫升沸水浸泡 2 分钟，滤出茶汁备用。

② 茶汁加入鲜奶煮开，加入巧克力膏、肉桂粉拌匀，倒入杯中即成。

127 冰椰果奶茶

(1) 原料配方 绿茶水 160 毫升，椰奶肉 60 毫升，椰果肉 35 克，糖浆 30 毫升，冰块适量。

(2) 制作过程

① 将除椰果肉、冰块之外的材料倒入雪克壶中摇匀后，倒入有冰块的杯中。

② 最后放上椰果肉即可。

128 紫罗兰奶茶

(1) 原料配方 开水 350 毫升，紫罗兰花 8 克，紫罗兰利口酒 1 毫升，蜂蜜 30 毫升，奶精粉 16 克。

(2) 制作过程

① 煮锅中倒入开水、蜂蜜、奶精粉，用大火煮至溶解。

② 放入紫罗兰花，浸泡 1～2 分钟。

③ 最后加入紫罗兰利口酒拌匀，倒入杯中即可。

129 红枣奶茶

(1) 原料配方 牛奶 350 毫升，红枣 25 克，红茶包 2 包，蜂蜜或白砂糖 15 克。

(2) 制作过程

① 牛奶倒入煮锅加热，顺便切好红枣，最好去核，放入牛奶中加热。

② 牛奶快要沸腾时放入红茶包，3 分钟后，茶香飘溢时关火。

③ 滤入杯中，倒入蜂蜜或白砂糖即可。

130 盆景奶茶

(1) 原料配方　红茶包 2 个，开水 300 毫升，奥利奥饼干 2 片，奶油 50 克，炼奶 15 毫升，三花淡奶 25 毫升，牛奶 25 毫升，糖浆 15 毫升，冰块 50 克，可食性的花花草草适量。

(2) 制作过程

① 奶油用打蛋器稍微搅打使膨松，加上压碎的奥利奥饼干拌匀备用。

② 将红茶包放入茶壶，用开水泡 2 分钟，取出茶包，滤出茶汁。

③ 在雪克壶中加入茶汁，再加上炼奶、三花淡奶、牛奶、糖浆以及冰块，摇晃均匀。

④ 摇出一杯港式奶茶后，用铺奶泡的手法把搅拌的奥利奥奶油铺在上边，加上花花草草点缀即可。

131 西域奶茶

(1) 原料配方　茯砖茶 10 克，开水 150 毫升，牛奶 150 毫升，盐 2 克。

(2) 制作过程

① 煮锅里放入开水烧开后，放入茯砖茶煮沸约 3 分钟，滤出茶渣。

② 继续将牛奶倒入煮锅中用大火煮沸，加入适量的盐。

③ 关火后滤入杯中即可。

132 原浆原味奶茶

(1) 原料配方　鲜牛奶 150 毫升，砖茶 8 克，矿泉水 120 毫升，奶油 25 克。

(2) 制作过程

① 将鲜牛奶与奶油一起放入煮锅煮沸。

② 砖茶切碎，用纱布包裹，加入纯净水煮沸备用。

③ 茶水和奶混合一起继续沸煮，再次加入奶油，直到香气扑鼻即可。

133 蜂蜜奶茶

(1) 原料配方　红茶包或散装红茶 5 克左右，开水 200 毫升，牛奶 100 毫升，蜂蜜 25 毫升。

(2) 制作过程

① 牛奶加热至 60℃左右。

② 红茶放入茶壶冲入开水泡 5 分钟。

③ 取加热过的杯子倒入牛奶与红茶水，最后倒入蜂蜜搅拌均匀。

134 英国皇家奶茶

(1) 原料配方　立顿红茶包 2 个，开水 250 毫升，鲜奶 100 毫升，奶精粉 16 克，蜂蜜 15 毫升，细砂糖 8 克，鲜奶油 15 克。

(2) 制作过程

① 煮锅中倒入开水，加入鲜奶、奶精粉及鲜奶油以大火煮至溶解。

② 放入立顿红茶包，以小火煮 1 分钟，熄火后取出茶包。

③ 加入蜂蜜、细砂糖拌匀即可倒入杯中。

135 薰衣草玫瑰奶茶

(1) 原料配方　开水 350 毫升，蜂蜜 30 毫升，奶精粉 16 克，薰衣草 8 克，玫瑰花 8 克，玫瑰香蜜 10 毫升。

(2) 制作过程

① 煮锅中倒入开水、蜂蜜、奶精粉、玫瑰香蜜，以大火煮至溶解。

② 放入玫瑰花、薰衣草，以小火煮 1～2 分钟。

136 茉莉花手工奶茶

(1) 原料配方　茉莉花茶叶 3 克，开水 250 毫升，牛奶 150 毫升，茉莉香蜜 15 毫升。

(2) 制作过程

① 煮锅中放入开水，将水烧到 95℃。

② 水烧好后将茉莉花茶叶放入水中，每 250 毫升水放 3 克茶叶。

③ 再烧到 95℃，不停地搅拌。将烧好的茶水倒出备用。

④ 将牛奶放入茶壶加热到 50℃，将茶水倒入牛奶中，不断搅拌，加入茉莉香蜜调匀即可。

137 芋头沙奶茶

(1) 方法一

1) 原料配方　红茶水 150 毫升，芋头 50 克，纯净水 250 毫升，奶精粉 1 大匙，冰水 100 克，蜂蜜 60 毫升，冰块 150 克，洋兰 1 朵，薄荷 1 枝。

2) 制作过程

① 将芋头去皮洗净后切丁，然后把芋头加纯净水于煮锅中，煮约 20 分钟后，即起锅待凉备用。

② 将芋头加 50 毫升的冰水于果汁机内调打均匀备用。

③ 将冰块置入雪克壶中约 2/3，加入红茶水、芋头沙、蜂蜜、奶精粉，摇匀即可。

④ 最后把奶茶倒入杯内，放上洋兰和薄荷装饰。

(2) 方法二

1) 原料配方　红茶包 2 个，热开水 150 毫升，奶精粉 8 克，芋头沙粉 16 克，细砂糖 8 克，冰块 100 克。

2) 制作过程

① 雪克壶中倒入热开水，放入红茶包，浸泡三分钟。

② 取出茶包，加入奶精粉、芋头沙粉搅拌至溶解，再加入细砂糖、冰块，盖紧盖子摇动 10～20 下，倒入杯中即可。

138　蒙古奶茶

(1) 原料配方　紧压茶 50 克，开水 500 毫升，牛奶 2500 毫升，黄油 10 克，岩盐适量。

(2) 制作过程

① 将紧压茶掰碎放在煮锅中，冲入开水煮，将水煮成棕红色，滤去茶渣备用。

② 牛奶中放入黄油，煮开。

③ 将滤清后的茶汤继续熬煮，用大勺子将牛奶逐勺加进去，一边加一边用勺子将加了牛奶的茶汤从一定的高度倒下来，搅拌起充分的泡沫。至少重复 4～5 次这个过程。当全部牛奶都加进去后，再煮到沸腾，加岩盐调味后关火。

④ 上桌时注入木碗中即可。可以配上炒米和各种奶酪、奶干；也可以按照个人爱好加入酥油和米饭做成粥；也可以搭配自己喜欢的其他小食。

139　经典正山热奶茶

(1) 原料配方　正山小种红茶 3 克，开水 200 毫升，热牛奶 150 毫升，白兰地 2 滴，白糖 15 克。

(2) 制作过程

① 将正山小种红茶放入茶壶中，倒入开水，泡 2 分钟左右，滤去茶叶。

② 杯中倒入热红茶与热牛奶，滴入白兰地与白糖充分拌匀即可。

140　椰蓉冻奶茶

(1) 原料配方　红茶 2 包，开水 250 毫升，三花椰子全脂淡奶 100 毫升，果糖 25 克，冰块 100 克，椰蓉 8 克。

(2) 制作过程

① 将开水放入茶壶中，放入茶包浸泡 3～4 分钟，浸泡过程中，来回拉一下茶包，取出茶包。

② 将红茶水滤入雪克壶中，加入三花椰子全脂淡奶、果糖、冰块等一起摇匀。

③ 将奶茶滤入玻璃杯中，撒上椰蓉即可。

141 香草风味奶茶

(1) 原料配方　绿茶 3 克，开水 200 毫升，牛奶 100 毫升，香草糖浆 15 毫升。

(2) 制作过程

① 煮锅中放入开水，加入茶叶煮至偏棕黄色。

② 加入牛奶，再煮 3～5 分钟。

③ 杯中倒入香草糖浆，滤入牛奶绿茶汁后充分拌匀即可。

142 姜汁奶茶

(1) 原料配方　牛奶 150 毫升，红茶汁 150 毫升，生姜 25 克，白糖 15 克。

(2) 制作过程

① 把生姜切成碎末，倒入杯中。

② 将牛奶、红茶汁用煮锅加热至 80℃，倒入杯中，浸泡一段时间，待姜的味道散发出来，加适量白糖调匀即可。

143 柚香奶茶

(1) 原料配方　牛奶 150 毫升，红茶汁 150 毫升，柚皮 25 克，白糖 15 克。

(2) 制作过程

① 把柚皮切成碎末，倒入杯中。

② 将牛奶、红茶汁用煮锅加热至 80℃，倒入杯中，浸泡一段时间，待柚皮的味道散发出来，加适量白糖调匀即可。

144 香醇炼乳奶茶

(1) 原料配方　红茶包 2 包，开水 350 毫升，炼奶 25 克。

(2) 制作过程

① 茶壶中放入红茶包倒入开水泡开，3 分钟后取走茶包。

② 然后倒入适量的炼奶轻轻拌匀后即可饮用。

145 欧式冰奶茶

(1) 原料配方　红茶水 200 毫升，巧克力膏 30 毫升，蜂蜜 30 毫升，玉桂粉 4 克，奶精粉 10 克（或牛奶 100 毫升），冰块 100 克。

(2) 制作过程

① 将冰块倒入雪克壶，八分满。

② 把巧克力膏、蜂蜜、玉桂粉、奶精粉、红茶水一同加入雪克壶。

③ 用力摇晃均匀，最后倒入杯中。

146 酥油奶茶

(1) 原料配方　牛奶 250 毫升，特制茯砖茶叶 5 克，酥油 5 克，熟青稞面粉 5 克，矿泉水 150 毫升，白糖适量。

(2) 制作过程

① 茶壶中放入矿泉水烧开，放入特制茯砖茶叶煮 3~5 分钟后滤去茶叶。

② 将牛奶与白糖倒入茶水中，搅拌均匀。

③ 将茶壶中的奶茶倒入放有熟青稞面粉的容器中，放入酥油一起搅拌均匀即可。

147 哈密瓜奶茶

(1) 原料配方　绿茶包 2 个，开水 350 毫升，哈密瓜粉 8 克，奶精粉 8 克，蜂蜜 30 毫升。

(2) 制作过程

① 煮锅中倒入开水、蜂蜜、哈密瓜粉、奶精粉，用大火煮至溶解。

② 放入绿茶包，用小火煮 1~2 分钟，熄火后取出茶包。

148 红豆珍珠奶茶

(1) 原料配方　红茶包 1 袋，开水 100 毫升，鲜牛奶 200 毫升，炼乳 10 毫升，红豆 30 克，纯净水 300 毫升，冰糖 15 克，冰块 100 克，煮好的珍珠粉圆 35 克。

(2) 制作过程

① 红豆洗净，浸泡 30 分钟，入煮锅中加纯净水和冰糖煮熟。

② 红茶包放入茶壶中，加适量开水，泡 3 分钟左右，晾凉备用。

③ 鲜牛奶和炼乳倒入煮锅中，中火煮至沸腾，晾凉备用。

④ 将红茶、牛奶、冰块倒入雪克壶中摇至冰块融化。

⑤ 玻璃杯中放入煮好的珍珠粉圆，倒入奶茶拌匀。

⑥ 最后加入煮好的红豆即可。

149　温馨暖胃奶茶

(1) 原料配方　高钙低脂牛奶 500 毫升，小种红茶 3 克，纯净水 100 毫升。

(2) 制作过程

① 小种红茶先入茶壶内，加适量的纯净水煮开之后，再煮 2 分钟，红茶颜色出来之后，就可以加入高钙低脂牛奶煮。

② 继续煮到整壶茶和牛奶都融合得很好，美丽淡咖色出来之后即可。

150　热可可奶茶

(1) 原料配方　热红茶水 300 毫升，巧克力糖浆 15 毫升，奶精 16 克，可可粉 16 克。

(2) 制作过程　茶壶中倒入热红茶水，再加入巧克力糖浆、奶精、可可粉等搅拌均匀即可。

151　太妃椰麦

(1) 原料配方　热红茶水 300 毫升，太妃香蜜 16 克，奶精 16 克，椰子麦片 35 克。

(2) 制作过程　茶壶中倒入热红茶水，再加入太妃香蜜、奶精、椰子麦片等搅拌均匀即可。

152　桂花奶茶

(1) 原料配方　热开水 400 毫升，蜂蜜 30 毫升，奶精粉 16 克，桂花干 8 克。

(2) 制作过程

① 煮锅中倒入热开水、蜂蜜、奶精粉，用大火煮至溶解。

② 放入桂花干，浸泡 1～2 分钟即可。

153　薄荷叶奶茶

(1) 原料配方　热开水 400 毫升，蜂蜜 30 毫升，奶精粉 16 克，薄荷叶 8 克。

(2) 制作过程

① 煮锅中倒入热开水、蜂蜜、奶精粉，以大火煮至溶解。

② 放入薄荷叶，浸泡 1～2 分钟。

154 原味奶茶

(1) 原料配方　小米 35 克，砖茶碎 15 克，纯净水 400 毫升，纯牛奶 500 毫升，盐 0.5 克。

(2) 制作过程

① 把小米放锅中炒熟（开花就像爆米花一样）。

② 茶壶中放入纯净水烧开，放入砖茶碎，熬煮出茶色后，滤出茶叶。

③ 然后放入炒熟的小米，熬 2 分钟。

④ 再倒入纯牛奶熬 4 分钟，加入一点盐即可。

155 美式奶茶

(1) 原料配方　红茶包 2 个，开水 400 毫升，橙汁 30 毫升，杰克丹尼威士忌 2 毫升，奶精粉 16 克，蜂蜜 30 毫升。

(2) 制作过程

① 将煮锅中倒入开水，加入橙汁、奶精粉、蜂蜜煮至溶解。

② 加入红茶包，以小火煮 1～2 分钟后熄火，取出茶包。

③ 晾凉后，加入杰克丹尼威士忌拌匀。

156 香草奶茶

(1) 原料配方　绿茶包 2 个，热开水 400 毫升，香草粉 8 克，奶精粉 8 克，香草利口酒 2 毫升，蜂蜜 30 毫升。

(2) 制作过程

① 煮锅中倒入热开水、蜂蜜、香草粉、奶精粉，用大火煮至溶解。

② 放入绿茶包，用小火煮 1～2 分钟，熄火后取出茶包，加入香草利口酒。

157 花生奶茶

(1) 原料配方　红茶包 2 个，开水 400 毫升，花生粉 8 克，奶精粉 8 克，蜂蜜 30 毫升。

(2) 制作过程

① 煮锅中倒入开水、蜂蜜、花生粉、奶精粉，用大火煮至溶解。

② 放入红茶包，用小火煮 1～2 分钟，熄火后取出茶包。

158 芙蓉花奶茶

(1) 原料配方　芙蓉花 8 克，开水 400 毫升，蜂蜜 30 毫升，奶精粉 16 克。

(2) 制作过程

　　① 煮锅中倒入开水、蜂蜜、奶精粉，以大火煮至溶解。

　　② 放入芙蓉花，以小火煮 1～2 分钟。

159　奶酪奶茶

(1) 原料配方　红茶水 150 毫升，三花淡奶 30 毫升，淡奶油 30 毫升，奶酪碎 35 克，碎冰 100 克。

(2) 制作过程

　　① 把三花淡奶与淡奶油在碗中打匀，制成浓稠的糊状，备用。

　　② 在杯内加入适量碎冰，再加入红茶水，倒入打好的奶油糊，撒上奶酪碎。

160　麦片奶茶

(1) 原料配方　红茶包 2 个，开水 400 毫升，麦片 8 克，奶精 16 克，蜂蜜 30 毫升。

(2) 制作过程

　　① 煮锅中倒入开水，加入奶精、麦片、蜂蜜，以大火煮至溶解。

　　② 放入红茶包，转小火煮 1～2 分钟，熄火，取出茶包。

161　花生西米露冰奶茶

(1) 原料配方　红茶水 200 毫升，蜂蜜 30 毫升，花生粉 8 克，奶精粉 8 克，煮好的西米露 1 勺，冰块 100 克。

(2) 制作过程

　　① 先把煮好的西米露倒入杯中。

　　② 在雪克壶中加入冰块、花生粉、奶精粉及红茶水。用力摇匀后即可。

162　红豆沙奶茶

(1) 原料配方　红茶包 2 个，开水 400 毫升，红豆沙粉 8 克，奶精粉 8 克，蜂蜜 30 毫升。

(2) 制作过程

　　① 煮锅中倒入开水、蜂蜜、红豆沙粉、奶精粉，以大火煮至溶解。

　　② 放入红茶包，以小火煮 1～2 分钟，熄火后取出茶包。

163　爱丽丝热奶茶

(1) 原料配方　红茶包 2 个，开水 400 毫升，威士忌 1 毫升，奶精粉 16 克，百利甜酒 3 毫升，蜂蜜 30 毫升。

(2) 制作过程

　① 煮锅中倒入开水，放入红茶包浸泡 3～4 分钟，然后取出茶包，加入蜂蜜、奶精粉，以小火煮至溶解。

　② 将奶茶倒入玻璃杯中，最后加入威士忌、百利甜酒拌匀。

164 姜母奶茶

(1) 原料配方　红茶包 2 个，开水 400 毫升，姜母粉 8 克，奶精粉 8 克，蜂蜜 30 毫升，姜 2 片。

(2) 制作过程　煮锅中倒入开水，再加入蜂蜜、姜母粉、奶精粉、姜片，以大火煮至溶解，放入红茶包，以小火煮 1～2 分钟，熄火后取出茶包。

165 乌龙奶茶

(1) 原料配方　乌龙茶 8 克，开水 400 毫升，蜂蜜 30 毫升，奶精粉 16 克。

(2) 制作过程

　① 煮锅中倒入开水，加入蜂蜜、奶精粉，以大火煮至溶解。

　② 放入乌龙茶，以小火煮 1～2 分钟。最后滤出茶叶即可。

166 香芋奶茶

(1) 原料配方　红茶包 2 个，开水 400 毫升，香芋粉 8 克，奶精粉 8 克，蜂蜜 30 毫升。

(2) 制作过程

　① 煮锅中倒入开水，加入蜂蜜、香芋粉、奶精粉，用大火煮至溶解。

　② 放入红茶包，用小火煮 1～2 分钟，熄火后取出茶包。

167 杏仁冰奶茶

(1) 原料配方　红茶包 2 个，开水 150 毫升，奶精粉 8 克，杏仁粉 16 克，细砂糖 8 克，冰块 150 克。

(2) 制作过程

　① 雪克壶中倒入开水，放入红茶包，浸泡三分钟。

　② 取出茶包，加入奶精粉、杏仁粉搅拌至溶解，再加入细砂糖、冰块。

　③ 盖紧盖子摇动 10～20 下，倒入杯中即可。

168 椰香热奶茶

(1) 原料配方 红茶包 2 个，开水 400 毫升，椰奶 45 毫升，蜂蜜 30 毫升，椰浆粉 16 克。

(2) 制作过程

① 煮锅中倒入开水，加入椰奶、椰浆粉以大火煮至溶解，放入红茶包，再以小火煮 15 秒钟。

② 取出茶包，加入蜂蜜拌匀即可。

169 人参花奶茶

(1) 原料配方 人参花 8 克，开水 400 毫升，蜂蜜 40 毫升，奶精粉 16 克。

(2) 制作过程

① 煮锅中倒入开水、蜂蜜、奶精粉，以大火煮至溶解。

② 放入人参花，以小火煮 1~2 分钟。

170 柠檬草奶茶

(1) 原料配方 柠檬草 8 克，开水 400 毫升，蜂蜜 30 毫升，柠檬利口酒 1 毫升，奶精粉 16 克。

(2) 制作过程

① 煮锅中倒入开水、蜂蜜、柠檬利口酒、奶精粉，用大火煮至溶解。

② 放入柠檬草，用小火煮 1~2 分钟。

171 冰珍珠奶茶

(1) 原料配方 冰红茶水 350 毫升，奶精粉 16 克，糖浆 20 毫升，煮熟的珍珠粉圆 25 克。

(2) 制作过程

① 先在杯中放入煮熟的珍珠粉圆。

② 把材料倒入装有 1/2 冰块的雪克壶中摇匀，然后倒入杯中，带上粗吸管。

172 蛋黄百利甜冰奶茶

(1) 原料配方 红茶水 200 毫升，蜂蜜 30 毫升，百利甜酒 3 毫升，蛋黄 1 个，白兰地 1 毫升，奶精粉 16 克，冰块 150 克。

(2) 制作过程

① 将冰块加入雪克壶中，八分满。

② 把蛋黄、百利甜酒、蜂蜜、白兰地、奶精粉、红茶水同时加入雪克壶。

③ 用力摇匀后倒入杯中。

173 花生沙奶茶

(1) 原料配方　热红茶 150 毫升，花生酱 2 大匙，冰水 50 毫升，奶精粉 1 大匙，蜂蜜 30 毫升，冰块 150 克，洋兰 1 朵，薄荷 1 枝。

(2) 制作过程

① 将花生酱加 50 毫升的冰水于果汁机内搅打均匀备用。

② 将冰块置入雪克壶中约 2/3 处，加入红茶、搅打过的花生沙、蜂蜜、奶精粉，然后摇匀。

③ 最后把调制好的奶茶倒入杯中，放上洋兰、薄荷装饰。

174 爱尔兰冰奶茶

(1) 原料配方　红茶水 200 毫升，爱尔兰威士忌 1 毫升，蜂蜜 30 毫升，奶精粉 16 克，冰块 150 克。

(2) 制作过程

① 将冰块倒入雪克壶，八分满。

② 把爱尔兰威士忌、奶精粉、蜂蜜、红茶水一同加入雪克壶。

③ 用力摇晃均匀，最后倒入杯中。

175 红豆沙珍珠奶茶

(1) 原料配方　热红茶 150 毫升，红豆沙 200 克，煮好的珍珠粉圆 25 克，奶精粉 16 克，蜂蜜 30 毫升，冰块 150 克，洋兰 1 朵，薄荷 1 枝，冰水 50 毫升。

(2) 制作过程

① 先将红豆沙和冰水放入果汁机内搅打均匀备用。

② 接着将冰块置入雪克壶中约 2/3，加入红茶、备用的红豆沙、蜂蜜、奶精粉。

③ 然后充分摇匀后倒入放有煮好的珍珠粉圆的杯中，放上洋兰、薄荷装饰。

176 罗马甘菊奶茶

(1) 原料配方　罗马甘菊 8 克，开水 400 毫升，蜂蜜 30 毫升，奶精粉 16 克。

(2) 制作过程

① 煮锅中倒入开水、蜂蜜、奶精粉，以大火煮至溶解。

② 放入罗马甘菊，以小火煮 1～2 分钟。

177 阿波罗奶茶

(1) 原料配方　阿波罗花 8 克，开水 400 毫升，蜂蜜 30 毫升，奶精粉 16 克。

(2) 制作过程　煮锅中倒入热开水、蜂蜜、奶精粉，以大火煮至溶解，放入阿波罗花，用小火煮 1～2 分钟。

178 椰香冰奶茶

(1) 原料配方　红茶包 2 个，开水 300 毫升，奶精粉 8 克，椰浆粉 16 克，细砂糖 8 克，冰块 150 克。

(2) 制作过程

① 雪克壶中倒入热开水，放入红茶包，浸泡三分钟。

② 取出茶包，加入奶精粉、椰浆粉搅拌至溶解，再加入细砂糖、冰块，盖紧盖子摇动 10～20 下。倒入杯中即可。

179 狮子座奶茶

(1) 原料配方　花草茶 10 克，牛奶 500 毫升，蜂蜜 30 毫升，君度酒 1 毫升。

(2) 制作过程

① 将牛奶倒入煮锅中加热至 80℃。

② 把花草茶放入其中用小火煮 1 分钟左右。

③ 再把蜂蜜加入搅拌均匀。最后倒入君度酒搅匀即可。

180 椰香可可奶茶

(1) 原料配方　红茶水 150 毫升，椰子乳 1/3 罐，奶精粉 16 克，可可粉 16 克，蜂蜜 30 毫升，冰块 150 克，洋兰 1 朵，薄荷 1 枝。

(2) 制作过程

① 将冰块置入雪克壶中约 2/3 处。

② 加入红茶水、椰子乳、蜂蜜、奶精粉，可可粉等，然后再加以摇匀。

③ 最后把摇和好的奶茶倒入杯中，放上洋兰、薄荷装饰。

181 椰香巧克力奶茶

(1) 原料配方　红茶包 2 个，开水 300 毫升，巧克力 15 克，椰浆 60 毫升，椰粉 8 克，奶精粉 8 克，蜂蜜 30 毫升。

(2) 制作过程

① 煮锅中倒入开水、蜂蜜、椰浆、椰粉、奶精粉、巧克力等，用大火

煮至溶解。

② 放入红茶包，用小火煮1~2分钟，熄火后取出茶包。

182 冰薄荷奶茶

(1) 原料配方 青茶包2个，开水450毫升，液态奶精（奶油球）30毫升，白砂糖30克，薄荷果露60毫升，冰块150克。

(2) 制作过程

① 茶壶中放入开水，将青茶包缓缓从杯沿放入，盖上盖子闷约4分钟后取出茶包。

② 然后加入液态奶精和白砂糖调味后，再放入冰箱冷冻10分钟。

③ 将冰块装入雪克杯中约1/2的量，再倒入薄荷果露，盖上杯盖，用力摇匀至雪克壶外壳结霜。

④ 先打开雪克壶杯盖，将奶茶倒入杯中，再打开过滤盖，倒入适量冰块于杯中即可，最后带上搅拌吸管出品。

183 杏仁热奶茶

(1) 原料配方 红茶包2个，开水400毫升，奶精粉16克，蜂蜜30毫升，杏仁粉16克。

(2) 制作过程

① 煮锅中倒入水，加入奶精粉、杏仁粉，以大火煮至溶解。

② 放入红茶包，以小火煮1分钟，熄火后取出茶包。

③ 加入蜂蜜拌匀即可倒入杯中。

184 皇家冰奶茶

(1) 原料配方 红茶水200毫升，白兰地3毫升，巧克力膏30毫升，奶精粉16克，冰块150克。

(2) 制作过程

① 将冰块倒入雪克壶，八分满。

② 把奶精粉、巧克力膏、白兰地、红茶水一同倒入雪克壶。

③ 用力摇匀后倒入杯中。

185 杏仁可可奶茶

(1) 原料配方 红茶水150毫升，杏仁粉16克，可可粉16克，蜂蜜30克，奶精粉16克，冰块150克，洋兰1朵，薄荷1枝。

(2) 制作过程

① 将冰块置入雪克壶中约 2/3，加入 150 毫升的红茶水、蜂蜜、奶精粉，然后摇匀。

② 加入杏仁粉、可可粉等于杯中，再把调制好的奶茶，冲入备有杏仁粉、可可粉的杯内，搅拌均匀，放上洋兰、薄荷装饰。

186 热焦糖奶茶

(1) 原料配方　红茶包 2 个，开水 450 毫升，奶精粉 30 克，焦糖果露 60 毫升。

(2) 制作过程

① 将开水放入茶壶中，将红茶包缓缓从杯缘放入后，再将杯盖盖上，闷约 5 分钟后取出茶包，再加入奶精粉调味。

② 最后将焦糖果露放入茶壶拌匀，倒入玻璃杯中。

187 欧风奶茶

(1) 原料配方　红茶包 2 个，开水 150 毫升，奶精粉 8 克，细砂糖 8 克，白兰地酒 1 毫升，冰块 150 克，巧克力冰激凌 30 克。

(2) 制作过程

① 雪克壶中倒入开水，放入红茶包，浸泡 3 分钟。

② 取出茶包，加入奶精粉搅拌至溶解，再加入细砂糖、白兰地酒及冰块，盖紧盖子摇动 10～20 下。

③ 倒入杯中放入巧克力冰激凌即可。

188 斯里兰卡奶茶

(1) 原料配方　鲜奶 500 毫升，细砂糖 8 克，锡兰红茶叶 16 克。

(2) 制作过程

① 煮锅中倒入鲜奶以大火煮沸，放入锡兰红茶叶，转小火煮 1 分钟，熄火。

② 滤出茶渣后，加入细砂糖拌匀，即可倒入杯中。

189 朱丽叶奶茶

(1) 原料配方　红茶包 2 个，开水 400 毫升，红石榴汁 30 毫升，奶精粉 16 克。

(2) 制作过程

① 煮锅中倒入开水、红石榴汁、奶精粉，用大火煮至溶解。

② 放入红茶包，用小火煮 1～2 分钟，熄火后取出茶包。

190 香瓜椰奶茶

(1) 原料配方　红茶包 1 个，热开水 350 毫升，香瓜 1 个，椰奶 1 罐，鲜奶 150 毫升，蜂蜜 1 大匙（约 15 毫升），冰块适量。

(2) 制作过程

　　① 茶壶中倒入热开水，放入红茶包，加盖闷泡 5 分钟，待茶汤颜色变红，取出红茶包，加入蜂蜜拌匀，静置待凉。

　　② 香瓜洗净，去皮，切小块，放入果汁机中打成汁，加入蜂蜜红茶、椰奶和鲜奶一起拌匀。

　　③ 冰镇后倒入杯中，加入冰块即可饮用。

191 珍珠绿豆沙冰奶茶

(1) 原料配方　绿茶水 200 毫升，蜂蜜 30 毫升，绿豆沙粉 8 克，奶精粉 8 克（或牛奶），煮好的珍珠粉圆 35 克，冰块适量。

(2) 制作过程

　　① 先把煮好的珍珠粉圆倒入杯中。

　　② 在雪克壶中加入冰块、绿豆沙粉、奶精粉及绿茶水、蜂蜜。

　　③ 用力摇匀后倒入杯中，带上吸管与搅拌棒。

192 鼠尾草珍珠奶茶

(1) 原料配方　红心粉圆 1/2 杯，蜂蜜 15 毫升，纯净水 750 毫升，鼠尾草 1 大匙，奶精粉 1 大匙，冰糖 1 小匙，开水 200 毫升，冰块 150 克。

(2) 制作过程

　　① 煮锅中放纯净水煮开，放入红心粉圆稍微搅拌至全部浮起（避免粘锅），用中火煮约 20 分钟后熄火，闷约 20 分钟，捞起冲凉沥干，淋上蜂蜜保湿备用。

　　② 将鼠尾草放入茶壶中，冲入 200 毫升开水，静置约 3 分钟。

　　③ 倒入奶精粉、冰糖搅拌均匀后放凉。

　　④ 饮用时在玻璃杯中加入粉圆及冰块，倒入奶茶即可。

193 印度茶饮

(1) 原料配方　茶叶（阿萨姆茶等）2 满茶匙，纯净水 200 毫升，牛奶 300 毫升，丁香 2 粒，小豆蔻 2 粒，肉桂棒 2 支。

（2）制作过程

① 将纯净水和研细的香料（丁香、小豆蔻、肉桂棒）放入煮锅内用火煮开。

② 放入茶叶一直煮到茶叶全部伸展开来。

③ 茶叶展开后，注入牛奶再加热。煮锅表面起沫后关火。

194 金骏眉丝袜奶茶

（1）原料配方 金骏眉红茶 5 克，牛奶 300 毫升，蜂蜜或糖浆 20 毫升。

（2）制作过程

① 将牛奶倒入锅中加热，倒入金骏眉红茶煮开。

② 闷 1 分钟后滤去茶叶。反复拉几次奶茶，倒入杯中加入糖浆即可。

195 盆栽鸳鸯奶茶

（1）原料配方 红茶包 1 个，开水 150 毫升，黑咖啡 1 杯，牛奶 100 毫升，淡奶油 25 克，奥利奥饼干碎 25 克，方糖 2 块，炼乳 10 克，薄荷叶 1 枝。

（2）制作过程

① 将红茶包放入茶壶中，倒入开水，待茶水浓郁后，取出茶包。

② 倒入牛奶，搅拌搅匀。黑咖啡中放入方糖，搅拌至糖完全溶化。

③ 将咖啡倒入奶茶中搅匀。加上炼乳有丝滑的感觉。

④ 将淡奶油打发到七成。在奶茶上面放上奶油。

⑤ 在奶油上面撒上一层奥利奥饼干碎，插上两片薄荷叶即可。

196 仙草冻奶茶

（1）原料配方 红茶包 1 个，牛奶 300 毫升，炼乳 15 毫升，白糖 15 克，仙草粉 30 克，纯净水 100 毫升，开水 700 毫升。

（2）制作过程

① 将 30 克仙草粉倒入煮锅中，倒入 100 毫升清水，搅拌至均匀无颗粒状。

② 将 700 毫升开水慢慢地倒入糊中，边倒边搅拌。小火加热至沸腾状。

③ 将煮好的仙草糊倒入容器中。冷却后就成为膏状，用刀切成小块备用。

④ 牛奶倒入煮锅中，加入白糖和红茶包，煮沸后捞出红茶包，将奶茶放凉备用。

⑤ 取适量仙草冻划成小方块放入杯中，倒入煮好的奶茶，淋上少许炼乳即可食用。

197　红枣桂圆奶茶

(1) 原料配方　红茶包 2 个，干红枣（大个）8 颗，桂圆 8 颗，纯净水 220
毫升，三花淡奶 80 毫升，炼乳 15 克。

(2) 制作过程

① 干红枣冲洗干净，去核，一切为二；桂圆去皮、去核。

② 将干红枣和桂圆放入锅中，倒入纯净水，以中火加热。水沸腾后，
转微小火，煮大约 20 分钟，汤水颜色变深，且味道甜香。

③ 捞出桂圆，将汤水连着枣一起放入搅拌机中搅拌成汁，然后过滤，
将滤好的枣汁重新倒入锅中以小火加热。

④ 枣汁沸腾后，放入茶包，煮大约 3 分钟后，关火。

⑤ 淡奶倒入茶杯中，把煮好的茶水冲入淡奶中，根据口味加适量炼乳
调节甜度。

198　自制巧克力奶茶

(1) 原料配方　红茶水 150 毫升，奶粉 2 小匙，德芙巧克力酱 2 大匙，冰块
100 克，彩色碎巧克力 1 小匙，鲜奶油 25 克，白糖 10 克。

(2) 制作过程

① 将除白糖外的全部材料统统倒入雪克壶中，加入白糖后盖上杯盖
摇匀。

② 倒入玻璃杯中，表面挤上少量鲜奶油，再撒上彩色碎巧克力装饰
即可。

199　绿香奶茶

(1) 原料配方　绿茶包 1 个，热开水 500 毫升，冰块 500 克，砂糖 15 克，
果糖 30 毫升，奶精粉 2 大匙。

(2) 制作过程

① 绿茶包放入热开水中浸泡 5～8 分钟即可取出。

② 加入砂糖及适量冰块轻轻搅拌至糖完全溶化，即成冰奶绿茶。

③ 雪克杯中加入冰块至六分满，再加入冰奶绿茶、果糖、奶精粉，盖
上杯盖摇晃均匀。

200　无糖冰奶茶

(1) 原料配方　茉香绿茶茶包 1 个，开水 250 毫升，冰块 150 克，牛奶 150 毫升。

（2）制作过程

① 茶壶中放入茉香绿茶茶包，用开水浸泡，闷 4 分钟。

② 取出茶包后，加入冰块，倒入牛奶搅匀。

201　泰式奶茶

（1）原料配方　泰国红茶粉 30 克，纯净水 350 毫升，炼乳 16 毫升，果糖 16 毫升，鲜奶油 16 毫升。

（2）制作过程

① 先将 350 毫升纯净水煮开，倒入泰国红茶粉煮沸约 1 分钟后，再用滤布过滤出渣备用。

② 在过滤后的红茶中，趁热加入炼乳、果糖、鲜奶油等拌匀即可。

202　玫瑰奶茶西米露

（1）原料配方　红茶 1 袋，玫瑰花茶 3 朵，西米 15 克，糯米粉 25 克，抹茶粉 1 克，可可粉 1 克，杨梅 1 粒，薄荷叶 1 片。

（2）制作过程

① 先用糯米粉、抹茶粉、可可粉搓几个"雨花石"小丸子。下锅煮好备用。绿色的是抹茶味，咖啡色的是巧克力味道。

② 把西米入沸水煮至中心有一粒小白点后捞出过凉水。备用。

③ 牛奶热后，放入一袋红茶，中火熬出红茶味道和颜色后，转大火，沸腾后关火，加入几朵玫瑰花茶泡开。加入事先煮好的糯米小丸子。加入煮好的西米。用杨梅、薄荷叶装饰。

203　麦香奶茶

（1）原料配方　麦香奶茶 1 杯，西米 25 克，纯净水 500 毫升。

（2）制作过程

① 将西米放入冷水盆中浸透。将浸透的西米捞出，放入沸水中浸泡直至透明。

② 待西米在沸水中浸泡透明时捞出，隔去水分，待用。

③ 将麦香奶茶放入冰箱冰冻待用。将浸泡透明的西米煮熟。

④ 将冷冻的麦香奶茶放入茶杯。将煮熟的西米倒入放有冷冻麦香奶茶的茶杯。

⑤ 搅拌后即可饮用。

204 香蕉奶茶

(1) 原料配方 红茶包 1 个，香蕉 2 根，纯净水 300 毫升，鲜牛奶 150 毫升，蜂蜜 15 毫升。

(2) 制作过程

① 将香蕉剥去外皮，加上纯净水，放入榨汁机中打成泥待用。

② 煮锅中放入牛奶，烧开后放入红茶包，浸泡 3～4 分钟后，取出茶包。

③ 加入香蕉泥搅拌均匀，加入适量蜂蜜调匀。

205 奶泡红茶

(1) 原料配方 红茶 3 克，开水 300 毫升，鲜牛奶 180 毫升，蜂蜜 15 毫升。

(2) 制作过程

① 将红茶用开水冲泡好，滤去茶渣。

② 取茶汤 300 毫升左右；鲜牛奶加热到 45℃左右。

③ 取一定量的鲜牛奶倒入奶泡机中打成奶泡。

④ 将红茶与鲜牛奶倒入杯中，直至完全融合，加入适量蜂蜜调味。

⑤ 将打好的奶泡倒在已经冲泡好的奶茶上即可。

206 普洱奶茶

(1) 原料配方 普洱茶水 300 毫升，淡奶 30 毫升，炼乳 10 毫升，冰块 100 克。

(2) 制作过程

① 淡奶和炼乳倒入杯中搅匀。

② 再将普洱茶缓缓倒入搅匀，放入冰块。

207 绿茶奶茶

(1) 原料配方 绿茶 3 克，开水 300 毫升，牛奶 100 毫升，白砂糖 8 克。

(2) 制作过程

① 绿茶放入茶壶滤器中，冲入开水少许，待茶叶舒展开后滤去第一遍茶水不用。

② 再冲入剩余开水，静置 3 分钟左右。

③ 杯中放入白砂糖，冲入沏开的绿茶茶水，搅匀。

④ 将牛奶加热至温热，倒入茶水中搅匀。

⑤ 取一细目滤网置于杯上。倒入奶茶。将过滤后的奶茶倒入杯中即可饮用。

208 经典港式奶茶

(1) 原料配方　红茶叶 20 克或立顿红茶包 3 包，纯净水 300 毫升，三花淡奶 40 毫升，细砂糖 15 克。

(2) 制作过程

① 用水冲洗下红茶叶，红茶包可以跳过。

② 红茶叶（或红茶包）放入水中煮沸后继续煮 3 分钟。

③ 煮茶的同时把三花淡奶与细砂糖倒入杯中。

④ 煮好茶叶后滤出茶叶，从高到低倒入玻璃杯里，拉几次，奶茶的口感就会润滑很多。

209 干果奶茶

(1) 原料配方　袋泡红茶 2 袋，枸杞子 8 粒，葡萄干 5 克，牛奶 220 毫升，开水适量。

(2) 制作过程

① 将枸杞子和葡萄干洗净备用。

② 将红茶、枸杞子、葡萄干用开水冲泡 5 分钟。

③ 取茶汤，加入牛奶调匀即成。

210 柠檬奶茶

(1) 原料配方　袋泡红茶 1 包，开水 250 毫升，炼乳 50 毫升，蜂蜜 25 克，柠檬 2 片，冰块 8 块。

(2) 制作过程

① 将袋泡红茶放入开水冲泡。

② 两分钟后滤出茶汁，加入炼乳、蜂蜜调匀。

③ 注入透明玻璃茶杯，放入柠檬片、冰块即成。

三、养生茶饮系列

1 柠檬排毒茶

(1) 原料配方　柠檬 1～3 个，绿茶包 1 袋，冰糖 2 克，荷叶 2 克，沸水适量。

（2）制作过程

　① 将柠檬切成薄片，和绿茶包一起用沸水冲泡，加冰糖调味。

　② 随后将荷叶水煎取汁，两者混匀即可。

2 首乌护发茶

（1）原料配方　槐花2克，何首乌3克，冬瓜皮10克，山楂肉15克，纯净水1000毫升，乌龙茶3克。

（2）制作过程　将前四种材料用纯净水煎煮去渣，乌龙茶用药汁泡开，作茶饮。

3 三七花清心茶

（1）原料配方　百合花6～8片，三七花2～3颗，绿茶2克，开水适量。

（2）制作过程　将以上材料用开水冲泡3～4分钟，即可饮用。

4 杭白菊清热花茶

（1）原料配方　杭白菊3克，柠檬草3克，开水适量。

（2）制作过程　将以上材料用开水冲泡3～4分钟，即可饮用。

5 三花茶

（1）原料配方　玫瑰花6克，茉莉花3克，金银花10克，绿茶10克，陈皮6克，甘草3克，开水适量。

（2）制作过程　开水冲泡或用所有药材的煎煮液冲泡茶叶饮用。

6 燕麦松子茶

（1）原料配方　燕麦20克，芡实20克，茯苓10克，熟松子1大勺，红糖（或冰糖）5克，清水150毫升，红茶水400毫升。

（2）制作过程

　① 先将燕麦、芡实、茯苓洗净沥去水分，用清水浸泡3个小时，再移入电锅内隔2杯水蒸熟，即可取出待用。

　② 将待用的材料和熟松子、红糖、红茶水200毫升，倒入调理机内，盖上杯盖充分搅拌成泥状，再倒入红茶水200毫升调成豆奶状。

　③ 最后将材料倒入小锅中，用中小火煮开即可倒入杯中饮用。

7 乌发茶饮

（1）原料配方　黑芝麻500克，核桃仁200克，白糖200克，绿茶3克，开水适量。

（2）制作过程

① 将黑芝麻、核桃仁拍碎，加白糖拌匀备用。

② 用时取 10 克与茶一同冲泡，经常饮服。

8 解压花草茶

（1）原料配方　罗汉果、小甘菊各 1 匙，花茶 1 克，开水适量。

（2）制作过程　将以上材料用开水冲泡 3～4 分钟，过滤饮用即可。

9 枸杞菊楂茶

（1）原料配方　枸杞子 10 克，菊花 10 克，茶叶 5 克，山楂 30 克，沸水适量。

（2）制作过程　将上述 4 味配方一起放入杯中，用沸水冲泡 15 分钟即可饮用。

10 情人果红茶

（1）原料配方　情人果花草茶 30 克，蜂蜜 20 毫升，柠檬 1 片，热红茶水 150 毫升。

（2）制作过程　杯内放入全部材料用热红茶水冲开即可。

11 清脂减肥茶

（1）原料配方　绿茶 5 克，大黄 2 克，开水 1000 毫升。

（2）制作过程　将上述 2 种材料用沸水冲泡。

12 发芽米纤素饮

（1）原料配方　发芽米 30 克，黄豆 10 克，淮山（干山药）10 克，熟芝麻 1 小匙，红糖 5 克，清水 150 毫升，红茶水 400 毫升。

（2）制作过程

① 将发芽米、黄豆、淮山洗净沥干水分，用清水浸泡 3 个小时，再移入电锅中隔 2 杯水蒸熟即可。

② 蒸熟的材料和熟芝麻、红糖放入调理机内，先倒入红茶水 200 毫升，盖上杯盖，充分搅拌成泥状，再倒入 200 毫升红茶水，调成豆奶状即可关机。

③ 最后将豆奶倒入小锅中，用中火煮开即可倒入杯中饮用。

13　菊花乌龙茶

(1) 原料配方　乌龙茶 10 克，干菊花 3 朵，柠檬汁 5 克，蜂蜜 20 毫升，沸水 200 毫升。

(2) 制作过程

① 乌龙茶与干菊花放入杯中待用。倒入沸水，闷 10 分钟。

② 最后加入蜂蜜与柠檬汁拌匀即可。

14　百花茶饮

(1) 原料配方　百花（品种不限，一般选用菊花、荷花、桃花、梅花、牡丹花等）适量，红茶 3 克，沸水适量。

(2) 制作过程

① 百花于开花期采摘，晒干，研为细末，密闭储存，备用。

② 每次取 6 克，加上红茶，用沸水冲泡即可。

15　薄荷绿茶

(1) 原料配方　薄荷叶 5 片，绿茶 5 克，蜂蜜 10 毫升，沸水 200 毫升。

(2) 制作过程

① 将薄荷叶与绿茶一起放入杯中待用。倒入 200 毫升沸水，闷 10 分钟。

② 最后加入蜂蜜拌匀即可。

16　罗汉果茶饮

(1) 原料配方　罗汉果 3 克，绿茶 2 克，开水 300 毫升。

(2) 制作过程　将罗汉果撕成薄片，用开水冲泡。加绿茶浸泡 3～4 分钟后饮用。

17　提神醒脑茶

(1) 原料配方　红茶 3 克，薄荷叶 2 克，白糖适量，沸水 300 毫升。

(2) 制作过程　将红茶、薄荷叶一同放入杯中，用沸水冲泡，加入白糖拌匀即可。

18　核桃润肺茶

(1) 原料配方　大核桃仁 10 克，绿茶 2 克，白糖 5 克，开水适量。

（2）制作过程　将大核桃仁炸酥后研碎，拌入绿茶、白糖，加入适量开水冲泡5分钟即可。

19　降脂茶饮

（1）原料配方　茶叶、生姜、甘草各3克，开水300毫升。

（2）制作过程　先将茶叶、甘草加开水300毫升，煎沸后再加生姜，常饮。

20　安神花草茶

（1）原料配方　金盏花1匙，甜菊叶2片，香蜂叶2～3片，橙皮3块，肉桂1茶匙，绿茶2克，开水适量。

（2）制作过程　将所有材料用开水冲泡，过滤即可。

21　莲子甘草茶

（1）原料配方　莲子60克，甘草10克，冰糖15克，红茶2克，清水适量。

（2）制作过程

①　莲子去心，甘草切片。

②　莲子与甘草一起入锅，加适量清水，煮至莲子熟透，加冰糖、绿茶稍煮，倒入碗中放凉。

22　决明绿茶饮

（1）原料配方　决明子1克，绿茶3克，冰糖5克，沸水适量。

（2）制作过程

①　将决明子放入铁锅中，用文火炒至鼓起，并闻有微微之爆响声，有香味或呈黄褐色即可，备用。

②　每次取5克，与绿茶、冰糖放入杯中，加沸水约300毫升，分3次饭后或半空腹饮用。

23　绿茶白芷汤

（1）原料配方　绿茶2克，白芷1克，甘草10克，纯净水600毫升。

（2）制作过程　白芷与甘草放入锅中，加入600毫升纯净水烧开，煮沸5分钟后冲入盛有绿茶的杯中即可。

24　大门银茶

（1）风味特点　胖大海2个，麦门冬5克，金银花5克，绿茶2克，沸水适量。

（2）制作过程　将所有原料混合，用沸水冲泡 10 分钟即可饮用。

25 补气醒脑茶

（1）原料配方　薄荷叶 3 克，日本东洋参 2 克，枸杞子 8 克，黄芪 10 克，绿茶 3 克，沸水 500 毫升。

（2）制作过程　将所有材料放入茶壶中。冲入沸水浸泡 5 分钟即成。

26 桂圆红枣茶

（1）原料配方　红枣 40 克，桂圆 20 克，热水 1000 毫升。

（2）制作过程　将红枣和桂圆加入热水中，煮至水开。改小火煮 10 分钟即可。

27 润肠花草茶

（1）原料配方　蔷薇果、杭白菊各 5 克，干百合 10 克，月桂叶 2~3 片，开水适量。

（2）制作过程　将各种材料用开水反复冲泡。

28 调心花草茶

（1）原料配方　玫瑰花、枸杞子、杭白菊、金盏花各 5 克，乌梅 5 粒，开水适量。

（2）制作过程　将材料用开水反复冲泡，代茶饮。

29 糙米养生饮

（1）原料配方　糙米 20 克，红糯米 10 克，薏仁 10 克，熟核桃仁 2 粒，红糖 5 克，清水 150 毫升，绿茶水 400 毫升。

（2）制作过程

① 将糙米、红糯米、薏仁洗净沥去水分，先用清水浸泡 3 个小时，再移入电锅中隔 2 杯水蒸熟，即可取出待用。

② 将蒸熟的材料和绿茶水 200 毫升、熟核桃仁、红糖先倒入调理机内，并盖上杯盖充分搅拌成泥状，再加入剩余绿茶水 200 毫升调匀。然后倒入小锅中，用中小火煮开，即可倒入碗中饮用。

30 香素糙米饮

（1）原料配方　糙米 30 克，黄豆 10 克，熟白芝麻 1 小匙，清水 150 毫升，红糖 3 克，冷开水 200 毫升，绿茶水 200 毫升。

(2) 制作过程

① 糙米、黄豆洗净沥干水分，用清水先浸泡 3 个小时，再移入电锅内隔 2 杯水蒸熟，即可取出待用。

② 将糙米与黄豆再和熟白芝麻、红糖先倒入调理机内，并倒入冷开水 200 毫升，盖上杯盖充分搅拌成泥状，再加入绿茶水 200 毫升调匀。然后倒入小锅中，用中小火煮开，就可倒入碗中饮用。

31 荞麦高粱米饮

(1) 原料配方　荞麦 20 克，红高粱米 10 克，红豆 10 克，清水 150 毫升，绿茶水 400 毫升，红糖 5 克，熟腰果仁 2 粒。

(2) 制作过程

① 将荞麦、红高粱米、红豆洗净，先用清水浸泡 3 个小时，再移入电锅内隔 2 杯水蒸熟，即可取出待用。

② 将待用的材料和熟腰果仁、绿茶 200 毫升先倒入调理机内，充分搅拌成泥状，再加入冷开水 200 毫升调匀，最后倒入小锅中加入红糖搅拌均匀，用中小火煮开，即可倒入玻璃杯中饮用。

32 黑麦养生豆饮

(1) 原料配方　黑麦片 10 克，薏仁 20 克，糙米 10 克，黄豆 10 克，清水 150 毫升，红茶水 400 毫升，黄冰糖 5 克。

(2) 制作过程

① 将黑麦片、薏仁、糙米、黄豆洗净沥去水分，先用清水浸泡 3 个小时，再移入电锅中，隔 2 杯水蒸熟，即可取出待用。

② 将待用的材料和黄冰糖、红茶水 200 毫升先倒入调理机内，并盖上杯盖充分搅拌成泥状，再倒入红茶水 200 毫升调成豆奶，即可倒入煮锅中，用中小火煮开即可。

33 养生黑豆饮

(1) 原料配方　黑豆 20 克，糙米 10 克，小米 10 克，薏仁 10 克，熟黑芝麻 1 大匙，清水 150 毫升，红茶水 500 毫升，黄冰糖 15 克，红糖 10 克。

(2) 制作过程

① 将黑豆、糙米、小米、薏仁洗净沥去水分，用清水浸泡 3 小时后移入电锅中，隔 2 杯水蒸熟，即可取出备用。

② 将蒸熟的材料与红糖、熟黑芝麻、黄冰糖、红茶水 200 毫升倒入调理机内充分搅拌成泥状，再倒入红茶水 300 毫升调成豆浆，最后倒

入小锅中，用中小火煮沸即可饮用。

34　小麦健康米饮

(1) 原料配方　小麦 20 克，红糯米 10 克，芡实 10 克，黄豆 10 克，熟白芝麻 1 小匙，红糖 3 克，清水 150 毫升，红茶水 400 毫升。

(2) 制作过程

① 将小麦、红糯米、芡实、黄豆洗净沥去多余水分，用清水浸泡 3 个小时，再移入电锅中隔 2 杯水蒸熟，即可取出待用。

② 将待用的材料与熟白芝麻、红糖、红茶水 200 毫升先倒入调理机内，盖上杯盖充分搅拌成泥状，再将 200 毫升红茶水倒入调匀成豆奶，最后倒入小锅中，用中小火煮开即可倒入杯中饮用。

35　菊花龙井茶

(1) 原料配方　菊花 5 克，龙井茶 3 克，沸水适量。

(2) 制作过程　将菊花和茶叶一同放入茶杯中，用沸水冲泡 3～4 分钟，即可饮用。

36　大麦香豆饮

(1) 原料配方　大麦 20 克，黄豆 10 克，茯苓 10 克，熟白芝麻 1 大匙，红糖 3 克，清水 150 毫升，绿茶水 400 毫升。

(2) 制作过程

① 将大麦、黄豆、茯苓洗净沥去水分，用清水浸泡 3 个小时，移入电锅中，隔 2 杯水煮熟，再取出待用。

② 将做好的材料与熟白芝麻、红糖、绿茶水 200 毫升先倒入调理机内，盖上杯盖充分搅拌均匀成泥状。再加入绿茶水 200 毫升调匀，最后倒入小锅里用中小火搅拌煮开，即可倒入杯中饮用。

37　百合清热茶

(1) 原料配方　百合花 6～8 片，芍药 3～4 片，玫瑰 2～5 朵，绿茶 3 克，沸水适量。

(2) 制作过程　将以上材料用沸水冲泡 3～4 分钟，即可饮用。

38　葡萄美容茶

(1) 原料配方　葡萄汁 100 克，绿茶 5 克，白糖 10 克，沸水 100 毫升，冷开水 60 毫升。

(2) 制作过程

① 将绿茶用沸水冲泡 3～4 分钟。

② 葡萄汁与白糖加冷开水 60 毫升调匀，与绿茶汁混合饮用。

39 丹参美容茶

(1) 原料配方　绿茶、丹参各 2 克，沸水适量。

(2) 制作过程　将所有原料加沸水共煎，去渣后饮用。

40 黄豆皮茶饮

(1) 原料配方　黄豆皮 50 克，纯净水 300 毫升，绿茶 5 克，沸水 200 毫升。

(2) 制作过程

① 将黄豆皮用纯净水泡软，煎煮后过滤取汁。

② 绿茶放入玻璃杯中，用沸水冲泡 3～4 分钟。倒入黄豆皮汁搅匀即可。

41 酥油茶

(1) 原料配方　酥油 150 克，砖茶 5 克，食盐 3 克，牛奶 200 毫升，清水适量。

(2) 制作过程

① 将砖茶掰碎，加上清水，煎成 2000 毫升的茶水。

② 先把酥油 100 克、盐和牛奶倒入干燥茶桶内，再倒入预先煎好的茶水 2000 毫升，然后用细木棍上下抽打 5 分钟，再放入 50 克酥油，再抽打 2 分钟至均匀。

③ 然后倒进茶壶内加热 1 分钟左右，即可饮用。

42 何首乌茶

(1) 原料配方　乌龙茶 6 克，何首乌 1 克，山楂 15 克，清水适量。

(2) 制作过程

① 将何首乌、山楂放在一起，加清水适量共煎，去渣取汁。

② 用其汤汁冲泡乌龙茶饮用。

43 山楂荷叶茶

(1) 原料配方　山楂 15 克，荷叶 5 克，茶叶 5 克，沸水适量。

(2) 制作过程

① 将山楂、荷叶晒干，切成细末，与茶叶一起放入茶杯中，加沸水适

量冲泡。

② 盖闷 15 分钟后过滤后饮用。

44 山楂降脂茶

(1) 原料配方　山楂 10 克，红茶 3 克，陈皮 5 克，沸水适量。

(2) 制作过程　将材料放入热水瓶中，冲入沸水大半瓶，塞紧塞子 10 分钟左右。

45 大鸭梨茶

(1) 原料配方　大鸭梨 200 克，绿茶 5 克，沸水适量。

(2) 制作过程

① 将大鸭梨洗净，榨汁，取上清汁与茶叶同置杯中。

② 用沸水冲泡，闷 5 分钟，即可饮用。

46 甘蔗红茶

(1) 原料配方　甘蔗 500 克，红茶 5 克，开水 150 毫升。

(2) 制作过程

① 红茶放入玻璃杯中，加上开水浸泡 3～4 分钟。

② 将甘蔗削皮，切碎，榨汁，取上清汁，加入红茶水中。

47 乌龙枣茶

(1) 原料配方　乌龙茶 5 克，酸枣仁 5 克，小枣 5 克，枸杞子 10 克，沸水适量。

(2) 制作过程　将材料一起放入热水瓶中，用沸水冲泡，加盖泡 10～20 分钟即可饮用。

48 白术甘草茶

(1) 原料配方　绿茶 3 克，白术 1 克，甘草 3 克，清水 600 毫升。

(2) 制作过程

① 先将白术、甘草加清水 600 毫升，煮沸 10 分钟，再加入绿茶，离火后浸泡 3～4 分钟。

② 过滤后倒入玻璃杯中即可。

49 绞股蓝茶

(1) 原料配方　绞股蓝 5 克，绿茶 3 克，沸水适量。

（2）制作过程　将绞股蓝与绿茶混合，每次取适量混合物，用沸水冲泡后即可饮服。

50　太子参茶

（1）原料配方　太子参3克，麦芽6克，红茶3克，红糖30克，沸水适量。
（2）制作过程
　　① 将前3种材料共研粗末，用纱布包好，同红糖放入杯中。
　　② 用沸水冲泡，闷10分钟，即可饮用。

51　枸杞绿茶

（1）原料配方　枸杞子、菊花、绿茶各3克，沸水适量。
（2）制作过程
　　① 将材料放入热水瓶中，用沸水冲泡后再盖闷10～15分钟，频频饮用。
　　② 饮完后再次用沸水冲泡即可。

52　奶色乌龙茶

（1）原料配方　热牛奶150毫升，乌龙茶3克，开水少许。
（2）制作过程　先取乌龙茶以少许开水湿润，再以热牛奶泡茶，浸泡3～4分钟后饮用。

53　绿茶芝麻饮

（1）原料配方　绿茶1克，芝麻5克，红糖25克，开水500毫升。
（2）制作过程　将芝麻炒熟磨碎，混合绿茶、红糖，加开水，冲泡5分钟即成。

54　杜仲茶

（1）原料配方　杜仲1克，绿茶3克，沸水适量。
（2）制作过程　将杜仲研末，加上绿茶用沸水冲泡3～4分钟，即可饮用。

55　玫瑰普洱茶

（1）原料配方　普洱茶（熟）6克，玫瑰花3克，沸水适量。
（2）制作过程　将普洱茶（熟）、玫瑰花用沸水冲泡。

56 桂花茶饮

（1）原料配方 干桂花茶 2 克，绿茶 2 克，开水适量。
（2）制作过程 将干桂花茶和绿茶用开水冲泡。

57 牛奶红茶

（1）原料配方 热鲜牛奶 150 毫升，红茶 3 克。
（2）制作过程 红茶放入玻璃杯中，加入热鲜牛奶，泡开。

58 绿茶薏苡仁

（1）原料配方 绿茶 3 克，薏苡仁 50～100 克，清水适量。
（2）制作过程 薏苡仁加清水煎煮成汁。然后取汁泡绿茶饮用。

59 乌梅茶饮

（1）原料配方 乌梅 25 克，绿茶 2 克，甘草 5 克，清水适量。
（2）制作过程 乌梅、甘草等加清水煮成汁。然后取汁冲泡绿茶饮用。

60 银花甘草茶

（1）原料配方 金银花 10～25 克，甘草 5 克，绿茶 1～2 克，清水适量。
（2）制作过程 用金银花和甘草等加清水煮成汁。然后取汁冲泡绿茶饮用。

61 干姜茶饮

（1）原料配方 干姜 10 克，红茶 3 克，红糖 10 克，开水适量。
（2）制作过程 将干姜、红茶、红糖等一起放入玻璃杯中，放入开水浸泡
3～4 分钟。

62 止逆茶饮

（1）原料配方 干姜 5 克，甘草 3 克，红茶 3 克，开水适量。
（2）制作过程 用开水冲泡或用干姜、甘草煎煮液冲泡红茶。

63 丁香茶饮

（1）原料配方 丁香 2 克，花茶 3 克，开水适量。
（2）制作过程 将所有原料放入玻璃杯中用开水冲泡即可。

64 艾陈茶饮

(1) 原料配方　艾叶 5 克，陈皮 3 克，花茶 3 克，开水适量。
(2) 制作过程　将所有原料放入玻璃杯中用开水冲泡即可。

65 人参枣茶

(1) 原料配方　人参 3 克，大枣 3 枚，红茶 3 克，开水适量。
(2) 制作过程　将人参、大枣用开水煎煮，用煎煮液冲泡红茶即可。

66 人参紫苏茶

(1) 原料配方　人参 3 克，紫苏 3 克，花茶 3 克，开水适量。
(2) 制作过程　将人参、紫苏用开水煎煮，用煎煮液冲泡花茶即可。

67 甘草味茶

(1) 原料配方　甘草 5 克，绿茶 3 克，开水适量。
(2) 制作过程　将所有的材料用开水冲泡或是用甘草的煎煮液冲泡绿茶。

68 枸杞茶饮

(1) 原料配方　枸杞 10 克，花茶 3 克，冰糖 10 克，开水适量。
(2) 制作过程　将所有材料放入玻璃杯中用开水冲泡。

69 当归茶饮

(1) 原料配方　当归 10 克，红茶 3 克，开水适量。
(2) 制作过程　将所有材料放入玻璃杯中用开水冲泡，或用当归煎煮液冲泡红茶，可酌情加入适量的红糖或冰糖。

70 当归黄芪枣茶

(1) 原料配方　当归 5 克，黄芪 5 克，大枣 3 枚，花茶 3 克。
(2) 制作过程　大枣去核。用当归、黄芪和大枣煎煮液冲泡红茶。

71 荷叶茶饮

(1) 原料配方　荷叶 10 克，绿茶 3 克，冰糖 10 克，开水适量。
(2) 制作过程　将所有材料放入玻璃杯中用开水冲泡。

72　茯苓茶饮

  (1) 原料配方　茯苓 10 克，花茶 3 克，开水适量。
  (2) 制作过程　将所有材料放入玻璃杯中用开水冲泡。

73　薏苡仁茶

  (1) 原料配方　薏苡仁 10 克，茉莉花茶 3 克，开水适量。
  (2) 制作过程　用薏苡仁煎煮液冲泡茉莉花茶饮用。

74　陈甘茶饮

  (1) 原料配方　陈皮 5 克，甘草 3 克，绿茶 3 克，开水适量。
  (2) 制作过程　将所有材料放入玻璃杯中用开水冲泡。

75　陈皮茶饮

  (1) 原料配方　陈皮 10 克，花茶 3 克，开水适量。
  (2) 制作过程　将所有材料放入玻璃杯中用开水冲泡。

76　百合茶饮

  (1) 原料配方　百合 10 克，绿茶 3 克，开水适量。
  (2) 制作过程　百合煮沸后冲泡绿茶，也可不用绿茶，直接饮用百合的煎煮液。

77　山楂茶饮

  (1) 原料配方　山楂 5 克，绿茶 3 克，冰糖 10 克，开水适量。
  (2) 制作过程　将所有材料放入玻璃杯中用开水冲泡。

78　山楂茴香茶

  (1) 原料配方　山楂 5 克，小茴香 3 克，花茶 3 克，开水适量。
  (2) 制作过程　将山楂、小茴香用开水煮沸后冲泡花茶。

79　山楂决明茶

  (1) 原料配方　山楂 5 克，决明子 1 克，花茶 3 克，开水 300 毫升。
  (2) 制作过程　将所有材料放入玻璃杯中用开水冲泡。

80 迷迭香茶

（1）原料配方　迷迭香草茶10克，柠檬2片，蜂蜜20毫升，开水300毫升。

（2）制作过程　将迷迭香草茶10克洗净，放入茶壶，用开水泡开。放入柠檬与蜂蜜调匀即可。

第四章
Chapter 4

咖啡类饮料

一、热咖啡系列

1 尼科咖啡

(1) 原料配方　浓缩咖啡 45 毫升，牛奶 150 毫升，香草糖浆 36 毫升，柳橙皮 15 克，肉桂粉 15 克。

(2) 制作过程

① 将浓缩咖啡倒入杯中，加入香草糖浆搅拌至溶化。

② 把牛奶用奶泡机制成奶泡。

③ 将奶泡倒入咖啡杯中，撒上肉桂粉和加入柳橙皮作装饰。

2 女皇咖啡

(1) 原料配方　浓缩咖啡 30 毫升，细砂糖 16 克，无糖酸奶 40 克，鲜奶油 10 毫升，打发鲜奶油 15 克，巧克力酱 10 克。

(2) 制作过程

① 将浓缩咖啡与 2/3 的细砂糖混合均匀。

② 把无糖酸奶和剩下的 1/3 细砂糖、鲜奶油、打发鲜奶油混合后倒入步骤①的混合物中。

③ 最后淋上巧克力酱装饰即可。

3 相思咖啡

(1) 原料配方　意式浓缩咖啡 90 毫升，巧克力酱 16 克，热牛奶 300 毫升，甜奶油 50 毫升，相思红豆 10 克。

(2) 制作过程

① 巧克力酱铺杯底，加入意式浓缩咖啡。

② 把热牛奶倒入杯中，加甜奶油至满杯。

③ 最后加相思红豆装饰即可。

4 豆浆咖啡摩卡

(1) 原料配方 巧克力酱 30 毫升，浓缩咖啡 30 毫升，豆浆 120 毫升，奶泡 10 克，巧克力碎 15 克，金箔适量。

(2) 制作过程

① 将巧克力酱放入杯中，倒入浓缩咖啡、豆浆拌匀。

② 将奶泡覆盖于上述混合物中，再淋上巧克力碎装饰，撒上金箔。

5 情缘热咖啡

(1) 原料配方 热咖啡 150 毫升，鲜奶油 35 毫升，蓝橙汁 5 毫升。

(2) 制作过程 将热咖啡倒入杯中。裱挤上一层鲜奶油。最后淋入蓝橙汁。

6 QQ 咖啡

(1) 原料配方 热咖啡 120 毫升，百利甜酒 3 毫升，鲜奶油 25 克，QQ 糖 15 克。

(2) 制作过程 将热咖啡倒入杯中，加上百利甜酒调匀。挤上一层鲜奶油。放入 QQ 糖装饰。

7 加勒比海的眼泪

(1) 原料配方 蓝柑蜜 5 毫升，蓝山咖啡 45 毫升，奶油 10 克，樱桃 1 只。

(2) 制作过程

① 蓝柑蜜用咖啡匙导入杯底。

② 现煮的蓝山咖啡同样注入杯中形成层次。

③ 画圈式加入奶油。最后用樱桃点缀。

8 香草杏仁奶茶拿铁咖啡

(1) 原料配方 磨细的黑咖啡 1 杯，肉桂粉 5 毫升，小豆蔻粉 2 茶匙，生姜粉 1.5 茶匙，黑胡椒粉 1 茶匙，丁香粉 1/2 茶匙，盐 0.5 克，纯净水 1000 毫升，砂糖 1 汤匙，牛奶 1.5 杯，甜炼乳 1/2 杯。

（2）制作过程

        ① 咖啡过滤器中放入磨细的黑咖啡、部分肉桂粉、小豆蔻粉、生姜粉、黑胡椒粉、丁香粉和盐，倒入纯净水煮4～5分钟。

        ② 牛奶倒入煮锅中加热至有泡沫，约5分钟。

        ③ 咖啡壶倒入甜炼乳和砂糖，滤入咖啡混合液拌匀。

        ④ 倒入每个杯中，用剩余的肉桂粉装饰。

9　香草拿铁

    （1）原料配方　咖啡豆15克，莫林香草糖浆10毫升，牛奶220毫升。

    （2）制作过程

        ① 咖啡豆用磨豆机磨成咖啡粉，放入咖啡机萃取45毫升Espresso（意式浓缩咖啡）。

        ② 将莫林香草糖浆10毫升，加进咖啡拌匀。

        ③ 220毫升牛奶打发成奶泡，发泡量为15%～20%。

        ④ 可以融合拉花。

10　咖啡提拉米苏

    （1）原料配方　浓缩咖啡25毫升，爱尔兰奶油糖浆15毫升，意大利甜酒10克，意大利软乳酪10克，奶泡35毫升，可可粉2克。

    （2）制作过程

        ① 把爱尔兰奶油糖浆倒入杯中，再加入意大利甜酒、意大利软乳酪、奶泡。

        ② 将浓缩咖啡缓缓倒入杯中，撒上可可粉即可。

11　拿铁跳舞咖啡

    （1）原料配方　热咖啡70毫升，热牛奶（70℃）20毫升，奶泡（50℃）15毫升，巧克力酱15毫升，砂糖包1个。

    （2）制作过程

        ① 将热牛奶倒入杯中。把适量奶泡加入牛奶中。

        ② 注入热咖啡，挤入巧克力酱装饰，砂糖包搭配出品。

12 鸳鸯热咖啡

(1) 原料配方　热咖啡75毫升，热红茶75毫升，方糖2颗，奶油球1个。

(2) 制作过程　将热咖啡倒入杯中。把泡好的热红茶注入咖啡中。搭配方糖、奶油球出品。

13 美式摩卡咖啡

(1) 原料配方　意大利浓缩咖啡45毫升，鲜奶15毫升，巧克力酱30毫升，鲜奶油15克。

(2) 制作过程

① 将煮好的意大利浓缩咖啡倒入锅中，加入鲜奶及巧克力酱混合加热。

② 倒入杯中，挤上一层鲜奶油即成。

14 冰摩卡咖啡

(1) 原料配方　巧克力浆30毫升，热咖啡75毫升，冰牛奶25毫升，鲜奶油25克，彩色巧克力针5克，冰块适量。

(2) 制作过程

① 在一个冰杯中装满冰块，然后将巧克力浆与热咖啡搅匀倒入冰杯中再轻微搅拌一下。

② 轻轻倒入冰牛奶至杯子的4/5高度，挤上鲜奶油，撒上一点彩色巧克力针即可。

15 覆盆子卡布奇诺

(1) 原料配方　浓缩咖啡30毫升，覆盆子糖浆10毫升，杏仁糖浆16毫升，牛奶90毫升，奶泡15毫升，可可粉2克，薄荷叶1枝。

(2) 制作过程

① 把覆盆子糖浆和杏仁糖浆加入玻璃杯中，然后慢慢注入牛奶。

② 接着倒入奶泡，然后慢慢注入浓缩咖啡。

③ 撒上可可粉，放上薄荷叶装饰即可。

16　水中花咖啡

(1) 原料配方　混合咖啡 100 毫升，热水 70 毫升，树胶糖浆 30 毫升，仙桃茉莉花茶包 1 个。

(2) 制作过程
　① 在茶壶中放入仙桃茉莉花茶，倒入开水冲泡。
　② 玻璃杯中注入树胶糖浆。
　③ 保持花茶泡开的形状将其放入玻璃杯中。
　④ 最后将混合咖啡缓缓用调羹加入。

17　彩虹热咖啡

(1) 原料配方　热咖啡 100 毫升，热牛奶（70℃）60 毫升，蜂蜜 15 毫升，红石榴糖浆 15 毫升，奶泡（50℃）15 毫升。

(2) 制作过程　将蜂蜜注入杯中。引流注入红石榴糖浆。缓缓倒入热牛奶，盛入奶泡。最后倒入热咖啡。

18　鸳鸯情人咖啡

(1) 原料配方　曼巴咖啡或意大利咖啡 1/3 杯，开水 1/3 杯，红茶 2 包，三花奶水 30 毫升，鲜奶油（未打发）15 毫升，炼乳 10 毫升，奶精粉 1 大匙，果糖 15 毫升，裱花鲜奶油 25 克。

(2) 制作过程
　① 将开水、红茶包泡成红茶汁备用。
　② 杯中倒入曼巴咖啡或意大利咖啡，将三花奶水、鲜奶油（未打发）、炼乳、奶精粉、果糖，搅拌均匀。
　③ 再从上慢慢倒入红茶到 9 分满，挤上裱花鲜奶油即可。

19　维也纳咖啡

(1) 原料配方　热咖啡 150 毫升，鲜奶油 25 克，巧克力酱 25 克，七彩米 3 克。

(2) 制作过程　将热咖啡倒入杯中。挤上一层鲜奶油。在鲜奶油上挤几圈巧克力酱。撒上七彩米装饰。

注：这是奥地利最为著名的花式咖啡，豪华精致的奶油"圣代山"将"音乐之都"维也纳的浪漫风情彰显得淋漓尽致，很适合女孩子饮用。品尝时不必搅拌，开始品尝的是凉奶油，十分香甜，然后喝到热咖啡，感觉很适口。

20 米兰的下午

(1) 原料配方　浓缩咖啡 40 毫升，牛奶 40 毫升，鲜奶油 15 毫升，焦糖果酱 20 克。

(2) 制作过程

① 将牛奶和浓缩咖啡倒在一起，搅拌均匀备用。

② 将焦糖果酱倒入杯中，然后缓缓注入咖啡和牛奶的混合物。

③ 加入打发后的鲜奶油即可。

21 岩浆咖啡

(1) 原料配方　即溶咖啡粉 15 克，可可粉 30 克，牛奶 200 毫升。

(2) 制作过程　所有材料放入锅内加热，当有些微蒸汽时持续搅拌至接近沸腾状态即可。

注：岩浆咖啡（Magma Coffee），其中 Magma 是岩浆般浓稠的意思。当牛奶与可可粉加热至沸腾时，就会有类似蜂蜜的浓稠感，不论用电磁炉或是用煤气炉加热，都要注意牛奶"温度的急速上升"，当出现蒸汽状态时就要不断搅拌至断火为止，以避免牛奶突然溅出，造成不必要的伤害。

22 牛奶咖啡

(1) 原料配方　深焙的咖啡 200 毫升，热牛奶 150 毫升。

(2) 制作过程　两个小壶，一个小壶盛咖啡，另一个小壶盛牛奶。再配上杯、碟、匙，同时上桌。

注：这是典型的法国式饮用方法，即不混合在一个容器里，而是将咖啡和牛奶分别盛在不同的小壶里。从"牛奶咖啡"的本来意义上讲，应该是在咖啡中加入牛奶。尽管现在很少以壶装方式提供服务，更多的是杯式咖啡，但在老式咖啡馆里，仍在沿袭传统的饮用方式。其实在过

去上流社会的家庭里，上咖啡必须用壶装，因此可以说现在沿用的正是这种方法。

23 情人咖啡

(1) 原料配方 意大利浓缩咖啡 45 毫升，红茶包 1 个，开水（90℃）60 毫升，热鲜奶 45 毫升。

(2) 制作过程

① 红茶包用 60 毫升开水浸泡 2～3 分钟倒入杯中。

② 加入煮好的意大利浓缩咖啡及热鲜奶调匀即成。

24 黑糖咖啡

(1) 原料配方 意大利咖啡 120 毫升，鲜奶油 15 克，黑糖粉 8 克。

(2) 制作过程 将意大利咖啡煮好倒入杯中。挤上一层鲜奶油，撒上黑糖粉即成。

25 蓝莓热咖啡

(1) 原料配方 热咖啡 150 毫升，鲜奶油 25 克，蓝莓粉 2 克。

(2) 制作过程 将咖啡煮好倒入杯中。挤上一层鲜奶油。撒上少许蓝莓粉装饰。

26 玫瑰咖啡

(1) 原料配方 曼巴咖啡 45 毫升，玫瑰香蜜 15 毫升，玫瑰色裱花鲜奶油 15 克，干燥玫瑰花朵 1 朵。

(2) 制作过程

① 将曼巴咖啡倒入杯中 8 分满，加入玫瑰香蜜。

② 用玫瑰色裱花鲜奶油裱挤成玫瑰花。

③ 再以干燥玫瑰花朵装饰即可。

27 椰丝奶油咖啡

(1) 原料配方 深焙的咖啡 120 毫升，泡沫牛奶 70 毫升，椰汁 20 毫升，椰丝 2 克，裱花奶油 20 克。

(2) 制作过程

① 杯中放椰汁，注入深焙的咖啡和搅起的泡沫牛奶。

② 上面用裱花奶油浮盖，撒上椰丝装饰。

28 情人热恋咖啡

(1) 原料配方 玫瑰花蜜 15 毫升，牛奶 60 毫升，意式咖啡 30 毫升，奶油 30 毫升，巧克力酱 10 克，玫瑰花 2 朵。

(2) 制作过程

① 将以上材料按顺序加入杯中，加意式咖啡时引流注入，不要跟牛奶混入。

② 最后在奶油上用巧克力酱装饰，并加入两朵玫瑰花装饰。

29 绿茶拿铁

(1) 原料配方 绿茶汁 15 毫升，白巧克力酱 15 毫升，浓缩咖啡 30 毫升，奶泡牛奶 190 毫升。

(2) 制作过程

① 将绿茶汁和白巧克力酱倒入温好的杯子中。

② 然后将浓缩咖啡加入杯中，倒入奶泡牛奶。

30 椰香奶油咖啡

(1) 原料配方 深焙的咖啡 1 杯，牛奶半杯，椰子香精 2 滴，鲜奶油花 1 朵，熟椰子粉 1 克。

(2) 制作过程

① 牛奶煮沸，在杯中滴入椰子香精，注入深焙的咖啡和热牛奶。

② 再将鲜奶油花放在上面，撒上熟椰子粉装饰即可。

31　土耳其咖啡

(1) 原料配方　深度烘焙的咖啡（研细）5~7克，水100毫升，砂糖适量，香料适量。

(2) 制作过程

① 将适量深度烘焙的咖啡放入长柄壶或小锅中加入水后用火加热。

② 起沫之后改为小火，加入砂糖以及适量的香料，搅拌至均匀后从火上端下来。

③ 泡沫消失后，再用小火加热，这样重复三次后从火上端下来。

④ 在沸腾之前停火并注入杯子中，等待粉末沉淀之后喝上面澄清的部分。

注：起源于土耳其，在中东诸国广泛饮用的土耳其咖啡与欧洲咖啡风格大不相同。将咖啡粉、水、砂糖放入长柄壶中，并用小火煮，看到咖啡粉沉下去的时候，喝上面澄清的部分。

32　多迪娅咖啡

(1) 原料配方　热咖啡150毫升，鲜奶油15毫升，棉花糖10克。

(2) 制作过程　将热咖啡倒入杯中。挤上一层鲜奶油。撒上适量棉花糖装饰。

33　黑糖豆奶咖啡

(1) 原料配方　混合咖啡100毫升，热豆奶100毫升，黑糖10克。

(2) 制作过程　在玻璃杯中加入黑糖后注入混合咖啡。倒入热豆奶后充分搅拌均匀。

34　巧克力榛果咖啡

(1) 原料配方　浓缩咖啡35毫升，奶泡120毫升，巧克力酱15克，巧克力饮品20毫升，可可粉2克，碎榛果15克。

(2) 制作过程

① 将巧克力酱、奶泡依次倒入杯中，再慢慢注入巧克力饮品，加入浓缩咖啡。

② 最后撒上少许可可粉和碎榛果装饰即可。

35 豆奶咖啡

(1) 原料配方 混合咖啡 100 毫升，热豆奶 100 毫升。

(2) 制作过程 杯中注入混合咖啡。倒入热豆奶搅拌均匀。

36 哈瓦那咖啡

(1) 原料配方 热咖啡 150 毫升，蜂蜜 15 毫升，鲜奶油 15 克，巧克力酱 10 克，巧克力碎片 10 克。

(2) 制作过程

① 将热咖啡及蜂蜜入杯搅拌。挤上一层鲜奶油。

② 挤上巧克力酱。撒入巧克力碎片装饰。

37 蒙特卡罗咖啡

(1) 原料配方 浓缩咖啡 30 毫升，热牛奶 30 毫升，打发鲜奶油 20 毫升，可可粉 1 克。

(2) 制作过程 将咖啡注入杯中，再加入热牛奶和打发鲜奶油，最后撒上可可粉即可。

38 春雪咖啡

(1) 原料配方 浓缩咖啡 30 毫升，细砂糖 8 克，焦糖糖浆 10 克，红糖 10 克，打发鲜奶油 15 克，白色棉花糖 15 克。

(2) 制作过程

① 将细砂糖加入浓缩咖啡中，溶化后注入杯中。

② 把焦糖糖浆加入打发鲜奶油中混合均匀，然后倒入步骤①的混合物中。

③ 把红糖撒表面上，用喷枪使其上色。

④ 最后放上白色棉花糖装饰即可。

39 翡冷翠咖啡

(1) 原料配方 浓缩咖啡 45 毫升，牛奶 150 毫升，巧克力酱 15 毫升，肉桂粉 0.5 克，柳橙皮 1 片，打发鲜奶油 15 克。

（2）制作过程

　　① 把浓缩咖啡和巧克力酱倒入杯中，让巧克力酱融化。

　　② 把牛奶搅打成奶泡，然后倒入咖啡中。

　　③ 挤上打发的鲜奶油，撒上肉桂粉，加入柳橙皮装饰即可。

注：翡冷翠（意大利语：Firenze），现译为"佛罗伦萨"，意大利中部城市。"翡冷翠"的译名出自徐志摩的诗歌《翡冷翠的一夜》，"佛罗伦萨"则是根据英语 Florence 音译而来。

40 泡沫牛奶黑咖啡

（1）原料配方　浓缩咖啡 60 毫升，牛奶 30 毫升，细砂糖 10 克。

（2）制作过程

　　① 将细砂糖加热使其焦糖化后加入浓缩咖啡中。

　　② 把牛奶搅打成奶泡后，倒入咖啡中即可。

41 黑芝麻牛奶咖啡

（1）原料配方　混合咖啡 100 毫升，热牛奶 100 毫升，黑芝麻酱 10 克。

（2）制作过程

　　① 在咖啡杯中加入 10 克黑芝麻酱，然后注入混合咖啡与热牛奶。

　　② 然后轻轻搅拌均匀后装饰。

42 墨西哥料理咖啡

（1）原料配方　混合咖啡 80 毫升，牛奶 80 毫升，细砂糖 10 克，红石榴糖浆适量。

（2）制作过程

　　① 将牛奶与细砂糖放入奶泡壶中，放入红石榴糖浆，搅匀。

　　② 盖上盖子快速上下抽动。先将牛奶倒入杯中，最后倒入奶沫。

　　③ 再用吧匙贴着杯边将混合咖啡轻轻地舀在上面。这时，粉红色牛奶与咖啡形成了层次。

43 法式欧蕾咖啡

（1）原料配方　深焙咖啡豆 12 克，90℃热水 150 毫升，热鲜奶 4 盎司，砂糖 1 包。

(2) 制作过程

① 将深焙咖啡豆研磨成粗 5 号的粗细度，放入温好的滤压壶中。

② 将 150 毫升 90℃的热水缓缓注入滤压壶中，再放入上滤网，浸泡 3～4 分钟后萃取出 120 毫升黑咖啡。

③ 将黑咖啡和热鲜奶倒入温好的咖啡杯中。附上 1 包砂糖即可。

注：1 盎司（美制）＝29.57 毫升；1 盎司（英制）＝28.41 毫升。

44 罐咖啡

(1) 原料配方 深焙的咖啡 200 毫升，桂皮棒 2 根。

(2) 制作过程 杯中倒入深焙的咖啡，插上桂皮棒。

注：罐咖啡指在空罐中倒入咖啡的意思。移居美国的意大利人常用空罐喝咖啡，后来，意大利移民迁移到美国西部后，这种饮用方式便被带到了西部边陲，由此，诞生了带柄的大杯子。美国人（对这种咖啡）至今仍保留着仅用杯子，不用托碟的饮用方式。

45 抹茶牛奶咖啡

(1) 原料配方 混合咖啡 100 毫升，热牛奶 100 毫升，抹茶粉 5 克。

(2) 制作过程

① 咖啡杯中放入抹茶粉，注入混合咖啡，拌匀。

② 热牛奶搅打出奶沫，然后注入咖啡杯中。

46 巴西咖啡

(1) 原料配方 中炒的咖啡 100 毫升，牛奶 60 毫升，巧克力糖浆 15 毫升，泡沫鲜奶油 1 大匙、盐 0.1 克。

(2) 制作过程

① 将巧克力糖浆放入杯子中，再将中炒的咖啡倒在杯子中。

② 加热牛奶，加入极少量的盐。

③ 杯中倒入热牛奶，注入泡沫鲜奶油并使之漂浮在上面即可。

注：在巴西，家里来客人时，习惯奉上香甜浓醇的咖啡代替寒暄。这就像绿茶在中国和日本一样。

47 黑糖牛奶咖啡

(1) 原料配方　混合咖啡 100 毫升，牛奶 100 毫升，黑糖 10 克。

(2) 制作过程　杯中加入黑糖，然后倒入混合咖啡。最后倒入热牛奶。

48 摩卡爪哇咖啡

(1) 原料配方　混合咖啡 130 毫升，巧克力糖浆 20 毫升，搅打奶油 30 克。

(2) 制作过程

① 杯中倒入 10 毫升巧克力糖浆，加入混合咖啡。挤上搅打奶油。

② 最后用剩余的巧克力糖浆装饰。

49 恺撒混合咖啡

(1) 原料配方　深焙的咖啡 100 毫升，蛋黄 1 个，砂糖 10 克，牛奶 30 毫升。

(2) 制作过程

① 将所有材料放入煮锅内，在微火上边煮边用吧匙搅动。

② 温度到 70℃左右时，端离火位，倒入杯中。

注：据说曾为哈布斯堡王朝的恺撒皇帝所喜爱。为使咖啡醇香可口，北欧人往往在咖啡中加朗姆酒或白兰地酒。咖啡的煮制时间不宜过长，因为煮沸后，蛋黄会凝结。

50 薰衣草咖啡

(1) 原料配方　速溶咖啡粉 20 克，奶精粉 10 克，薰衣草 1 小匙，纯净水 100 毫升。

(2) 制作过程

① 将所有材料放入煮锅内，加入适量纯净水熬煮，煮开即可。

② 最后过滤倒入杯中即可。

51 万年雪咖啡

(1) 原料配方 混合咖啡 120 毫升，鲜奶油 20 毫升，白巧克力 50 克，开水 60 毫升，搅打奶油 30 克，糖粉 10 克。

(2) 制作过程

① 将白巧克力用热水溶化搅拌均匀后倒入咖啡杯中。

② 放入 20 毫升鲜奶油，搅拌至将要溶化的状态。

③ 注入混合热咖啡，充分搅匀，最后挤上搅打奶油，撒上糖粉。

52 木莓咖啡

(1) 原料配方 略微深焙的咖啡 80 毫升，木莓糖汁 15 毫升，泡沫牛奶 60 毫升。

(2) 制作过程

① 杯中倒入木莓糖汁，注入泡沫牛奶。

② 再用茶匙贴着玻璃杯边缘，将略微深焙的咖啡轻轻倒进去，这时，泡沫漂浮在上面形成层次。

53 朱古力咖啡

(1) 原料配方 深焙的咖啡 100 毫升，朱古力糖汁 30 毫升，泡沫牛奶 60 毫升，可可粉 1 克。

(2) 制作过程

① 杯中放进朱古力糖汁，倒入深焙的咖啡，再倒满泡沫牛奶。

② 在表面撒上可可粉。

54 片段咖啡

(1) 原料配方 人参 3 片，纯净水 150 毫升，速溶咖啡粉 2 克，枸杞 1 小匙，红糖 15 克。

(2) 制作过程

① 将 3 片人参放入煮锅中，加 150 毫升纯净水煮沸，放入枸杞煮开，浸泡 3～4 分钟。

② 用泡煮后的人参枸杞水冲煮速溶咖啡粉，加入适量红糖。

55 贵妇人咖啡

（1）原料配方　热咖啡 70 毫升，牛奶 70 毫升，方糖 2 颗。

（2）制作过程　将热咖啡倒入杯中，慢慢倒入牛奶，将方糖附盘边。

56 蜂王咖啡

（1）原料配方　曼巴热咖啡 8 分，蜂王乳（或冬蜜）1/2 大匙，白兰地 2～3 滴，鲜奶油适量。

（2）制作过程

　　① 将曼巴热咖啡倒入杯中，加上蜂王乳（或冬蜜）、白兰地。

　　② 挤上鲜奶油就可上桌。

注：蜂王乳（或冬蜜）要选用高级的蜂王乳或冬蜜（用高山产地的），纯正的才有美容养生的疗效，若不喜酒味，也可不加白兰地。也可用咖啡匙装蜂王乳供给客人先含在口中，再喝咖啡，还可选用纯正的咸麦芽膏做成麦芽咖啡，也是不错的选择。

57 情人恋吻热咖啡

（1）原料配方　热咖啡 120 毫升，红石榴糖浆 5 毫升，鲜奶油 15 克，彩豆 2 颗。

（2）制作过程　将热咖啡倒入杯中，挤上一层鲜奶油，淋入红石榴糖浆，放入彩豆装饰。

58 野姜花咖啡

（1）原料配方　热咖啡 100 毫升，野姜花 1 朵，巧克力打发鲜奶油（鲜奶油＋可可粉）15 克。

（2）制作过程

　　① 将热咖啡倒入杯中，将巧克力打发鲜奶油加在咖啡上。

　　② 再放上野姜花提味即可。

59 生姜热咖啡

(1) 原料配方 热咖啡 120 毫升，蜂蜜 30 毫升，奶泡 30 毫升，薄姜片 2 片。

(2) 制作过程

① 将热咖啡倒入杯中，盛入奶泡。

② 放入薄姜片装饰，蜂蜜倒入小杯中，搭配饮用。

60 泡沫牛奶咖啡

(1) 原料配方 深焙的咖啡 100 毫升，泡沫牛奶 70 毫升，搅拌奶油 35 毫升。

(2) 制作过程

① 使用大的杯，里面倒入深焙的咖啡，加上泡沫牛奶。

② 上面用搅拌奶油浮盖。

61 可可咖啡

(1) 原料配方 深焙的咖啡 150 毫升，可可甜酒 5 毫升，搅拌奶油 20 毫升。

(2) 制作过程

① 杯中倒入深焙的咖啡、可可甜酒。

② 然后将搅拌奶油浮盖在上面。

注：可可甜酒是与咖啡最相配的甜酒，而且，咖啡加可可也是欧洲最普遍的饮用方法。这种咖啡既可以热饮也可以冷饮，因此，尤其受匈牙利、波兰等东欧人的青睐。

62 俄罗斯咖啡

(1) 原料配方 略微深焙的咖啡 120 毫升，朱古力糖浆 30 毫升，牛奶 50 毫升，蛋黄 1 个，搅拌奶油 20 毫升，豆蔻粉 0.1 克。

(2) 制作过程

① 在煮锅中放入蛋黄、朱古力糖浆、牛奶，充分搅匀后上火煮。

② 煮至约 70℃时端离火位，倒在杯里。需要注意的是不要煮沸，以免蛋黄结块。

③ 然后，注入略微深焙的咖啡，上面用搅拌奶油浮盖，撒上豆蔻粉。
注：该咖啡属于乌克兰地区的咖啡，其味道醇厚。聚居在乌克兰地区的斯
　　拉夫民族，以喜好朱古力著称。

63　美式奶油咖啡

(1) 原料配方　深焙的咖啡 120 毫升，搅拌奶油 20 毫升，桂皮粉少许，
　　桂皮棒 1 根。
(2) 制作过程
　　① 杯中倒入深焙的咖啡，浇上搅拌奶油，撒些桂皮粉。
　　② 加桂皮棒以代替茶匙，再插一根吸管。
注：该咖啡饮用时应使用细的吸管，不要搅动，这样可以尽情品尝到上下
　　层的两种不同味道，属美国式咖啡。

64　美式香料咖啡

(1) 原料配方　深焙的咖啡粉 15 克，丁香粉少许，桂皮粉少许，柠檬皮
　　1/2 个，橙皮 1/2 个，开水 150 毫升。
(2) 制作过程
　　① 将深焙的咖啡粉与丁香粉、桂皮粉混合在一起，用开水冲制，滗
　　　滤出的咖啡即是香料咖啡。
　　② 杯中放进柠檬皮和橙皮，注入咖啡。

65　π 咖啡

(1) 原料配方　热咖啡 120 毫升，龙珠茶 2 小球，茉莉花适量。
(2) 制作过程
　　① 龙珠茶放入杯中，用刚冲好的热咖啡泡开。
　　② 再用茉莉花装饰即可。
注：龙珠茶的香气很接近茉莉花，有时甚至可用来加强茉莉花的香气及茶
　　色，时而散发出牛奶香，时而散发出花香。热咖啡建议选择摩卡系列
　　的咖啡豆来冲煮，可以加强咖啡的鼻韵香气。

66 宇治咖啡

(1) 原料配方　锡兰茶包 1 包，鲜奶 50 毫升，宇治抹茶粉 0.1 克，热咖啡 180 毫升。

(2) 制作过程

　① 鲜奶放入煮锅加热，放入锡兰茶包，待泡出茶色，备用。

　② 将热咖啡倒入杯中，撒一些宇治抹茶粉，再倒入冲煮好的鲜奶茶即可。

注：日本关西的宇治是主要生产日式绿茶的地方，而这里所指的抹茶，也就是绿茶，淡淡的抹茶香加上锡兰茶的风味，有点日式风格的做法，适合天冷时饮用。宇治抹茶粉色泽美丽，味道清香，也可以用一般绿茶粉替代。

67 越南咖啡

(1) 原料配方　中度研细的越南咖啡 10 克（约 1.5 勺的咖啡豆），热水 180 毫升，炼乳适量。

(2) 制作过程

　① 在杯子上面放入中度研细的越南咖啡粉，盖上中盖，把过滤器安在杯子上。

　② 注入少许沸腾的热水，盖上盖子闷 30 秒，然后，一气呵成注入热水。

　③ 盖上盖子等待咖啡沉淀下来。

　④ 取下过滤嘴，按照个人爱好放入炼乳即可。

注：也可以用（蒸汽加压煮出的）浓咖啡和深度烘焙的咖啡来代替，过滤嘴的洞大，所以不用研得很细的咖啡而是使用中度研细的咖啡。

越南咖啡是事先在杯子中放入炼乳，并使用 3 层式的咖啡过滤器提炼而成的。这种过滤器是在法国统治时期传入的，在现在的法国已经没有了。使用炼乳，是因为当时没有冷藏设备不能保存鲜奶油，这反而成了产生独特味道的秘诀。

68 百老汇咖啡

(1) 原料配方　热咖啡 100 毫升，炼乳 10 毫升，糖渍香橙片 1～2 片。

(2) 制作过程

　　① 将热咖啡倒入杯中，将炼乳从杯子中间倒入咖啡内。

　　② 再放入糖渍香橙片即可。

注：糖渍香橙片做法

① 材料　进口柳橙 3 个，白砂糖 120 克，盐 2 克，水 60 毫升。

② 做法　柳橙用盐水洗净，横切成 0.5～0.7 厘米薄片排在单柄锅中。将砂糖及盐均匀撒在柳橙片上，倒入水 60 毫升，将蜡纸剪成单柄锅大小的圆形铺在材料上（避免柳橙表面水分蒸发流失）。用大火煮沸后，调成小火煮 6～8 分钟，待水分收至剩一半关火，放凉后保存在干净的保鲜盒中即可。

69　蛋黄乳咖啡

(1) 原料配方　深度烘焙咖啡 150 毫升，蛋黄 1 个，精制细砂糖 1 小匙，鲜奶油 1 大匙，牛奶 30 毫升，肉豆蔻（粉末）0.1 克。

(2) 制作过程

　　① 将蛋黄、精制细砂糖、鲜奶油、深度烘焙咖啡、牛奶放入小锅内边加热边用搅拌器搅拌。

　　② 要点是不要使其沸腾，同时到大约 70℃时止火，然后注入杯子中。

　　③ 最后撒上肉豆蔻即可。

70　阿拉伯咖啡

(1) 原料配方　中炒咖啡 120 毫升，精制细砂糖 1 小匙，肉桂粉末少量，小豆蔻（粉末）少量。

(2) 制作过程

　　① 在杯中放入精制细砂糖。

　　② 放入肉桂粉末、小豆蔻粉末，再冲入中炒咖啡搅拌均匀便可。

注：往咖啡中加入小豆蔻香料以及按照自己爱好加入香草的饮料在沙特阿拉伯当地叫做“gahwa”。据说在古代，加入小豆蔻等香料的芳香咖啡，是游牧人民招待旅行者的一种象征。饮用此咖啡应该用铜制的壶注入酒盅似的小杯子中。而且同时选用有着浓郁的自然甜味的椰枣作为茶点。

71 墨西哥咖啡

(1) 原料配方　咖啡粉 3 克，水或热水 80 毫升，黑糖 8 克，肉桂棒 1 支，丁香适量，橘子皮适量，威士忌的量根据个人爱好添加。

(2) 制作过程

 ① 用煮锅煮沸开水，之后改为小火，放入全部材料，煮 5 分钟并且不要煮开。

 ② 从火上取下来，闷 5 分钟左右。

 ③ 用过滤布过滤一下，再次加热。

 ④ 熄火，按照个人爱好加入威士忌即可。

注：在墨西哥，这是非常有历史的饮料，不只是高级的西餐馆和流行的咖啡屋，城镇街头的咖啡店里也经常喝得到。

72 斯拉夫咖啡

(1) 原料配方　深度烘焙咖啡 150 毫升，巧克力糖浆 30 毫升，巧克力屑少许，香草冰激凌 1 大匙，泡沫鲜奶油 1 大匙。

(2) 制作过程

 ① 将巧克力糖浆放入玻璃杯中，注入深度烘焙咖啡后搅拌至均匀。

 ② 浮盖一层泡沫鲜奶油。

 ③ 慢慢注入香草冰激凌，撒上巧克力屑即可。

注：斯拉夫咖啡是乌克兰的一种饮料，也叫作"乌克兰咖啡"，是在咖啡中加入黑巧克力加热制作出热摩卡咖啡，然后再在上面盖上冰激凌制作而成的。

73 迷迭香咖啡

(1) 原料配方　热的浓咖啡 80 毫升，新鲜迷迭香 1 支（或干品 1 小匙）。

(2) 制作过程

将迷迭香直接放入热的浓咖啡基底内即可。

注：新鲜迷迭香带有轻微凉意与浓郁香气，加入热咖啡中更可以将香气挥发出来，若无新鲜的迷迭香，亦可以使用干品，也能达到相同的效果，但会稍带点苦味，此时可酌量加少许冰糖提味。

74 驭手咖啡

(1) 原料配方 深焙的咖啡 120 毫升，奶油 20 毫升，绵白糖少许（根据需要）。

(2) 制作过程

① 在杯子里倒入深焙的咖啡，将奶油浮盖在上面。根据需要可加入少许绵白糖。

② 维也纳式的上桌方法是使用托盘，上面放个杯垫，咖啡杯放在杯垫上。同时，托盘上再放一个糖水杯，杯上架一把茶匙。

注：顾名思义，"驭手咖啡"为"马车驾驭者之咖啡"。据说，过去驭手们聚集在一起，经常饮用这种咖啡，后被广泛普及。

75 莫里斯咖啡

(1) 原料配方 热咖啡 120 毫升，姜泥（或姜末）1 小匙，鲜奶 80 毫升，红糖 15 克。

(2) 制作过程

① 将姜泥（或姜末）、鲜奶及红糖放入单柄锅中，以小火熬煮 10 分钟。

② 再加入冲煮好的热咖啡内即可。

76 安修陪那咖啡

(1) 原料配方 中度烘焙的咖啡 150 毫升，糖粉 15 克，泡沫鲜奶油 30 毫升。

(2) 制作过程

① 将中度烘焙的咖啡注入加热的杯中，加入糖粉搅匀。

② 加入泡沫鲜奶油使之浮在上面即可。

注：安修陪那咖啡（Einspanner），这种饮料是在 19 世纪中叶诞生在奥地利，它名字的意思是"单头马车"。这种咖啡也属于驭手咖啡系列。

77 贝壳沙滩咖啡

(1) 原料配方 鲜奶 100 毫升，草莓果酱 1 小匙，红茶包 1 个，热咖啡 80 毫升。

(2) 制作过程

　　① 将鲜奶与红茶包加热至 80℃，浸泡 3～4 分钟，取出茶包。

　　② 加入草莓果酱拌匀，再到入热咖啡即可。

注：鲜奶加热时需要避免温度过高、时间过久，以免产生脂化现象，表面形成一层奶油薄膜，所以通常加热至微温状态，就要加入其他材料防止产生脂化现象，同时又可以更方便地溶解草莓果酱。

78　俄式咖啡

(1) 原料配方　中度烘焙的咖啡 100 毫升，牛奶 50 毫升，蛋黄 1 个，巧克力糖浆 15 克，肉豆蔻（粉末）0.1 克，泡沫鲜奶油 1 大匙。

(2) 制作过程

　　① 将蛋黄、巧克力糖浆、牛奶放入小锅中搅拌至均匀后，用火加热。

　　② 注意不要沸腾，到 70℃左右时，从火上取下来注入杯中。

　　③ 注入中度烘焙的咖啡，然后加入泡沫鲜奶油使之漂浮在上面。

　　④ 撒上肉豆蔻即可。

79　柚子酱咖啡

(1) 原料配方　热咖啡 80 毫升，柚子酱 20 克。

(2) 制作过程　将柚子酱倒入杯底，再将热咖啡以分层法倒在柚子酱上即可。

注：柚子酱可使用市售的，也可以自己制作。柚子酱的制作近似糖渍香橙片的做法，利用其外皮部分，但是不要取内面白色部分，比较容易有苦味。在柚子盛产的时候，多做一些保存起来，加在咖啡或茶内都是不错的选择。

80　迷雾咖啡

(1) 原料配方　热咖啡 80 毫升，草莓冰激凌 1 球，新鲜草莓 2 个，鲜奶油 15 克。

(2) 制作过程

　　① 将热咖啡倒入杯中，放上草莓冰激凌。

　　② 挤上鲜奶油，再用新鲜草莓装饰即可。

81 菌杞咖啡

(1) 原料配方　热咖啡 120 毫升，煮熟的银耳 1 朵，枸杞 1 小匙。

(2) 制作过程　将煮熟的银耳倒入杯底，枸杞用热水冲洗后，浸泡 3～4 分钟后加入杯内，再倒入咖啡即可。

注：煮银耳之前，可先捏成小碎块后用适量的水煮，煮完后可加少许的糖。此时单喝银耳会有一点像燕窝的感觉，加入咖啡后的口感很特殊。

82 瑞士摩卡咖啡

(1) 原料配方　曼摩热咖啡 60 毫升，温热鲜奶 60 毫升，巧克力膏 15 毫升，鲜奶油 16 毫升，巧克力豆 3 个，削片巧克力屑 15 克。

(2) 制作过程

① 倒入曼摩热咖啡，加入温热鲜奶、巧克力膏搅拌混合。

② 上面再旋转挤入一层鲜奶油，放几粒巧克力豆，并撒上削片巧克力屑即可。

83 伯爵咖啡

(1) 原料配方　咖啡粉 10 克，开水 60 毫升，伯爵茶包 3 个，鲜奶 150 毫升，红糖 15 克。

(2) 制作过程

① 将伯爵茶包、鲜奶、红糖放入煮锅中，加热搅拌均匀，取出茶包后，倒入玻璃杯中。

② 再放入咖啡粉泡 5 分钟后，用网筛过滤倒入杯中即可。

84 豪华咖啡

(1) 原料配方　热咖啡 120 毫升，方糖 1 颗，鲜奶油 15 毫升，红樱桃 1.5 个（半个切丁）。

(2) 制作过程

① 杯中先放入方糖，再倒入热咖啡约 8 分满，挤入一层鲜奶油。

② 再将切细丁的红樱桃撒在上面，剩下的整个红樱桃挂在杯口即可。

85 爪哇摩卡咖啡

(1) 原料配方 曼爪热咖啡 120 毫升，冰糖 1 包，鲜奶油 25 毫升，巧克力膏 10 毫升，可可粉 0.1 克，奶油球 1 个。

(2) 制作过程

① 杯中倒入曼爪热咖啡 8 分满，加入冰糖，挤上鲜奶油一层。

② 淋上巧克力膏，撒上可可粉，再倒入奶油球即可。

86 巴巴利安咖啡

(1) 原料配方 曼巴热咖啡 120 毫升，鲜奶油 25 毫升，巧克力酱 15 毫升，肉桂粉 0.1 克，巧克力削片 15 克。

(2) 制作过程

① 杯中先加入巧克力酱，再倒入曼巴热咖啡约 8 分满。

② 挤入一层鲜奶油，最后撒上肉桂粉、巧克力削片。

87 蓝莓奶油咖啡

(1) 原料配方 略微深焙的咖啡 150 毫升，蓝莓奶油糖汁 15 毫升，搅拌奶油 15 克。

(2) 制作过程

① 杯中倒入蓝莓奶油糖汁，注入略微深焙的咖啡。

② 上面用搅拌奶油浮盖。

88 香草杏仁咖啡

(1) 原料配方 深焙的咖啡 70 毫升，泡沫牛奶 60 毫升，香草杏仁糖汁 15 毫升。

(2) 制作过程 杯中倒入香草杏仁糖汁，注入深焙的咖啡和搅起泡沫的牛奶，泡沫应浮在上面。

89 维也纳式咖啡

(1) 原料配方 深焙的咖啡 100 毫升，泡沫牛奶 70 毫升，搅拌奶油 20 毫升，桂皮粉 0.1 克，橙皮少许。

(2) 制作过程
① 杯中倒入深焙的咖啡，加上泡沫牛奶，上面用搅拌奶油浮盖。
② 最后撒些桂皮粉和橙皮。

90 钻石咖啡

(1) 原料配方　意大利咖啡 120 毫升，鲜奶油 25 毫升，钻石糖 8 克。
(2) 制作过程　将意大利咖啡煮好倒入杯中。挤上一层鲜奶油，撒上钻石糖即成。
注：钻石糖结晶颗粒形状与钻石相似，可用来装饰与调味。

91 奶油摩加咖啡

(1) 原料配方　深焙的咖啡 120 毫升，朱古力糖汁 20 毫升，搅拌奶油 20毫升，朱古力屑少许，桂皮棒 1 根。
(2) 制作过程
① 杯中倒入朱古力糖汁，注入深焙的咖啡，搅匀后将搅拌奶油浮盖在上面。
② 再撒些朱古力屑，插一根桂皮棒。
注：该咖啡名称是摩加咖啡与奶油咖啡的混合称谓。最初，该咖啡从纽约的咖啡馆兴起，后在全美国推广开来。在美国，含有朱古力的咖啡叫摩加咖啡，而且，美国的奶油咖啡以使用搅拌奶油为特点，而不是使用搅起泡沫的牛奶。

92 梦幻咖啡

(1) 原料配方　炭烧咖啡 120 毫升，鲜奶油 25 毫升，鲜奶油球 1 个。
(2) 制作过程
① 将炭烧咖啡煮好倒入拿铁杯中。
② 用冰激凌匙挖一球鲜奶油盖上，淋上鲜奶油即成。

93 德式咖啡

(1) 原料配方　混合咖啡 120 毫升，鲜奶油 25 毫升，蜂蜜 15 毫升，盐少许。
(2) 制作过程　将混合咖啡煮好倒入杯中。挤上一层鲜奶油，淋上蜂蜜，撒上盐即成。

94 夏威夷果仁咖啡

(1) 原料配方 深焙的咖啡 150 毫升，夏威夷果仁糖汁 15 毫升，搅拌奶油 15 毫升，夏威夷果仁 15 克。

(2) 制作过程

① 杯中倒入夏威夷果仁糖汁，注入深焙的咖啡，上面用搅拌奶油浮盖。

② 另配一盘夏威夷果仁。

95 美式爪哇咖啡

(1) 原料配方 深焙的冷却咖啡 100 毫升，可可粉 4 克，热牛奶 70 毫升，搅拌奶油（掺入少量的朱古力糖汁）30 毫升，玉米片（朱古力味）1 茶匙，盐微量。

(2) 制作过程

① 杯中放入可可粉，用热牛奶调匀。

② 然后加上盐，注入深焙的冷却咖啡，用朱古力色的搅拌奶油浮盖，撒上玉米片装饰即可。

96 杏仁咖啡

(1) 原料配方 深焙的咖啡 150 毫升，杏仁露 15 毫升，杏仁瓣 5 片。

(2) 制作过程

① 事先将杏仁瓣炒好。

② 杯中倒入杏仁露，注入深焙的咖啡，放进炒好的杏仁瓣。

97 摩加咖啡

(1) 原料配方 深焙的咖啡 120 毫升，朱古力糖汁 20 毫升，泡沫牛奶 40 毫升，搅拌奶油 20 毫升。

(2) 制作过程

① 杯中放进朱古力糖汁，加入深焙的咖啡和泡沫牛奶。

② 上面用搅拌奶油浮盖。

98　甜蜜的滋味

(1) 原料配方　曼巴咖啡 120 毫升，苹果糖浆 30 毫升，鲜奶油 25 毫升，苹果丁 20 克。

(2) 制作过程

① 将苹果糖浆先倒入杯中，再加入曼巴咖啡到 8 分满。

② 挤上一层鲜奶油，上放苹果丁即可。

注：苹果切丁可先泡柠檬水或淡盐水，以防变色。

99　德国朱古力咖啡

(1) 原料配方　略微深焙的咖啡 150 毫升，德国朱古力糖汁 15 毫升，搅拌奶油 15 毫升。

(2) 制作过程

① 杯中倒入德国朱古力糖汁，注入略微深焙的咖啡。

② 上面用搅拌奶油浮盖。

100　椰汁奶油咖啡

(1) 原料配方　深焙的咖啡 150 毫升，奶油椰汁 15 毫升，搅拌奶油 15 毫升。

(2) 制作过程

① 杯中放奶油椰汁，注入深焙的咖啡。

② 表面用搅拌奶油浮盖。

101　腰果咖啡

(1) 原料配方　深焙的咖啡 150 毫升，腰果糖汁 15 毫升，搅拌奶油 15 毫升，腰果碎 25 克。

(2) 制作过程

① 杯中倒入腰果糖汁，注入深焙的咖啡，上面用搅拌奶油浮盖。

② 表面上撒上腰果碎。

102 杏子奶油咖啡

(1) 原料配方 略微深焙的咖啡 150 毫升，杏子奶油糖汁 15 毫升，搅拌奶油 15 毫升。

(2) 制作过程

① 杯中倒入杏子奶油糖汁，注入略微深焙的咖啡。

② 上面用搅拌奶油浮盖。有时也用杏子的果汁来代替杏子奶油糖汁。

103 瑞士朱古力杏仁咖啡

(1) 原料配方 略微深焙的咖啡 150 毫升，瑞士朱古力杏仁露 15 毫升，搅拌奶油 15 毫升。

(2) 制作过程

① 杯中倒入瑞士朱古力杏仁露，注入略微深焙的咖啡。

② 上面用搅拌奶油浮盖。

104 椰风摩卡咖啡

(1) 原料配方 曼巴咖啡 120 毫升，椰子糖浆 30 毫升，巧克力膏 10 毫升，鲜奶油 25 毫升，椰浆粉 2 茶匙。

(2) 制作过程

① 将曼巴咖啡倒入 8 分满，再加入椰子糖浆、巧克力膏。

② 挤上鲜奶油，撒上椰浆粉即可。

105 朱古力木莓咖啡

(1) 原料配方 略微深焙的咖啡 150 毫升，朱古力木莓糖汁 15 毫升，搅拌奶油 15 毫升。

(2) 制作过程

① 杯中倒入朱古力木莓糖汁，注入略微深焙的咖啡。

② 上面用搅拌奶油浮盖。

106 朱古力榛子咖啡

(1) 原料配方　略微深焙的咖啡 150 毫升，朱古力榛子糖汁 15 毫升，搅拌奶油 15 毫升。

(2) 制作过程　杯中倒入朱古力榛子糖汁，注入略微深焙的咖啡，上面用搅拌奶油浮盖。

107 香料大杯咖啡

(1) 原料配方　深焙的咖啡粉（粗粒）10 克，热水 300 毫升，桂皮碎片少许，丁香 3 粒，搅拌奶油 20 毫升，朱古力屑 1 茶匙，桂皮棒 1 根。

(2) 制作过程
① 将深焙的咖啡粉、桂皮碎片和丁香混合在一起，用热水冲制后，将咖啡滗滤在杯里。
② 上面用搅拌奶油浮盖，撒些朱古力屑，插一根桂皮棒。

108 荷兰朱古力咖啡

(1) 原料配方　略微深焙的咖啡 150 毫升，荷兰朱古力糖汁 15 毫升，搅拌奶油 15 毫升。

(2) 制作过程　杯中倒入荷兰朱古力糖汁，注入略微深焙的咖啡，上面用搅拌奶油浮盖。

109 维也纳奶油咖啡

(1) 原料配方　略微深焙的咖啡 70 毫升，泡沫牛奶 40 毫升，朱古力屑 2 茶匙。

(2) 制作过程　杯中倒入略微深焙的咖啡，加入泡沫牛奶，撒上朱古力屑。

注：维也纳奶油咖啡的特点是使用小杯，并在上面撒些朱古力屑。大杯奶油咖啡用卡布基诺表述，即意大利语 "Caoouccino"。

110 烤杏仁奶油咖啡

(1) 原料配方 深焙的咖啡 150 毫升，杏仁奶油糖汁 15 毫升，搅拌奶油 15 毫升，烤杏仁 3 粒。

(2) 制作过程
① 杯中倒入杏仁奶油糖汁，注入深焙的咖啡。
② 上面用搅拌奶油浮盖，配上烤杏仁。

111 三粒豆咖啡

(1) 原料配方 深焙的咖啡 60 毫升，泡沫牛奶 60 毫升，蜂蜜 20 毫升，深焙的咖啡豆 3 粒。

(2) 制作过程
① 杯中倒入蜂蜜，用咖啡匙将泡沫牛奶轻轻舀在上面。
② 再沿着杯子边儿用咖啡匙慢慢注入深焙的咖啡，使牛奶与咖啡形成层次。
③ 泡沫上放 3 粒咖啡豆

注：所谓三粒原来是指"咖啡的果实、生豆、焙制豆"。该咖啡名称是根据"墨西哥咖啡公司"的标志命名的。

112 樱桃朱古力咖啡

(1) 原料配方 略微深焙的咖啡 150 毫升，樱桃朱古力糖汁 15 毫升，搅拌奶油 15 毫升。

(2) 制作过程 杯中倒入樱桃朱古力糖汁，注入略微深焙的咖啡，上面用搅拌奶油浮盖。

113 北欧香料咖啡

(1) 原料配方 略微深焙的咖啡 150 毫升，砂糖 10 克，深色朗姆酒 2 毫升，朱古力糖汁 15 毫升，桂皮碎片 0.5 克，丁香 3 粒，橙皮与柠檬皮各 10 克，搅拌奶油 20 毫升。

(2) 制作过程
　　① 杯中放进砂糖、深色朗姆酒、朱古力糖汁、桂皮碎片、丁香、橙皮和柠檬皮。
　　② 注入略微深焙的咖啡，上面用搅拌奶油浮盖。

114　爪哇摩加热咖啡

(1) 原料配方　略微深焙的咖啡 120 毫升，朱古力糖汁 20 毫升，搅拌奶油 20 毫升，朱古力屑 10 克。

(2) 制作过程
　　① 杯中倒入朱古力糖汁，注入略微深焙的咖啡，上面用搅拌奶油浮盖。
　　② 最后，撒上朱古力屑。

115　朗姆热咖啡

(1) 原料配方　略微深焙的咖啡粉 12 克，橙片 2 片，开水 200 毫升，丁香 3 粒，深色朗姆酒 5 毫升，桂皮碎片 10 克。

(2) 制作过程
　　① 在压力过滤壶中放进略微深焙的咖啡粉、桂皮碎片、丁香，兑入开水，盖上壶盖闷一分钟。
　　② 然后，向下按壶盖，将咖啡挤出。
　　③ 杯中倒入深色朗姆酒，注入咖啡，将橙片搭在杯沿上装饰。

116　德国咖啡

(1) 原料配方　略微深焙的咖啡 300 毫升，搅拌奶油 50 毫升，板状朱古力 1 块。

(2) 制作过程　将略微深焙的咖啡煮制好盛在壶里，搅拌奶油盛在另外的容器中，板状朱古力放在托盘上，上桌。

注：这种服务方式适合于宾客同时点用西式点心或时间较为充裕的休闲场合。上德国咖啡时，一定要配上朱古力。朱古力可以含在嘴里，边品味边饮咖啡。

117　褐色大杯咖啡

(1) 原料配方　略微深焙的咖啡 150 毫升，热牛奶 50 毫升。

(2) 制作过程　杯中倒入略微深焙的咖啡，注入 60～70℃左右的热牛奶。这里的大杯是指比一般的杯子大的杯。

注：奥地利咖啡按容量分大、小两种。该咖啡是奥地利的一种煮制咖啡，如果单点"咖啡"，那么提供的就是这种饮料。

118　多彩蜂蜜咖啡

(1) 原料配方　深焙的咖啡 80 毫升，泡沫牛奶 60 毫升，蜂蜜 20 毫升。

(2) 制作过程

① 玻璃杯中倒入蜂蜜，用吧匙将泡沫牛奶舀在上面。

② 然后，同样用茶匙沿着杯子边将深焙的咖啡注进去，以达到分层的效果。

119　姜味咖啡

(1) 原料配方　略微深焙的咖啡 150 毫升，姜片 3 片，蜂蜜 20 毫升。

(2) 制作过程　杯中按顺序放入略微深焙的咖啡、姜片、蜂蜜。然后搅拌均匀即可。

注：自古以来中近东国家就有在咖啡中放姜的习惯，据说饮料中放姜可以预防或治疗感冒。

120　西印度风味咖啡

(1) 原料配方　深焙的咖啡 70 毫升，蛋黄 1 个，牛奶 30 毫升，砂糖 10 克，盐 0.1 克，红糖汁 20 毫升。

(2) 制作过程

① 煮锅中放进蛋黄、砂糖、盐和牛奶，用微火煮。

② 然后，兑入深焙的咖啡，煮到约 70℃时，离开火位。

③ 倒在杯里，配上红糖汁上桌。

121 瑞典咖啡

(1) 原料配方　略微深焙的咖啡 100 毫升，蛋黄 1 个，水 30 毫升，砂糖 10 克，鲜奶油 10 毫升，可可粉少许。

(2) 制作过程

① 煮锅中放进蛋黄、水和砂糖，慢慢加上略微深焙的咖啡（加热到 50～60℃），放在火上边煮边搅和。

② 煮好后，倒在杯中，上面用鲜奶油浮盖，撒上可可粉装饰。

122 黑咖啡

(1) 原料配方　略微深焙的咖啡 80 毫升，板状朱古力 1 块。

(2) 制作过程　杯中倒入略微深焙的咖啡，盘碟上放一块板状朱古力。

注：黑咖啡在这里是浓咖啡的意思。点小杯咖啡时，一般上这种咖啡。该咖啡与法国的清咖啡相同。

123 维也纳五香咖啡

(1) 原料配方　略微深焙的咖啡粉 15 克，热水 200 毫升，丁香粉 0.1 克，桂皮粉 0.1 克，牙买加胡椒粉 0.1 克，砂糖 10 克，豆蔻粉 0.1 克，可可粉 0.1 克，搅拌奶油 20 毫升。

(2) 制作过程

① 煮锅中放入略微深焙的咖啡粉、热水、丁香粉、桂皮粉、牙买加胡椒粉和砂糖，上火煮。一煮沸即刻端离火位，放置约 1 分钟后过滤。

② 将滤过的咖啡倒进杯里，上面用搅拌奶油浮盖，撒上豆蔻粉和可可粉。

124 牛油咖啡

(1) 原料配方　略微深焙的咖啡 100 毫升，蜂蜜 20 毫升，牛油 10 克。

(2) 制作过程　杯中倒入蜂蜜，注入略微深焙的咖啡，放进牛油。

注：咖啡中放牛油的习惯来源于埃塞俄比亚，那里有边吃牛油、蜂蜜，边饮用咖啡的习惯。在北欧，有时是将牛油放在咖啡里一起饮用。而在非洲东部地区，也有将牛油混合在焙制后的咖啡豆中的习惯。

125 博尔贾咖啡

(1) 原料配方　深焙的咖啡 100 毫升，朱古力糖汁 30 毫升，搅拌奶油 20 毫升，橙皮屑 5 克，柠檬皮屑 5 克。

(2) 制作过程

① 杯中倒入朱古力糖汁，注入深焙的咖啡。

② 上面用搅拌奶油浮盖，最后放橙皮屑和柠檬皮屑。

注：博尔贾咖啡（Caffé Borgia）于 19 世纪前期在意大利兴起，该咖啡名称以佛罗伦萨的名门博尔贾家族命名。当时，咖啡中放朱古力这一饮用方法在贵妇人之中十分流行。

126 脱咖啡因奶油咖啡

(1) 原料配方　脱咖啡因咖啡 80 毫升，泡沫牛奶 60 毫升。

(2) 制作过程　杯中倒入脱咖啡因咖啡，用咖啡匙将泡沫牛奶舀在上面。

127 香料咖啡

(1) 原料配方　略微深焙的咖啡粉 10 克，热水 200 毫升，桂皮粉 0.1 克，豆蔻粉 0.1 克，丁香粉 0.1 克，牙买加胡椒粉 0.1 克，砂糖 10 克，热牛奶 60 毫升。

(2) 制作过程

① 白釉砂锅中放入咖啡粉、热水、桂皮粉、豆蔻粉、丁香粉和砂糖，上火煮。一煮沸即刻端离火位，放置 1 分钟左右。

② 之后，将咖啡过滤到杯子里，兑入热牛奶。

128 土耳其咖啡

(1) 原料配方　略微深焙的咖啡粉 6～7 克，开水 80 毫升，加配的小点心少许。

(2) 制作过程

① 专用咖啡壶中放入略微深焙的咖啡粉和开水，上火煮，一煮沸即刻端离火位，泡沫平息下来后，放到火上再煮，刚要煮沸即刻端离火位。

② 最后，配上杯一起上桌，再加配小点心。

注：属土耳其式咖啡。在土耳其的家庭中举行各种仪式时，多采用这种正规的饮用方式。

129 罗马奶油咖啡

(1) 原料配方　深焙的咖啡 100 毫升，泡沫牛奶 70 毫升，柠檬皮少许。

(2) 制作过程

① 杯中倒入深焙的咖啡，注入泡沫牛奶，用咖啡匙将泡沫浇在咖啡上。

② 然后，再放些柠檬皮。

注：在有关"罗马咖啡"的文献中记载，放有柠檬皮的咖啡，其名称都是"罗马某某咖啡"，以此来说明该咖啡是罗马风味的。调制咖啡，有时也放些柠檬汁，但有奶油的时候，放柠檬汁不易融合，因此，可以放柠檬片或柠檬皮来提味。

130 奥地利奶油咖啡

(1) 原料配方　略微深焙的咖啡 150 毫升，搅拌奶油 30 毫升，绵白糖 15 克，朱古力 1 块。

(2) 制作过程

① 杯中倒入略微深焙的咖啡。

② 搅拌奶油另盛在小碟内，撒上绵白糖，咖啡中放一块朱古力。

注：该咖啡的饮用方法一般是含一口搅拌奶油，喝一口咖啡，但也有人将搅拌奶油放进咖啡里一起饮用。

131 罗马咖啡

(1) 原料配方　深焙的咖啡 70 毫升，柠檬汁 5 毫升，柠檬皮 5 克，方糖 1 块。

(2) 制作过程　杯中倒入柠檬汁，注入深焙的咖啡，放进柠檬皮和方糖。

132 维也纳香咖啡

(1) 原料配方　深焙的咖啡粉 15 克，热水 200 毫升，丁香 3～4 粒，桂皮碎片 3 克，砂糖 10 克，搅拌奶油 20 毫升，桂皮粉 0.1 克。

(2) 制作过程

① 将咖啡粉、丁香、桂皮碎片混合在一起，用热水冲制后，滤出咖啡。

② 杯中放砂糖，注入咖啡，将搅拌奶油浮盖在上面。

③ 最后，撒上桂皮粉装饰。

133　褐色小杯咖啡

(1) 原料配方　略微深焙的咖啡 80 毫升，热牛奶 30 毫升。

(2) 制作过程　杯中倒入略微深焙的咖啡，注入 60～70℃的热牛奶。

注：褐色小杯咖啡（Kleiner Brauner），其中"Kleiner"是小的意思。"Brauner"一词指加入了少量牛奶后颜色呈褐色的咖啡。有时牛奶单独上桌，也就是将热牛奶盛在奶壶中上桌。这种咖啡属于早点咖啡。

134　奥地利小杯咖啡

(1) 原料配方　略微深焙的咖啡 70 毫升，热牛奶 10 毫升，搅拌奶油 10 毫升。

(2) 制作过程　杯中倒入略微深焙的咖啡，加入热牛奶，上面用搅拌奶油浮盖。

注：这是将"奥地利大杯咖啡"改成小杯，并用牛奶和搅拌奶油，将咖啡调制成褐色（奥地利人称为"金黄色"）的一种咖啡。这种咖啡与法国人喜好的小杯奶油咖啡属于同一类构思。

135　意大利奶油咖啡

(1) 原料配方　深焙的咖啡 100 毫升，泡沫牛奶 60 毫升，桂皮粉或可可粉少许。

(2) 制作过程

① 杯中放入深焙的咖啡，再放入泡沫牛奶，用咖啡匙将搅起的牛奶泡沫浇在上面。

② 最后，撒些桂皮粉或可可粉。

注：这是典型的意大利咖啡。此款咖啡的英文名称"Cappuccino"是罗马

天主教教徒戴的头巾的意思，因该咖啡的形状与其类似。将泡沫牛奶咖啡叫做"头巾"，这也是罗马人的一种潇洒。现在，不仅意大利，世界各地都在普及这种咖啡。这里需要强调的是，正宗的意大利咖啡是不放搅拌奶油的。

136 阿拉伯豆蔻咖啡

(1) 原料配方　略微深焙的咖啡粉 8 克，豆蔻粉 0.1 克，热水 100 毫升，蜂蜜 20 毫升。

(2) 制作过程

① 杯中放进略微深焙的咖啡粉、豆蔻粉，冲上热水，用咖啡匙搅匀后上桌。

② 同时配上蜂蜜。

注：饮用时用咖啡匙搅匀后，放置片刻，待咖啡粉沉淀后再饮用上面澄清的咖啡液。蜂蜜与咖啡最好交替品尝。

137 奥地利牛奶咖啡

(1) 原料配方　略微深焙的咖啡 50 毫升，热牛奶 100 毫升，搅拌奶油 20 毫升。

(2) 制作过程　杯中倒入热牛奶，放进搅拌奶油，注入略微深焙的咖啡。

138 话梅咖啡

(1) 原料配方　热咖啡 150 毫升，方糖 1 粒，蜂蜜 15 毫升，打发鲜奶油 15 克，话梅粉 3 克。

(2) 制作过程

① 将热咖啡注入透明玻璃杯，加上方糖和蜂蜜搅拌溶解。

② 在咖啡表面旋转挤注打发鲜奶油，撒上话梅粉即可。

139 绿茶咖啡

(1) 原料配方　龙井茶 5 克，意大利特浓咖啡 50 毫升，90℃的开水 150 毫升，方糖 3 粒。

（2）制作过程

  ① 将龙井茶用 50 毫升 90℃的开水浸泡，1 分钟后倒出约 30 毫升茶汁，再向茶中加入 100 毫升 90℃的开水，制取龙井茶汁 80 毫升。

  ② 将龙井茶汁和意大利特浓咖啡兑和均匀。附上方糖即可。

140 凤梨咖啡

（1）原料配方 热咖啡 150 毫升，凤梨汁 30 毫升，凤梨角 1 小块，方糖 2 块。

（2）制作过程 将热咖啡注入咖啡杯，倒入凤梨汁，杯口插上 1 小块凤梨角，附上方糖即可。

141 爱因斯坦咖啡

（1）原料配方 意大利浓苦咖啡 150 毫升，鲜奶油 25 克，削片巧克力屑 15 克，方糖 2 块。

（2）制作过程 将意大利浓苦咖啡放入玻璃杯中，上面旋转加入一层鲜奶油，再撒上削片巧克力屑，附方糖上桌服务即可。

142 地中海咖啡

（1）原料配方 黑咖啡 250 毫升，茴香籽 0.5 克，丁香花苞 0.5 克，肉桂粉 0.5 克，小豆蔻 0.5 克，巧克力糖浆 25 克。

（2）制作过程

  ① 把茴香籽、丁香花苞、肉桂粉和小豆蔻放进锅中炒香。

  ② 把巧克力糖浆放入锅里和香料充分混合。

  ③ 倒入黑咖啡，一起加热一会儿，温度不要太高，大约 90℃，咖啡就要沸腾的时候，把锅从火上移开，趁热倒入杯中。

143 勃艮第咖啡

（1）原料配方 热咖啡 150 毫升，鲜奶油 25 克，红酒 10 毫升，砂糖少量。

（2）制作过程

  ① 将鲜奶油放入钢杯，加少量的砂糖，用打蛋器进行搅打，在奶油基

本打好的时候加入一半红酒，奶油立刻就会变成粉红色。

② 在温热的咖啡杯底部放入另一半红酒，然后注入热咖啡，最后在液体表面装饰粉红色的奶油，一杯勃艮第咖啡就做好了。

144 那不勒斯咖啡

(1) 原料配方　深烘焙的烫热咖啡 150 毫升，柠檬 1 片。

(2) 制作过程

① 在宽大咖啡杯子里注入深烘焙的烫热咖啡。

② 再以厚片柠檬浮在其上，不加牛奶而喝。

145 印第安咖啡

(1) 原料配方　深烘焙的咖啡 150 毫升，牛奶 100 毫升，赤砂糖 10 毫升，盐 0.5 克。

(2) 制作过程

① 锅中倒入牛奶后加温。

② 牛奶沸腾前加入深烘焙的咖啡与赤砂糖、盐再仔细搅拌均匀即可。

146 蓝带咖啡

(1) 原料配方　综合热咖啡 80 毫升，红冰糖 15 毫升，蓝柑汁 15 毫升，鲜奶油 10 克，巧克力米 3 克。

(2) 制作过程

① 杯中先放红冰糖，倒入综合热咖啡至 7 分满，加入蓝柑汁。

② 上挤一层鲜奶油，撒上巧克力米。

147 但丁奶油咖啡

(1) 原料配方　深焙的咖啡 100 毫升，泡沫牛奶 60 毫升，桂皮粉 0.1 克，可可粉 0.1 克，朱古力屑 1 茶匙。

(2) 制作过程

① 杯中倒入深焙的咖啡，注入泡沫牛奶，用咖啡匙将泡沫浇在咖啡上。

② 最后上面撒上桂皮粉、可可粉、朱古力屑等装饰。

注：这是纽约格林威治村"但丁咖啡馆"的一种饮料。咖啡与牛奶在风味
　　上巧妙融合，为纽约的各界人士所喜爱。

二、冰咖啡系列

1 终极冰咖啡

(1) 原料配方　黑咖啡 120 毫升，甜炼乳 15 毫升，咖啡冰块 25 克。
(2) 制作过程
　　① 将黑咖啡做好待凉备用。
　　② 杯中倒满咖啡冰块，倒入黑咖啡。倒入甜炼乳拌匀即可。
注：这种咖啡是经典的越南式咖啡，使用咖啡冰块是为了不让冰块融化
　　时，咖啡变淡的感觉。

2 薄荷冰咖啡

(1) 原料配方　冰咖啡 150 毫升，蜂蜜 30 毫升，鲜奶 60 毫升，绿薄荷汁
　　30 毫升，鲜奶油 15 毫升，碎冰 100 克。
(2) 制作过程
　　① 杯中加入 15 毫升绿薄荷汁、蜂蜜与碎冰。
　　② 将鲜奶沿杯壁缓缓倒入杯中。倒入冰咖啡。
　　③ 挤上鲜奶油，淋上剩余的绿薄荷汁即可。

3 印象主义咖啡

(1) 原料配方　冰咖啡 120 毫升，糖浆 10 毫升，芦荟汁 30 毫升，白色朗
　　姆酒 5 毫升。
(2) 制作过程
　　① 芦荟汁与白色朗姆酒倒入杯中拌匀。
　　② 再倒入糖浆与冰咖啡即可。

4 爱去远方咖啡

(1) 原料配方　冰咖啡 150 毫升，薄荷酒 2 毫升，鲜奶油 20 毫升，果冻 15 克，冰块 50 克。

(2) 制作过程

① 在搅拌杯中放入冰块、薄荷酒搅拌 30 秒。

② 倒入杯中，杯缘倒入冰咖啡，表面挤上鲜奶油，再用果冻装饰即可。

5 卡布奇诺冰咖啡

(1) 原料配方　冰咖啡 150 毫升，奶油 20 毫升，冰块 100 克，巧克力粉 3 克，巧克力棒 1 根。

(2) 制作过程

① 依次在杯内加入冰块、冰咖啡。再挤入奶油，撒巧克力粉。

② 最后插入一根巧克力棒作为装饰即可。

6 摩加冰咖啡

(1) 原料配方　含糖深焙的冷却咖啡 150 毫升，朱古力糖汁 20 毫升，方冰 100 克，泡沫牛奶 60 毫升，朱古力屑 5 克。

(2) 制作过程

① 将含糖深焙的冷却咖啡和朱古力糖汁倒在玻璃杯中搅匀，放入方冰，注入泡沫牛奶。

② 再用吧匙将泡沫舀在上面，撒上朱古力屑。

7 巨蟹座冰咖啡

(1) 原料配方　速溶咖啡 1 杯，香草冰激凌 1 勺，搅打鲜奶油 20 毫升，综合水果丁罐头 25 克，冰块 50 克，砂糖 15 克。

(2) 制作过程

① 杯中放入砂糖与速溶咖啡拌匀后倒入 5 分满的冰块。

② 将香草冰激凌及综合水果丁罐头倒入玻璃杯中。

③ 挤上搅打鲜奶油即可。

8　咖啡立方冰摩卡

(1) 原料配方　咖啡 180 毫升，可可粉 4 茶匙，温牛奶 180 毫升。

(2) 制作过程

① 做好咖啡待凉备用。咖啡倒入冰格里，结成冰块。

② 在杯中加入可可粉，加入 60 毫升温牛奶搅拌至溶解。

③ 杯中放入 6 块咖啡冰。加入剩余的牛奶，温牛奶会慢慢溶化咖啡冰。

9　摇摆舞咖啡

(1) 原料配方　含糖深焙的冷却咖啡 150 毫升，蛋白 1 个，砂糖 5 克，蛋黄 1 个，牛奶 30 毫升，香草冰激凌 1 匙，香草精 2～3 滴。

(2) 制作过程

① 先将蛋白与砂糖搅出泡沫，做成甜蛋白。

② 然后，用搅拌器将含糖深焙的冷却咖啡、蛋黄、香草冰激凌、牛奶、香草精搅匀，倒在玻璃杯里。

③ 上面放甜蛋白。

10　双鱼座冰咖啡

(1) 原料配方　冰咖啡 1 杯，鲜奶油 20 毫升，红玫瑰 5 克，热水 60 毫升。

(2) 制作过程

① 将红玫瑰用热水浸泡出味，取适量倒入杯中。

② 将适量鲜奶油放入搅拌器中，再倒入冰咖啡，进行搅拌，高速搅打 40 秒，倒入杯中。

③ 最后旋上一层鲜奶油即可饮用。

11　夏威夷咖啡

(1) 原料配方　含糖深焙的冷却浓咖啡 150 毫升，咖啡冰激凌 1 勺，菠萝汁 70 毫升。

(2) 制作过程　将所有原料放在搅汁器中搅匀，倒在玻璃杯里。

12　射手座冰咖啡

(1) 原料配方　冰咖啡 1 杯，紫葡萄 5 个，石榴 1/4 个，冰块 50 克，砂糖 15 克。

(2) 制作过程

① 杯中放入冰块，倒入加砂糖的冰咖啡。

② 搅拌后放入去皮的紫葡萄与石榴籽即可。

13　摩羯座冰咖啡

(1) 原料配方　咖啡 120 毫升，雪碧或七喜 120 毫升，冰块 50 克。

(2) 制作过程　杯中放满冰块，倒入半杯雪碧或七喜，注入咖啡即可。

14　焦糖冰咖啡

(1) 原料配方　混合咖啡 100 毫升，碎冰 140 克，冰激凌 2 勺，糖浆 30 毫升，奶油 30 克，焦糖酱 15 毫升。

(2) 制作过程

① 搅拌机中倒入碎冰、混合咖啡、冰激凌拌匀后倒入杯中挤上奶油。

② 最后浇上焦糖酱、糖浆装饰。

15　招牌冰咖啡

(1) 原料配方　曼特宁咖啡 30 毫升，巴西咖啡 20 毫升，哥伦比亚咖啡 10 毫升，奶精粉 15 克，糖浆 30 毫升，碎冰 50 克，鲜奶油 20 毫升，炼乳 15 毫升，冰块适量。

(2) 制作过程

① 将曼特宁咖啡、巴西咖啡、哥伦比亚咖啡倒入装有 6 成满冰块的雪克壶中，加奶精粉、糖浆用力摇和，使其迅速成冰咖啡。

② 在杯中先加炼乳、碎冰至 3 分满，然后将雪克壶中的咖啡倒入，挤上鲜奶油即可。

16 椰奶香浓冰咖啡

(1) 原料配方　椰奶 60 毫升，碎冰 3 分，冰块适量，黑浓冰咖啡 150～180 毫升，香草冰激凌中球 1 个，鲜奶油 20 毫升，菠萝片 1 片，红樱桃 1 颗。

(2) 制作过程

① 将椰奶、碎冰、冰块依次加入杯中。

② 倒入黑浓冰咖啡 8 分满，挤上一层鲜奶油，放香草冰激凌中球。

③ 最后用小雨伞叉上红樱桃、菠萝片装饰即可。

17 百合冰咖啡

(1) 原料配方　冰咖啡 150 毫升，绿薄荷香甜酒 5 毫升，泡沫鲜奶油 25 毫升，糖浆 30 毫升，红樱桃 1 颗。

(2) 制作过程

① 杯中放满冰块，倒入冰咖啡、糖浆后挤适量泡沫鲜奶油在咖啡上。

② 再将绿薄荷香甜酒倒在奶油上面，放上红樱桃作装饰，附上搅棒、吸管。

18 薄荷巧克力冰咖啡

(1) 原料配方　冰鲜奶 150 毫升，巧克力酱 20 毫升，冰曼特宁咖啡 80 毫升，薄荷叶 1 枝。

(2) 制作过程

① 将冰鲜奶倒入玻璃杯中，巧克力酱从杯子中央挤入。

② 再将冰曼特宁咖啡用雪克杯摇至泡沫状，慢慢倒入鲜奶上层。

③ 表面放薄荷叶装饰及提味即可。

19 黑白冰咖啡

(1) 原料配方　无糖冰咖啡 150 毫升，鲜奶 100 毫升，果糖 30 毫升，冰块 50 克。

(2) 制作过程

① 将果糖放到玻璃杯中，再加入鲜奶至 5 分满，搅拌均匀。

② 加入冰块至 9 分满，将无糖冰咖啡缓缓倒入杯中，产生分层效果即可。

注：倒入咖啡时，尽量将咖啡倒在冰块上，或者用吧匙的背面使咖啡沿着杯缘流入杯中，可避免过分搅动而影响分层效果。

20 浓缩咖啡雪泥

(1) 原料配方　速溶浓缩咖啡 5 克，白糖 15 克，纯净水 30 毫升，柠檬汁 10 毫升，柠檬皮丝 10 克，鲜奶油 15 毫升。

(2) 制作过程

① 在锅中加入白糖和纯净水，煮至沸腾，直到糖溶解呈略微黏稠，熄火，加入速溶浓缩咖啡搅拌浸泡 10 分钟。滤入冰格中，加入一半柠檬皮丝。再放入冰箱冷冻成冰块。

② 饮用时用破壁机搅打成泥状，放入玻璃杯中，挤上柠檬汁和鲜奶油，加入剩余的柠檬皮丝即可。

21 冰块咖啡

(1) 原料配方　现磨咖啡 1 杯，咖啡酒 1 毫升，果糖 15 毫升，牛奶 120 毫升。

(2) 制作过程

① 将果糖与咖啡酒放入刚煮好的现磨咖啡中拌匀。放入冰格，冷冻成块。

② 将冰咖啡块倒入杯中，添加牛奶即可。

22 摩卡朱古力冰咖啡

(1) 原料配方　含糖深焙的冷却咖啡 150 毫升，朱古力糖汁 20 毫升，泡沫牛奶 50 毫升，碎冰 100 毫升。

(2) 制作过程

① 在玻璃杯中倒入朱古力糖汁，放入泡沫牛奶和碎冰。

② 然后，从冰上把含糖深焙的冷却咖啡慢慢倒进杯里。

23　冰可可咖啡

(1) 原料配方　含糖深焙的冷却咖啡120毫升，可可甜酒2毫升，牛奶20毫升，碎冰100毫升。

(2) 制作过程　将所有原料放在玻璃杯中搅匀，即可。

24　可乐奶油咖啡

(1) 原料配方　含糖深焙的冷却咖啡100毫升，方冰3～4块，可乐100毫升，搅拌奶油20毫升。

(2) 制作过程　玻璃杯中放进方冰，注入含糖深焙的冷却咖啡、可乐，上浇搅拌奶油。

注：咖啡与可乐组合，完全是美国人的发明。而咖啡中兑入苏打水则是拉丁美洲式的饮用方法。

25　白丝绒冻饮

(1) 原料配方　意大利浓缩咖啡60毫升，牛奶100毫升，冰块100克，白巧克力酱20毫升，香草糖浆20毫升。

(2) 制作过程　将材料放入破壁机中充分搅拌，然后倒入玻璃杯中。

26　夏威夷冰咖啡

(1) 原料配方　冰咖啡120毫升，果糖30毫升，红石榴糖浆20毫升，鲜奶油20毫升，菠萝片20克，碎冰180克，玫瑰花瓣少许。

(2) 制作过程

① 将菠萝片切成小丁。

② 将果糖、碎冰、红石榴糖浆和冰咖啡依次倒入杯中。

③ 在冰咖啡上挤上一层鲜奶油，再撒上菠萝丁与玫瑰花瓣即可。

27　爱心咖啡

(1) 原料配方　浓缩咖啡25毫升，柳橙糖浆10毫升，纯橙汁10毫升，冰块100克，鲜奶油20毫升，橙皮15克。

(2) 制作过程

① 把柳橙糖浆和纯橙汁混合均匀后注入杯中。

② 将吸管插入杯中，然后将冷却摇匀后的浓缩咖啡缓缓注入杯中。

③ 将咖啡泡沫轻轻地放在最上面。

④ 最后用鲜奶油在咖啡沫上画出心形图案，放上橙皮装饰即可。

28 炫目冰咖啡

(1) 原料配方　咖啡 120 毫升，矿泉水 60 毫升，热牛奶 60 毫升，砂糖 15 克，鲜奶油 20 毫升，红樱桃 1 颗。

(2) 制作过程

① 在冰格中放入咖啡、矿泉水冷冻，制成冰块时取出，放入玻璃杯中。

② 把加砂糖的热牛奶从上面慢慢注入冰冻咖啡，这时牛奶和咖啡分成层。

③ 在上面旋上鲜奶油，放上红樱桃装饰即可。

29 冰激凌冰咖啡

(1) 原料配方　冰咖啡 150 毫升，香草冰激凌 1 勺，冰块 100 克。

(2) 制作过程　将冰咖啡倒入盛有冰块的杯中。再放上香草冰激凌即可。

30 玫瑰夫人

(1) 原料配方　冰咖啡 150 毫升，糖浆 10 毫升，玫瑰香蜜 10 毫升，牛奶 50 毫升，奶泡 15 毫升，玫瑰花瓣 3～5 瓣。

(2) 制作过程

① 将冰咖啡、糖浆、玫瑰香蜜、牛奶依次放入杯中搅拌均匀。

② 最后浇上奶泡，撒上玫瑰花瓣装饰即可。

31 法国冰咖啡

(1) 原料配方　含糖深焙的冷却咖啡 150 毫升。

(2) 制作过程

① 事先将玻璃杯冷冻过。用鸡尾酒雪克壶将含糖深焙的冷却咖啡摇匀。

② 之后，连同泡沫一起倒在玻璃杯中。

注：此咖啡虽然叫"冰咖啡"，但咖啡中一般不加冰，需要加冰时应特别
　　指出。欧美的软饮料通常不加冰，但菜单上标有"加冰"的除外。咖
　　啡的泡沫很重要，土耳其式咖啡就有"须珍惜咖啡之表（泡沫）"的
　　说法。这可以解释为没有泡沫的咖啡如同人没有面子一样。

32　自制冰咖啡

(1) 原料配方　冰咖啡 1 杯，巧克力糖浆 15 毫升，牛奶 100 毫升，冰块
　　100 克。
(2) 制作过程
　　① 杯中装满冰块，加入巧克力糖浆，再注入牛奶，轻轻地搅拌。
　　② 上面缓缓注入冰咖啡即可。

33　荔枝冰咖啡

(1) 原料配方　冰咖啡 1 杯，荔枝 5 颗，柠檬汁 50 毫升，冰块 100 克。
(2) 制作过程
　　① 将荔枝去皮去籽榨汁。
　　② 将荔枝汁倒入装有冰咖啡的杯中，再倒入柠檬汁、冰块搅拌均匀
　　　即可。

34　鲜果冰咖啡

(1) 原料配方　冰咖啡 120 毫升，奶油 20 毫升，什锦水果 15 克，冰块
　　100 克，糖水 30 毫升。
(2) 制作过程
　　① 在杯内依次加入冰咖啡、糖水、冰块调匀。
　　② 在冰咖啡上挤上奶油，再加入什锦水果装饰。

35　玫瑰花蜜冰咖啡

(1) 原料配方　冰咖啡 120 毫升，玫瑰花蜜 30 毫升，冰鲜奶 90 毫升，碎
　　冰 120 克，冰奶泡 25 毫升。

(2) 制作过程

① 玫瑰花蜜倒入玻璃杯中，加入碎冰，倒入冰鲜奶，用长吧匙调至均匀。

② 慢慢倒入冰咖啡，最后浇上冰奶泡。

36　三合一冰咖啡

(1) 原料配方　冰咖啡 120 毫升，果糖 30 毫升，奶精粉 15 克，冰块 150 克。

(2) 制作过程　将所有材料倒入雪克壶中用力摇匀倒入杯中即可。

37　苏打水冰咖啡

(1) 原料配方　冰镇浓咖啡 100 毫升，柠檬汁 30 毫升，苏打水 100 毫升，柠檬片 1 片，冰块 100 克。

(2) 制作过程　在冰镇过的杯中注入冰镇浓咖啡。再注入柠檬汁搅匀，倒入苏打水至八分满。最后用柠檬片装饰。

38　柠檬冰咖啡

(1) 原料配方　咖啡 180 毫升，牛奶 30 毫升，糖浆 40 毫升，柠檬 0.5 只，冰块 100 克。

(2) 制作过程

① 将咖啡、牛奶、糖浆一起倒入杯中混合均匀。

② 柠檬洗净，切薄片备用。将柠檬片与冰块一起放入咖啡中。

39　蓝带分层冰咖啡

(1) 原料配方　白巧克力膏 10 毫升，果糖 15 毫升，碎冰适量，蓝柑汁 15 毫升，冰块适量，曼巴冰咖啡 15 毫升，鲜奶油 20 毫升，香草冰激凌中球 1 个，红樱桃 1 颗。

(2) 制作过程

① 杯中先加白巧克力膏、果糖、碎冰到 3 分满，加入蓝柑汁、冰块至 7 分满。

② 倒入曼巴冰咖啡，挤上一层鲜奶油，上放香草冰激凌。

③ 再挤 1 朵鲜奶油花，放红樱桃装饰即可。

40 **冰山牛奶咖啡**

(1) 原料配方　冰咖啡150克，牛奶100毫升，蜂蜜15毫升。

(2) 制作过程

① 在冰箱专用的冰格中放入浓的冰咖啡，放入冷冻室冰冻。

② 将结冰的冰咖啡取出凿成块状。

③ 玻璃杯中放入150克的咖啡冰，注入适量牛奶、蜂蜜搅匀，等咖啡冰稍微融化再饮用。

41 **浆果咖啡**

(1) 原料配方　冰咖啡80毫升，越橘汁40毫升，蓝莓3个，木莓3个，蓝莓糖浆5毫升，木莓糖浆5毫升。

(2) 制作过程

① 玻璃杯中放入3个蓝莓，3个木莓，注入越橘汁，再倒入蓝莓糖浆与木莓糖浆。

② 然后缓缓注入冰咖啡搅拌均匀即可。

42 **彩虹冰咖啡**

(1) 原料配方　蜂蜜10毫升，碎冰适量，红石榴汁15毫升，冰咖啡150～180毫升，鲜奶油20毫升，草莓冰激凌中球1个，草莓1颗。

(2) 制作过程

① 杯中依次加入蜂蜜、碎冰至3分满。

② 再加红石榴汁、冰块及碎冰至8分满。

③ 然后倒入冰咖啡7分满，挤上一层鲜奶油。

④ 放上草莓冰激凌，再挤鲜奶油花装饰。最后放上一颗草莓。

43 **香蕉冰咖啡**

(1) 原料配方　冰咖啡1杯，香蕉1根，蜂蜜15毫升，牛奶60毫升。

(2) 制作过程

① 香蕉去皮切成段放入破壁机中再加入适量蜂蜜、牛奶搅拌约30秒。

② 再将冰咖啡放入破壁机中搅拌约20秒后倒入杯中即可。

44　奶油巧克力冰咖啡

(1) 原料配方　咖啡 180 毫升，牛奶 30 毫升，巧克力酱 30 克，糖浆 40
毫升，奶油 30 克，冰块 100 克。

(2) 制作过程

① 奶油打发备用。

② 将咖啡、牛奶、糖浆一起放入咖啡杯中拌匀。

③ 最后放入冰块，挤上打发奶油，淋入巧克力酱。

45　红粉佳人冰咖啡

(1) 原料配方　冰咖啡 1 杯，椰汁 100 毫升，鲜奶油 20 毫升，石榴糖浆 1
毫升，椰味果冻 20 克。

(2) 制作过程

① 将椰汁倒入冰咖啡中充分拌匀。

② 鲜奶油加上石榴糖浆搅打成膨松状。

③ 挤上粉红的鲜奶油，放上椰味果冻即可饮用。

46　葡萄酒冰咖啡

(1) 原料配方　冰咖啡 150 毫升，蛋黄 1 个，蜂蜜 20 毫升，葡萄酒 20 毫
升，原味冰激凌球 2 个，玉桂粉 0.1 克，可可粉 0.1 克，冰块 75 克，
砂糖 15 克。

(2) 制作过程

① 蛋黄放入大碗中，用打蛋器快速搅打 30 秒。

② 倒入蜂蜜、葡萄酒、玉桂粉、可可粉、砂糖搅拌 10 秒钟。

③ 然后倒入玻璃杯中，加入冰块、冰咖啡搅拌均匀，放上原味冰激
凌球即可。

47　偷闲

(1) 原料配方　冰咖啡 100 毫升，百利甜酒 20 毫升，液态鲜奶油 20
毫升。

(2) 制作过程　将冰咖啡倒入鸡尾酒杯内，百利甜酒与液态鲜奶油混合，
用分层法缓缓倒在上层，形成两种层次即可。

48 意大利冰咖啡

（1）原料配方 冷却浓咖啡 150 毫升，蜂蜜 30 毫升。

（2）制作过程

① 事先将玻璃杯冷冻过。

② 将蜂蜜与冷却浓咖啡搅匀（不加冰）一起放入雪克壶中摇晃均匀，然后，连同搅起的泡沫一起倒在玻璃杯里。

49 外卖冰咖啡

（1）原料配方 美式咖啡 250 毫升，奶精 30 克，砂糖 15 克，冰块 100 克，巧克力酱 20 毫升。

（2）制作过程

① 将奶精、砂糖、美式咖啡、冰块等放入雪克壶中摇匀。

② 把巧克力酱挤到玻璃杯的杯壁上，最好上下淋出波浪线。

③ 把摇匀的冰咖啡倒入杯中。

50 麦片冰咖啡

（1）原料配方 冰咖啡 100 毫升，牛奶 100 毫升，速溶麦片 25 克，碎冰 100 克。

（2）制作过程

① 将速溶麦片与牛奶放入破壁机中搅拌 30 秒。

② 再加入碎冰继续搅拌 20 秒，倒入杯中。最后倒入冰咖啡。

51 橙香冰咖啡

（1）原料配方 冰咖啡 60 毫升，橙汁 30 毫升，蜂蜜 30 毫升，肉桂 1 根，冰块 100 克。

（2）制作过程

① 在雪克壶中倒入橙汁与蜂蜜，放入冰块、冰咖啡，然后摇晃均匀。

② 倒入鸡尾酒杯中，放上肉桂即可。

52　茉莉花茶咖啡

(1) 原料配方　冰咖啡 120 毫升，蜂蜜 30 毫升，茉莉花茶 120 毫升，碎冰 180 克，鲜奶油 20 毫升，绿茶粉 0.5 克。

(2) 制作过程

① 将蜂蜜、碎冰、茉莉花茶和冰咖啡依次倒入杯中，搅拌均匀。

② 咖啡上挤一层鲜奶油，再撒少许绿茶粉装饰即可。

53　冬风伴雪冰咖啡

(1) 原料配方　冰咖啡 120 毫升，牛奶 60 毫升，鲜奶油 20 毫升，薄荷粉 0.1 克，冰块 100 克。

(2) 制作过程

① 将冰咖啡、牛奶同时倒入杯中，充分搅拌。

② 待凉后加入冰块，在咖啡上用鲜奶油挤上一层奶油花，撒上薄荷粉即可。

54　红石榴冰咖啡

(1) 原料配方　冰咖啡 120 毫升，蜂蜜 15 毫升，红石榴糖浆 30 毫升，鲜奶油 20 克，草莓冰激凌 2 球，冰块 100 克，红樱桃 1 颗。

(2) 制作过程

① 杯中加入蜂蜜与红石榴糖浆、冰块充分搅拌。

② 再将冰咖啡慢慢倒入至八分满。

③ 最后挤上鲜奶油，放上草莓冰激凌、红樱桃装饰。

55　猕猴桃冰咖啡

(1) 原料配方　浓缩咖啡 60 毫升，牛奶 100 毫升，糖浆 20 毫升，鲜奶油 60 毫升，猕猴桃酱 30 毫升，可可粉 0.1 克，碎冰块 100 克。

(2) 制作过程

① 将浓缩咖啡、糖浆和碎冰块放入搅拌机内，搅至柔滑无气泡。

② 将牛奶、鲜奶油、猕猴桃酱和搅拌均匀的浓缩咖啡依次倒入杯中。

③ 最后撒上可可粉即可。

56 情人拿铁咖啡

(1) 原料配方　浓缩咖啡 100 毫升，牛奶冻 80 毫升，巧克力酱 20 毫升，杏仁片 5 克，冰块 25 克，鲜奶油 10 毫升。

(2) 制作过程

① 把一半巧克力酱倒入雪克壶中，加入浓缩咖啡，搅拌均匀。

② 再把牛奶冻、冰块一起放入雪克壶中摇匀。

③ 用 1/4 巧克力酱在玻璃杯中划上线条，然后把咖啡倒入，再加入鲜奶油。

④ 最后用剩下的 1/4 巧克力酱画上装饰图案，再撒上少许杏仁片即可。

57 驿站冰咖啡

(1) 原料配方　咖啡 120 毫升，牛奶 120 毫升，红糖 10 克，食盐 0.5 克，碎冰 100 克。

(2) 制作过程

① 牛奶煮沸前倒入咖啡与红糖，稍加点食盐，充分搅拌。

② 放入碎冰充分搅拌即可。

58 甜蜜咖啡

(1) 原料配方　浓缩咖啡 25 毫升，黑樱桃糖浆 20 毫升，牛奶冻 80 克，鲜奶油 20 毫升，巧克力酱 15 毫升。

(2) 制作过程

① 将黑樱桃糖浆倒入杯中，然后在其中加入牛奶冻。

② 再加入浓缩咖啡和鲜奶油，最后用巧克力酱装饰

59 霜冰咖啡

(1) 原料配方　冰咖啡 150 毫升，蜂蜜 30 毫升，七喜汽水 120 毫升，冰块 100 克。

(2) 制作过程　杯中倒入蜂蜜、冰块。将冰咖啡缓缓倒入杯中。最后倒入七喜汽水至杯中九分满即可。

60 情书

(1) 原料配方　冰咖啡 80 毫升，水蜜桃汁 30 毫升，瑞士巧克力冰激凌 1 球。

(2) 制作过程　将水蜜桃汁倒入玻璃杯中，再将冰咖啡以分层法倒入，上面放瑞士巧克力冰激凌即可。

61 碎冰咖啡

(1) 原料配方　深焙的咖啡 180 毫升，砂糖 10 克。

(2) 制作过程

① 将深焙的咖啡与砂糖混合后，放在冷冻室里冷冻凝固。用碎冰器将凝固的咖啡捣碎保存。

② 待宾客点用时，再装入玻璃杯中。上桌时再配一吧匙。

62 冰冻咖啡

(1) 原料配方　混合咖啡 100 毫升，碎冰 140 克，冰激凌 2 勺，树胶糖浆 30 毫升。

(2) 制作过程

① 破壁机中放入碎冰、树胶糖浆、冰激凌、混合咖啡。

② 搅拌均匀后倒入玻璃杯中。

63 雪顶咖啡

(1) 原料配方　咖啡 180 毫升，草莓糖浆 40 毫升，香草冰激凌 1 勺，冰块 50 克。

(2) 制作过程

① 将咖啡与草莓糖浆一起倒入杯中拌匀。

② 再加入冰块拌匀，最后放上香草冰激凌即可。

64 卡普里咖啡

(1) 原料配方　含糖深焙的冷却咖啡 100 毫升，朱古力冰激凌 1 匙，碎冰 150 克，搅拌奶油 10 毫升，橙皮 5 克。

（2）制作过程　玻璃杯中放进碎冰，注入含糖深焙的冷却咖啡，放一匙朱
　　　古力冰激凌，浇上搅拌奶油，放上橙皮。
　注：这是意大利南部卡普里岛人最喜爱的咖啡。

65　椰子冰咖啡

（1）原料配方　冰咖啡 100 毫升，椰子糖浆 30 毫升，雪碧 60 毫升，冰块
　　75 克。
（2）制作过程
　　① 玻璃杯内加入冰块、椰子糖浆。
　　② 再依次加入冰咖啡、雪碧，达到分层效果。

66　木莓冷咖啡

（1）原料配方　含糖深焙的冷却咖啡 100 毫升，木莓冰激凌 2 匙。
（2）制作过程
　　① 事先将玻璃杯冷冻过。
　　② 将原料全部放在搅拌机内搅匀，然后，倒进玻璃杯中。

67　墨西哥粉红冰咖啡

（1）原料配方　冰咖啡 100 毫升，牛奶 60 毫升，红石榴汁 20 毫升，冰块
　　100 克。
（2）制作过程　杯内依次加入冰块、牛奶、红石榴汁。最后倒入冰咖啡，
　　达到分层效果。

68　雪碧冰咖啡

（1）原料配方　咖啡 180 毫升，牛奶 20 毫升，雪碧 60 毫升，糖浆 20 毫
　　升，冰块 100 克。
（2）制作过程
　　① 将咖啡、牛奶、糖浆一起倒入杯中混合均匀。再倒入雪碧。
　　② 最后放入冰块拌匀即可饮用。

69 摩卡冰咖啡

(1) 原料配方　加糖冰咖啡 150 毫升，鲜奶 120 毫升，巧克力糖浆 20 毫升，巧克力酱适量，鲜奶油 20 毫升。

(2) 制作过程

　① 将巧克力糖浆倒入杯中，再将鲜奶沿杯壁缓缓倒入杯中。

　② 杯中继续缓缓倒入加糖冰咖啡。

　③ 在冰咖啡上挤入鲜奶油，淋上巧克力酱装饰即可。

70 草莓奶味冰咖啡

(1) 原料配方　意大利冰咖啡 100 毫升，炼乳 20 克，草莓酱 20 毫升，冰块适量。

(2) 制作过程

　① 在小碗中放入炼乳，加入草莓酱，充分拌匀。

　② 玻璃杯中放入 4 块冰，倒入拌好的草莓酱。

　③ 最后缓缓注入意大利冰咖啡。

71 南国之恋冰咖啡

(1) 原料配方　加糖冰咖啡 150 毫升，椰子糖浆 20 毫升，椰奶 60 毫升，香草冰激凌球 1 个，鲜奶油 20 毫升。

(2) 制作过程

　① 杯中放入椰子糖浆后放入椰奶。加糖冰咖啡沿杯壁缓缓倒入杯中。

　② 在冰咖啡上挤上鲜奶油，放上香草冰激凌即可。

72 梅汁冰咖啡

(1) 原料配方　冰咖啡 50 毫升，梅汁 50 毫升，梅子 1 个，冰块 50 克，羊羹 50 克。

(2) 制作过程

　① 将羊羹制作成梅子的形状贴在杯中，放入冰块，倒入梅汁。

　② 注入冰咖啡，用梅子装饰。

73　青色冰咖啡

(1) 原料配方　冰咖啡 50 毫升，干姜水 50 毫升，蓝色糖浆 20 毫升，盐 0.1 克。

(2) 制作过程

① 将盐放入 5 毫升蓝色糖浆中，将其抹在杯口。

② 杯中注入另外 15 毫升蓝色糖浆，再注入 50 毫升干姜水。

③ 雪克壶中放入冰咖啡 50 毫升，迅速摇匀后，缓缓倒入杯中，使其分层。

74　天鹅绒冰咖啡

(1) 原料配方　意大利冰咖啡 80 毫升，木槿糖浆 10 毫升，蜂蜜 10 毫升，冰块 50 克。

(2) 制作过程

① 鸡尾酒杯中放入蜂蜜。

② 雪克壶中放入冰块，加入木槿糖浆，再注入意大利冰咖啡。

③ 迅速摇匀后倒入鸡尾酒杯中。

75　法式拿铁冰咖啡

(1) 原料配方　冰咖啡 80 毫升，冰牛奶 60 毫升，奶油 20 毫升，巧克力粉 5 克，糖水 30 毫升。

(2) 制作过程

① 依次在杯内加入冰牛奶、糖水。

② 沿吧匙慢慢倒入冰咖啡，挤入奶油，撒适量巧克力粉即可。

76　冰牛奶咖啡

(1) 原料配方　冰咖啡 75 毫升，泡沫牛奶 75 毫升，冰块 4～5 块。

(2) 制作过程　玻璃杯中加入冰块，注入冰咖啡。再注入泡沫牛奶即可。

77　奶味冰咖啡

(1) 原料配方　冰咖啡 100 毫升，炼乳 40 克，冰块 4～5 块。

(2) 制作过程　在高脚玻璃杯中放入冰块，倒入炼乳。注入冰咖啡。

78 草莓冰冻咖啡

(1) 原料配方　混合咖啡 100 毫升，碎冰 120 克，冰激凌 2 勺，糖浆 30 毫升，鲜奶油 30 毫升，草莓糖浆 15 毫升。

(2) 制作过程
　① 将碎冰、混合咖啡、冰激凌、糖浆放入搅拌机中拌匀，倒入杯中。
　② 挤上鲜奶油，最后浇上草莓糖浆。

79 草莓牛奶冰咖啡

(1) 原料配方　冰咖啡 60 毫升，牛奶 60 毫升，草莓糖浆 20 毫升，冰块 4～5 块。

(2) 制作过程
　① 玻璃杯中放入冰块，注入牛奶与草莓糖浆，使糖浆流入杯底。
　③ 最后注入冰咖啡，饮用前拌匀。

80 漂浮冰咖啡

(1) 原料配方　蜂蜜 10 毫升，碎冰 25 克，冰块 50 克，果糖 15 毫升，冰咖啡 150～180 毫升，鲜奶油 20 毫升，巧克力冰激凌中球 1 个，红樱桃 1 颗。

(2) 制作过程
　① 杯中先加蜂蜜、碎冰至 3 分满。
　② 加入果糖再加冰块到 8 分满，倒入冰咖啡。
　③ 挤一层鲜奶油，上放一个巧克力冰激凌球。
　④ 再挤一朵鲜奶油花，放红樱桃装饰。

81 姜汁汽水冰咖啡

(1) 原料配方　冰咖啡 60 毫升，糖浆 15 毫升，姜汁汽水 100 毫升，冰块 100 克。

(2) 制作过程　将冰咖啡、冰块与糖浆倒入杯中拌匀，用分层法将姜汁汽水倒满即可。

82 泡沫牛奶冰咖啡

(1) 原料配方　冰咖啡 100 毫升，牛奶 60 毫升，糖水 30 毫升，冰块 100 克。

(2) 制作过程

① 将冰咖啡、牛奶、糖水、冰块放入搅拌机中搅拌均匀。

② 将搅拌均匀的泡沫牛奶冰咖啡倒入杯中。

83 薄荷霜冻冰咖啡

(1) 原料配方　黑浓冰咖啡 150～180 毫升，蜂蜜 10 毫升，碎冰适量，薄荷蜜 30 毫升，鲜奶油（未打发）30 毫升，果糖 15 毫升，冰块适量，柠檬片 2 片，红樱桃 1 颗。

(2) 制作过程

① 杯中加入蜂蜜、碎冰至 3 分满。

② 将薄荷蜜、鲜奶油、果糖放入雪克壶中，加入半杯冰块摇和均匀。

③ 然后倒入杯中，再加入冰块至 7 分满。

④ 慢慢地倒入黑浓冰咖啡。

⑤ 用剑叉穿过柠檬片、红樱桃装饰即可。

84 荷兰冰块咖啡

(1) 原料配方　深焙的冷却浓咖啡 150 毫升，大块冰 1 块（250～300 克），蜂蜜 20 毫升。

(2) 制作过程　玻璃杯中放大块冰，注入深焙的冷却浓咖啡，配上蜂蜜。

85 蜂蜜咖啡

(1) 原料配方　深焙的冷却咖啡 150 毫升，蜂蜜 20 毫升，碎冰 150 毫升，搅拌奶油 20 毫升，桂皮粉 0.1 克，豆蔻粉 0.1 克。

(2) 制作过程

① 将深焙的冷却咖啡与蜂蜜混合在一起，玻璃杯中放进碎冰，注入咖啡，浇上搅拌奶油。

② 最后，撒上桂皮粉和豆蔻粉。

86 伦巴咖啡

（1）原料配方　含糖深焙的冷却咖啡 150 毫升，香草冰激凌 1 勺，牛奶 60
毫升，深色朗姆酒 20 毫升，豆蔻粉 0.1 克，碎冰 150 克

（2）制作过程
① 将含糖深焙的冷却咖啡、香草冰激凌、牛奶、深色朗姆酒倒在搅
拌机中搅匀。
② 玻璃杯中放进碎冰，注入搅匀的咖啡，撒上豆蔻粉。

87 牛奶冰咖啡

（1）原料配方　含糖深焙的冷却咖啡 70 毫升，牛奶 70 毫升。

（2）制作过程　玻璃杯中放进方冰，注入含糖深焙的冷却咖啡和牛奶。搅
拌均匀即可。

88 美国冰咖啡

（1）原料配方　含糖深焙的冷却咖啡 150 毫升，碎冰或刨冰 150 克，香草
冰激凌 1 勺，搅拌奶油 20 毫升，朱古力棒 2 根。

（2）制作过程
① 玻璃杯中放碎冰或刨冰，注入含糖深焙的冷却咖啡，放进香草冰
激凌。
② 将搅拌奶油轻轻浇在香草冰激凌上面，插入朱古力棒。

89 大陆糖霜咖啡

（1）原料配方　含糖深焙的冷却咖啡 100 毫升，咖啡冰激凌 3 汤匙，绵白
糖 10 克，桂皮棒 1 根。

（2）制作过程
① 将玻璃杯放在冰箱冷冻室里冷冻过。
② 咖啡冰激凌放在杯里，将含糖深焙的冷却咖啡贴杯边注入，绵白
糖撒在咖啡冰激凌上，插一根桂皮棒。

90 爱迪咖啡

(1) 原料配方　冰咖啡150毫升，加利安诺香甜酒（Galliano）10毫升，冰块0.5杯。

(2) 制作过程　杯中先放入冰咖啡，再加入加利安诺香甜酒，最后加满冰块即可。

91 老牌苏打咖啡

(1) 原料配方　含糖深焙的冷却咖啡150毫升，牛奶30毫升，苏打水60毫升，方冰2～3块，朱古力冰激凌1匙，搅拌奶油10毫升，酒味樱桃1个，朱古力小点心少许。

(2) 制作过程

① 玻璃杯中放进方冰，加入含糖深焙的冷却咖啡、牛奶搅匀。

② 慢慢注入苏打水，放入朱古力冰激凌。

③ 再用搅拌奶油、酒味樱桃和朱古力小点心装饰。

92 方冰咖啡

(1) 原料配方　含糖深焙的冷却咖啡160毫升，纯净水150毫升。

(2) 制作过程

① 事先在纯净水中兑入10％的咖啡，然后，放进冰箱冷冻成咖啡色的方冰。

② 玻璃杯中放入方冰，再注入咖啡。

93 泡沫型咖啡

(1) 原料配方　含糖深焙的冷却咖啡150毫升，牛油20克，砂糖10克，鲜奶油20毫升，咖啡冰激凌1匙。

(2) 制作过程

① 将牛油与砂糖混合在一起，用热水烫化，做成牛油糖汁。

② 再用搅拌机将所有原料搅匀后，注入玻璃杯中。

94 墨西哥香料咖啡

(1) 原料配方　含糖深焙的冷却咖啡 150 毫升，桂皮粉 0.1 克，丁香粉 0.1 克，胡椒 0.1 克，方冰 3～4 块，鲜奶油 20 毫升。

(2) 制作过程

　① 用雪克壶将含糖深焙的冷却咖啡与桂皮粉、丁香粉、胡椒搅匀。

　② 然后，在玻璃杯中放入方冰，注入搅匀的咖啡，将鲜奶油轻轻地浇在方冰上。

95 俄罗斯冰咖啡

(1) 原料配方　含糖深焙的冷却咖啡 150 毫升，朱古力糖汁 30 毫升，牛奶 50 毫升，蛋黄 1 个，朱古力冰激凌 1 汤匙，碎冰 150 克。

(2) 制作过程

　① 用搅拌机将含糖深焙的冷却咖啡、朱古力糖汁、牛奶、蛋黄搅匀。

　② 玻璃杯中放入碎冰，注入搅匀的咖啡。再放进朱古力冰激凌。

96 冰拿铁咖啡

(1) 原料配方　冰咖啡 150～180 毫升，冰牛奶 90 毫升，糖浆 30 毫升，碎冰 100 克，鲜奶油 20 毫升，巧克力屑 10 克。

(2) 制作过程

　① 杯中先加糖浆、碎冰至 3 分满。

　② 再加冰牛奶至 4 分满，充分搅拌。

　③ 用吧匙挡住，慢慢倒入冰咖啡形成层次。

　④ 最后挤上鲜奶油，放上巧克力屑作装饰。

97 正宗黑咖啡

(1) 原料配方　含糖深焙的浓冷却咖啡 100 毫升，朱古力糖汁 30 毫升，牛奶 30 毫升，肉桂粉 0.1 克，豆蔻粉 0.1 克，咖啡冰激凌 1 匙，碎冰 150 克。

(2) 制作过程

　① 用搅拌机将含糖深焙的浓冷却咖啡、朱古力糖汁、牛奶、肉桂粉、

豆蔻粉、咖啡冰激凌搅匀。

② 然后，在玻璃杯中放进碎冰，注入搅匀的咖啡。

98 萨尔瓦多冰咖啡

(1) 原料配方 深焙的咖啡粉 13 克，热水 150 毫升，丁香 5 粒，牙买加胡椒少许，小豆蔻 3 粒，碎冰 150 克，香草冰激凌 2 汤匙。

(2) 制作过程

① 将丁香、牙买加胡椒、小豆蔻放在深焙的咖啡粉中，用热水冲制，滗出咖啡。

② 在玻璃杯中放进碎冰，注入滗好的咖啡。再放进香草冰激凌。

99 小豆蔻冰咖啡

(1) 原料配方 深焙的咖啡粉 15 克，热水 150 毫升，小豆蔻 5～6 粒，碎冰 150 克，柠檬皮屑 5 克，橙皮丝 5 克。

(2) 制作过程

① 小豆蔻放在深焙的咖啡粉中，用热水冲制，滗出咖啡。

② 在玻璃杯中放进碎冰，注入咖啡，上面撒上柠檬皮屑与橙皮丝即可。

100 槭糖咖啡

(1) 原料配方 深焙的冷却咖啡 100 毫升，槭糖汁 20 毫升，搅拌奶油 20 毫升。

(2) 制作过程 将深焙的冷却咖啡和槭糖汁倒在玻璃杯中搅匀，上面用搅拌奶油浮盖。

101 日式冰激凌咖啡

(1) 原料配方 含糖深焙的冷却咖啡 150 毫升，香草冰激凌 1 匙，方冰 3～4 块，鲜奶油 15 毫升。

(2) 制作过程

① 玻璃杯中放进方冰，注入含糖深焙的冷却咖啡，放进香草冰激凌。

② 将鲜奶油轻轻地浇在冰激凌上。

102 黑玫瑰冰咖啡

(1) 原料配方　冰咖啡 180 毫升，蜂蜜 15 毫升，碎冰 75 克，玫瑰花蜜 15 毫升，冰块 75 克，樱桃香甜酒 15 毫升，鲜奶油 20 毫升，干燥玫瑰花少许。

(2) 制作过程

① 杯中依次加入蜂蜜、碎冰至 3 分满，再放玫瑰花蜜及冰块至 8 分满。

② 再倒入冰咖啡、樱桃香甜酒。

③ 上挤一层鲜奶油，放少许干燥玫瑰花装饰。

103 意大利尼斯冰咖啡

(1) 原料配方　冰咖啡 180 毫升，哈密瓜丁 1/5 杯，碎冰 75 克，冰块 75 克，果糖 30 毫升，鲜奶油 20 毫升，蜜瓜甜酒 15 毫升，绿樱桃 1 颗，哈密瓜角 1 片。

(2) 制作过程

① 杯中先放哈密瓜丁、碎冰至 3 分满，再加入冰块至 8 分满。

② 倒入果糖、冰咖啡，上挤一层鲜奶油花，再加蜜瓜甜酒。

③ 以剑叉穿过绿樱桃、哈密瓜角装饰即可。

104 爪哇摩卡冰咖啡

(1) 原料配方　冰咖啡 120 毫升，搅打奶油 30 克，巧克力酱 40 毫升，冰块 4~5 块。

(2) 制作过程

① 在玻璃杯内侧杯壁浇上 30 毫升巧克力酱，放入 4~5 块冰块。

② 缓缓注入冰咖啡，将巧克力酱溶化。

③ 在咖啡上挤上搅打奶油，再用巧克力酱装饰。

105 阳光冰咖啡

(1) 原料配方　冰咖啡 80 毫升，橙汁 16 毫升，橙子果酱 10 克，糖浆 10 毫升。

（2）制作过程

① 玻璃杯中放入橙子果酱、橙汁、糖浆等搅拌均匀。

② 拌匀后，沿杯壁缓缓注入冰咖啡，使其与橙汁分层。

106　草莓冰咖啡

（1）原料配方　含糖深焙的冷却咖啡 100 毫升，牛奶 50 毫升，冷冻草莓 5 粒，碎冰 150 克。

（2）制作过程

① 将含糖深焙的冷却咖啡、牛奶、冷冻草莓放在搅拌机里搅匀。

② 玻璃杯中放碎冰，注入搅匀的咖啡。

107　苏打柠檬冰咖啡

（1）原料配方　冰咖啡 120 毫升，糖浆 15 毫升，苏打水 60 毫升，柠檬汁 16 克，冰块 5 块。

（2）制作过程

① 在玻璃杯中加入 5 块冰，倒入柠檬汁。

② 倒入冷却后的咖啡，加入苏打水。最后可用柠檬片装饰。

108　苏打薄荷冰咖啡

（1）原料配方　冰咖啡 50 毫升，糖浆 10 毫升，苏打汽水 70 毫升，薄荷酒 15 毫升，薄荷叶 1 枝。

（2）制作过程

① 将冰咖啡与糖浆倒入杯中拌匀。

② 用分层的方式将苏打汽水倒入咖啡上。

③ 再淋上薄荷酒，用薄荷叶装饰即可。

109　蔷薇之恋

（1）原料配方　冰咖啡 150 毫升，糖浆 15 毫升，蔷薇花 1 朵，热水 30 毫升。

（2）制作过程

① 蔷薇花用热水冲开后冷却待凉。

② 将冰咖啡及糖浆加入杯中拌匀，蔷薇水缓缓加入咖啡上方，再用蔷薇花瓣装饰即可。

110 飞扬的滋味

(1) 原料配方　冰咖啡 120 毫升，炼乳 25 克，鲜奶油 20 毫升。

(2) 制作过程

① 将炼乳倒入杯中，慢慢加入冰咖啡。

② 再将鲜奶油以分层法加在表面即可。

111 法国情人

(1) 原料配方　综合冰咖啡 150 毫升，咖啡酒 5 毫升，伏特加 5 毫升，棕可可酒 5 毫升，鲜奶油 25 克，玉桂粉 0.5 克，玫瑰花瓣 3～4 片。

(2) 制作过程

① 将咖啡酒、伏特加、棕可可酒等放入咖啡杯中，再注入综合冰咖啡一杯。

② 表面挤上奶油，撒上少许玉桂粉和玫瑰花瓣即可。

112 墨西哥炎日咖啡

(1) 原料配方　曼特宁冰咖啡 1 杯，巧克力膏 25 毫升，碎冰 100 克，果糖 15 毫升，冰块 100 克，鲜奶油 20 毫升，蛋黄 1 个，肉桂粉 0.1 克。

(2) 制作过程

① 杯中加入巧克力膏、果糖、碎冰及冰块到 8 分满。

② 倒入曼特宁冰咖啡，挤上一层鲜奶油，中央留一个凹洞，放上蛋黄，撒上肉桂粉即可。

113 歌唱 306

(1) 原料配方　冰咖啡 120 毫升，糖水 15 毫升，冰块少许，葡萄柚汁 30～45 毫升。

(2) 制作过程

① 将冰咖啡、冰块、糖水放进雪克杯里，摇到有泡沫后倒入杯中。

② 再加入葡萄柚汁即可。

114 冰抹茶牛奶咖啡

(1) 原料配方　冰咖啡 70 毫升，牛奶 70 毫升，抹茶 5 克，冰块 4 块。

(2) 制作过程

① 在小碗中放入牛奶将 4 克抹茶泡开，搅拌至溶化。

② 玻璃杯中放入 4 块冰，倒入抹茶牛奶，上面再倒入冰咖啡。

③ 最后可用多余的抹茶装饰。

115 特制冰咖啡

(1) 原料配方　双倍意大利咖啡 45 毫升，白砂糖 8 克，冰块 3～5 块，碎冰 120 克，冰奶泡 100 毫升。

(2) 制作过程

① 将双倍意大利咖啡倒入雪克壶中，加入白砂糖搅拌溶解，加入冰块盖上盖子摇动 10～20 下。

② 碎冰放入杯中，倒入冰咖啡，加上一层冰奶泡即成。

注：双倍意大利咖啡是指以双倍粉量冲泡出的咖啡。

116 舞动华尔兹

(1) 原料配方　黑芝麻 1 大匙，白芝麻 1 大匙，速溶咖啡粉 2 大匙，糖浆 20 毫升，冰块 100 克，鲜奶 120 毫升，鲜奶油 20 毫升，巧克力饼干 10 克。

(2) 制作过程

① 将黑芝麻、白芝麻、速溶咖啡粉、糖浆、冰块、鲜奶加入破壁机内打匀并装入杯中。

② 上面加鲜奶油和巧克力饼干装饰即可。

117 蒙娜丽莎冰咖啡

(1) 原料配方　曼特宁冰咖啡 120 毫升，蜂蜜 10 毫升，果糖 15 毫升，碎冰 100 克，小红梅果露（蔓越莓）25 毫升，连皮的柠檬 1 片，红樱桃 1 颗。

(2) 制作过程

① 杯中倒入蜂蜜、碎冰至 3 分满，再加果糖、碎冰至 6 分满。

② 放入小红莓果露、曼特宁冰咖啡至 8 分满。

③ 杯口放上连皮的柠檬片及红樱桃装饰即可。

118 冰豆奶咖啡

(1) 原料配方　冰咖啡 70 毫升，豆奶 70 毫升，冰块 3～4 块。

(2) 制作过程

① 玻璃杯中加入 3～4 块冰，注入 70 毫升豆奶搅拌均匀。

② 注入冰咖啡 70 毫升。

119 序章咖啡

(1) 原料配方　冰咖啡 90 毫升，糖浆 15 毫升，香槟汽泡酒 60 毫升。

(2) 制作过程

① 将冰咖啡与糖浆放入杯中搅匀。

② 用分层法将香槟汽泡酒轻倒于上层即可。

120 库巴冰咖啡

(1) 原料配方　冰咖啡 180 毫升，水蜜桃丁 15 克，果糖 30 毫升，碎冰 100 克，冰块 50 克，水蜜桃甜酒 15 毫升，鲜奶油 20 毫升，花生粉 1 茶匙。

(2) 制作过程

① 在杯中先加入水蜜桃丁，再加果糖、碎冰。

② 放入冰块，倒入水蜜桃甜酒及冰咖啡。

③ 最后挤一层鲜奶油，撒少许花生粉即可。

121 冰激凌咖啡

(1) 原料配方　含糖深焙的冷却咖啡 150 毫升，香草冰激凌 1 匙。

(2) 制作过程　玻璃杯中放进香草冰激凌，注入含糖深焙的冷却咖啡。

122　蓓蕾咖啡

(1) 原料配方　冰咖啡 120 毫升，糖浆 15 毫升，百香果利口酒 30 毫升，新鲜百香果 1 个。

(2) 制作过程

① 冰咖啡与糖浆放入杯中拌匀，将新鲜百香果肉铺于咖啡上层。

② 最后淋上百香果利口酒即可。

123　茉莉冰咖啡

(1) 原料配方　冰咖啡 180 毫升，蜂蜜 15 毫升，碎冰适量，果糖 25 毫升，茉莉冰绿茶 1/3 杯，柠檬 1 片，绿樱桃 1 颗。

(2) 制作过程

① 杯中依次加入蜂蜜、碎冰至 3 分满，再加入果糖、碎冰至 8 分满。

② 倒入冰咖啡，慢慢地倒入茉莉冰绿茶。

③ 以剑叉穿过绿樱桃、柠檬片装饰即可。

124　恋情冰咖啡

(1) 原料配方　冰咖啡 90～180 毫升，蜂蜜 10 毫升，碎冰适量，果糖 15 毫升，红石榴汁 10 毫升，红薄荷酒 15 毫升，冰块适量，鲜奶油 20 毫升，新鲜玫瑰花瓣 1 片。

(2) 制作过程

① 按照顺序倒入蜂蜜、碎冰至 3 分满，再加果糖、红石榴汁、红薄荷酒、冰块至 8 分满。

② 慢慢倒入冰咖啡，上面挤一层鲜奶油，再淋一点红薄荷酒。

③ 最后可以用新鲜玫瑰花瓣装饰。

125　冰冻牛奶咖啡

(1) 原料配方　含糖深焙的冷却咖啡 100 毫升，咖啡冰激凌 1 匙，牛奶 50 毫升，碎冰 100 克。

(2) 制作过程

① 将含糖深焙的冷却咖啡、咖啡冰激凌和牛奶放在搅拌机中搅匀。

② 玻璃杯中放进碎冰，注入搅匀的咖啡。

126 驿马车

(1) 原料配方　冰咖啡 120 毫升，蓝莓果酱 2 大匙，瑞士巧克力冰激凌 2 球，冰块 100 克，薄荷叶 2 枝。

(2) 制作过程

　① 将冰咖啡、蓝莓果酱、瑞士巧克力冰激凌和冰块放入搅拌机打匀，倒入杯内。

　② 放上薄荷叶装饰即可。

127 新鲜咖啡

(1) 原料配方　含糖深焙的冷却咖啡 150 毫升，削皮的柠檬片 5 片，碎冰 150 克。

(2) 制作过程　玻璃杯中放碎冰、削皮的柠檬片，注入含糖深焙的冷却咖啡。

128 可乐咖啡

(1) 原料配方　含糖深焙的冷却咖啡 100 毫升，咖啡冰激凌 1 勺，可乐 200 毫升，方冰 3～4 块。

(2) 制作过程

　① 玻璃杯放入冰箱冷冻一下。

　② 玻璃杯中放进方冰、咖啡冰激凌，注入含糖深焙的冷却咖啡，再将可乐慢慢倒入。

129 美国加力普索冰咖啡

(1) 原料配方　含糖深焙的冷却咖啡 100 毫升，香蕉 1 根，牛奶 50 毫升，朱古力糖汁 30 毫升，方冰 3～4 块。

(2) 制作过程

　① 将含糖深焙的冷却咖啡、香蕉、牛奶、朱古力糖汁放在搅拌机中搅匀。

　② 玻璃杯中放方冰，将搅匀的咖啡倒进去即可。

130 爪哇冰冻摩加

(1) 原料配方　含糖深焙的冷却咖啡 70 毫升，牛奶 50 毫升，咖啡啫喱块 130 毫升，朱古力糖汁 10 毫升，香草冰激凌 1 个，朱古力屑 10 克。

(2) 制作过程

① 事先做好咖啡啫喱，并切成方块。

② 玻璃杯中放咖啡啫喱、牛奶、注入含糖深焙的冷却咖啡。

③ 放香草冰激凌，浇上朱古力糖汁，撒上朱古力屑。

131 冷霜咖啡

(1) 原料配方　含糖深焙的冷却咖啡 150 毫升，香草冰激凌 1 勺，搅拌奶油 20 毫升，碎冰 150 克，朱古力糖汁 30 毫升。

(2) 制作过程

① 将含糖深焙的冷却咖啡、朱古力糖汁、香草冰激凌放在搅拌机中搅匀。

② 玻璃杯中放进碎冰，将搅匀的咖啡注入杯中，上面用搅拌奶油浮盖。

132 姜汁咖啡

(1) 原料配方　含糖深焙的冷却咖啡 150 毫升，香草或咖啡冰激凌 1 勺，桂皮粉 0.1 克，姜汁 15 毫升，碎冰 150 克。

(2) 制作过程

① 将含糖深焙的冷却咖啡、香草或咖啡冰激凌、桂皮粉、姜汁放在搅拌机里搅匀。

② 玻璃杯中放碎冰，注入搅匀的咖啡。

133 维也纳冰咖啡

(1) 原料配方　冷却咖啡 100 毫升，香草冰激凌 2 勺，搅拌奶油 20 毫升，棒状朱古力点心 1 根，彩色小点心（朱古力点心）少许。

(2) 制作过程

① 玻璃杯中放香草冰激凌，注入冷却咖啡。

② 上面放搅拌奶油、棒状朱古力点心和彩色小点心。

注：在维也纳，该咖啡与"驭手咖啡"相同，很受人们欢迎。这是介于饮
料与甜食之间的一种咖啡。

134 正宗宾治咖啡

(1) 原料配方　含糖深焙的冷却咖啡 150 毫升，蛋黄 1 个，蜂蜜 20 毫升，
方冰 3～4 块，各种水果丁 25 克，桂皮粉 0.1 克，豆蔻粉 0.1 克。

(2) 制作过程

① 将含糖深焙的冷却咖啡、蜂蜜、蛋黄放在搅拌机中搅匀。

② 玻璃杯中放方冰，注入搅匀的咖啡，放上各种水果丁，撒上桂皮
粉和豆蔻粉。

135 夏季浮球咖啡

(1) 原料配方　深焙的咖啡粉 15 克，牛奶 50 毫升，热水 150 毫升，小豆
蔻 5 粒，砂糖 15 克，香草精 3 滴，朱古力糖汁 30 毫升，咖啡冰激凌
2 汤匙，冰水适量。

(2) 制作过程

① 小豆蔻放在深焙的咖啡粉中，兑入热水冲制，加砂糖后用冰水冷
却（制作成含有小豆蔻的冷却咖啡）。

② 将咖啡、朱古力糖汁、牛奶、香草精放在雪克壶中摇匀。

③ 之后，倒在玻璃杯中，放进咖啡冰激凌。

136 甜咸咖啡

(1) 原料配方　含糖深焙的冷却咖啡 150 毫升，玉米糖汁或槭糖汁 30 毫
升，盐 0.1 克，香草精 2 滴，碎冰 150 克。

(2) 制作过程

① 将含糖深焙的冷却咖啡、玉米糖汁（或槭糖汁）和香草精放在一
起搅匀。

② 玻璃杯中放碎冰，注入搅匀的咖啡，撒上盐。

注：咖啡和盐的巧妙组合是中南美国家的饮用方法之一。有人甚至边吃盐
边饮咖啡。

137 苏打薄荷咖啡

(1) 原料配方 含糖深焙的冷却咖啡 150 毫升, 咖啡冰激凌 1 勺, 白薄荷酒 5 毫升, 牛奶 50 毫升, 方冰 3～4 块, 苏打水 100 毫升。

(2) 制作过程
① 玻璃杯中放方冰, 倒入含糖深焙的冷却咖啡、牛奶、白薄荷酒搅匀。
② 注入苏打水, 放进咖啡冰激凌。

注: 咖啡与薄荷搭配是欧美人的喜好。而且, 这种组合也是苏打水类饮料中必不可少的。

138 香蕉咖啡

(1) 原料配方 含糖深焙的冷却咖啡 150 毫升, 香蕉 1 根, 香草冰激凌 1 匙。

(2) 制作过程
① 将含糖深焙的冷却咖啡、香蕉放在搅拌机中搅匀, 之后, 倒在玻璃杯中。
② 上面放香草冰激凌

注: 由于咖啡中不使用牛奶, 因此香蕉的香气和味道很浓。注意应使用熟透的香蕉, 若使用未完全熟的香蕉, 需放入少许的盐。

139 仙酒咖啡

(1) 原料配方 含糖深焙的冷却咖啡 200 毫升, 咖啡冰激凌 2 匙, 树皮酒 2 毫升。

(2) 制作过程 将所有原料放在搅拌机中搅匀, 之后, 倒入玻璃杯中。

140 冰奶油咖啡

(1) 原料配方 含糖冷却咖啡 120 毫升, 泡沫牛奶 70 毫升, 方冰 4～5 块, 桂皮棒 1 根, 桂皮糖 (桂皮粉与砂糖的比例为 1：2)。

(2) 制作过程
① 玻璃杯中倒入泡沫牛奶, 放进方冰, 从冰上把含糖冷却咖啡慢慢倒进去。

② 牛奶与咖啡形成两层，牛奶泡沫浮在上面。

③ 最后撒上桂皮糖，放上桂皮棒。

141 橙味冷咖啡

(1) 原料配方　含糖深焙的冷却咖啡 100 毫升，牛奶 50 毫升，鲜橙汁 50 毫升，橙片 2 片。

(2) 制作过程

① 事先将玻璃杯冷冻过。

② 将含糖深焙的冷却咖啡、牛奶、鲜橙汁放在雪克壶中搅匀，然后倒进玻璃杯中。

③ 杯边插上橙片作装饰。

142 美式黑咖啡

(1) 原料配方　深焙的浓厚咖啡 100 毫升，柠檬汁 10 毫升，苏打水 70 毫升，柠檬片 1 片，碎冰 200 克。

(2) 制作过程

① 将碎冰放在玻璃杯中，注入深焙的浓厚咖啡，倒入柠檬汁、苏打水。

② 再将柠檬片夹在杯边作装饰。

143 椰风杏仁冰咖啡

(1) 原料配方　冰咖啡 120 毫升，椰风杏仁粉 10 克，杏仁片 10 片，白砂糖 8 克，冰块 100 克。

(2) 制作过程

① 煮好的咖啡倒入雪克壶中，加入白砂糖及椰风杏仁粉用长吧匙调匀。

② 加入冰块至八分满，盖紧盖子摇动 10～20 下，倒入杯中，撒上杏仁片即成。

144　松软咖啡

(1) 原料配方　含糖深焙的冷却咖啡 100 毫升，香草冰激凌 2 匙，搅拌奶油 20 毫升，切碎的杏仁末 3 克。

(2) 制作过程

① 玻璃杯中放进香草冰激凌，注入含糖深焙的冷却咖啡。

② 上面用搅拌奶油浮盖，撒些切碎的杏仁末。

145　玫瑰冰拿铁咖啡

(1) 原料配方　意大利浓缩咖啡 45 毫升，玫瑰果露 20 毫升，鲜奶 90 毫升，冰奶沫 20 毫升，冰块 100 克。

(2) 制作过程

① 在杯中加入适量冰块，再倒入玫瑰果露，使其沉入杯底。

② 加入鲜奶，再加入冰奶沫至 8 分满。

③ 最后将意大利浓缩咖啡缓缓倒入杯中，达到分层的效果。

146　美式蜂蜜冰咖啡

(1) 原料配方　含糖冷却咖啡 120 毫升，香草冰激凌 1 匙，蜂蜜 20 毫升，方冰 4～5 块

(2) 制作过程

① 用搅拌机将含糖冷却咖啡、蜂蜜、香草冰激凌搅匀。

② 然后，倒进装有方冰的玻璃杯中。

注：蜂蜜也可以盛在小玻璃杯中，与咖啡配套上桌。在欧洲，有人是含一口蜂蜜，喝一口咖啡，以此方式饮用的。

147　瓦娜冰咖啡

(1) 原料配方　冰咖啡 180 毫升，碎冰适量，果糖 15 毫升，椰子糖浆 15 毫升，鲜奶油 20 毫升，巧克力膏 15 毫升，七彩米 10 克，肉桂粉 0.1 克。

(2) 制作过程

① 杯中依次加入碎冰（至 3 分满）、果糖、椰子糖浆，再放冰块至 8 分满。

② 倒入冰咖啡，上面再旋转加入一层鲜奶油。

③ 淋上巧克力膏，撒上少许七彩米、肉桂粉即可。

148 土耳其式可乐咖啡

(1) 原料配方　含糖深焙的冷却咖啡 120 毫升，咖啡冰激凌 1 匙，香草冰激凌 1 匙，可乐 60 毫升，橙片 1 片。

(2) 制作过程

　① 玻璃杯中放入咖啡冰激凌和香草冰激凌，注入含糖深焙的冷却咖啡。

　② 将可乐慢慢倒进去（注意，如果倒得过猛，咖啡会溢出来）。

　③ 最后，用橙片装饰。

注：该款土耳其式可乐咖啡在土耳其却没有，是移居美国南部的土耳其人首先饮用起来的。这是一款新潮咖啡。

149 香蕉朱古力冰咖啡

(1) 原料配方　含糖冷却咖啡 100 毫升，朱古力糖汁 20 毫升，香蕉 100 克，牛奶 40 毫升，方冰 4～5 块。

(2) 制作过程

　① 用搅拌机将含糖冷却咖啡、朱古力糖汁、香蕉、牛奶搅匀。

　② 然后，倒进装有方冰的玻璃杯中。

150 美式爪哇冰咖啡

(1) 原料配方　含糖深焙的冷却咖啡 100 毫升，朱古力糖汁 60 毫升，咖啡冰激凌 3 汤匙，朱古力糖果 20 克，碎冰 150 克。

(2) 制作过程

　① 将含糖深焙的冷却咖啡、朱古力糖汁放在雪克壶中搅匀。

　② 玻璃杯中放碎冰，注入搅匀的咖啡，放上咖啡冰激凌，撒上少许朱古力糖果。

注：其外文名称与"美式爪哇咖啡"相似，这是一种强调朱古力味道的有幽默感的表现手法。朱古力糖汁的量多一些。

151 榛果冰咖啡

(1) 原料配方　冰咖啡 120 毫升，榛果糖浆 30 毫升，碎冰 120 克，冰奶泡 20 毫升。

（2）制作过程

① 将冰咖啡倒入雪克壶中，加入榛果糖浆搅拌均匀，备用。

② 碎冰放入杯中，倒入冰咖啡，加上一层冰奶泡即成。

152 伊甸园冰咖啡

（1）原料配方　意大利冰咖啡 150 毫升，碎冰 100 克，果糖 30 毫升，百香果香甜酒 15 毫升，冰块 100 克，鲜奶 90 毫升，鲜奶油 20 毫升，肉桂粉 0.1 克。

（2）制作过程

① 杯中加入碎冰（至 3 分满）、果糖、百香果香甜酒，再倒入意大利冰咖啡至 5 分满，搅拌均匀。

② 再加冰块，慢慢倒入鲜奶到 8 分满。

③ 上面旋转挤入一层鲜奶油，再撒上肉桂粉即可。

153 浮球咖啡

（1）原料配方　含糖深焙的冷却咖啡 100 毫升，牛奶 50 毫升，牛奶鸡蛋布丁 1 个，香草冰激凌 1 勺。

（2）制作过程

① 在玻璃杯中放进牛奶鸡蛋布丁，注入含糖深焙的冷却咖啡。

② 再将牛奶慢慢加进去。最后，放上香草冰激凌。

154 冰摩卡奇诺

（1）原料配方　无糖冰咖啡 250 毫升，榛果果露 15 毫升，巧克力酱 10 毫升，糖浆 20 毫升，冰块 100 克，发泡鲜奶油 20 毫升，七彩巧克力米少许。

（2）制作过程

① 将巧克力酱挤在玻璃杯缘作装饰。

② 将其他材料（除发泡鲜奶油、七彩巧克力米外）放到雪克壶中摇晃均匀后倒入杯中。

③ 挤上发泡鲜奶油，撒上七彩巧克力米即可。

155 幽浮冰咖啡

（1）原料配方　含糖冰咖啡 250 毫升，香草冰激凌球（中型）1 个，鲜奶油 15 毫升，冰块 100 克，焦糖酱 15 毫升。

（2）制作过程

① 在杯中加入冰块至 6 分满，将含糖冰咖啡倒入杯中。

② 在冰咖啡表面放置 1 个香草冰激凌球。

③ 淋上鲜奶油、焦糖酱即可。

156 印尼冰咖啡

（1）原料配方　曼爪冰咖啡 180 毫升，炼乳 20 毫升，碎冰 100 克，冰块 100 克，果糖 15 毫升，鲜奶油 20 毫升，可可粉 1/2 茶匙，巧克力片 1 片。

（2）制作过程

① 杯中依次加入炼乳、碎冰、果糖搅拌均匀，再加冰块至 8 分满。

② 倒入曼爪冰咖啡，挤上鲜奶油。

③ 撒上可可粉，再放上巧克力片即可。

157 椰香冰咖啡

（1）原料配方　冰咖啡 180 毫升，果糖 30 毫升，碎冰适量，冰块适量，椰奶 15 毫升，鲜奶油 20 毫升，椰子粉 3 克，菠萝片 1 片，红樱桃 1 颗。

（2）制作过程

① 依次倒入果糖、碎冰、椰奶搅拌均匀，再加上冰块至 8 分满。

② 倒入冰咖啡，挤上一层鲜奶油。

③ 撒上椰子粉，以剑叉穿过菠萝片、红樱桃装饰即可。

158 蜜意冰咖啡

（1）原料配方　意大利冰咖啡 150 毫升，蜂蜜 10 毫升，碎冰 100 克，香草香甜酒 15 毫升，果糖 15 毫升，冰块 100 克，鲜奶油 20 毫升，草莓冰激凌 1 球，肉桂粉少许，红樱桃 2 个。

（2）制作过程

　　① 在玻璃杯中依次倒入蜂蜜、碎冰、香草香甜酒、果糖搅拌均匀，再加入冰块到 8 分满。

　　② 慢慢倒入意大利冰咖啡，上挤一层鲜奶油。

　　③ 加上草莓冰激凌，撒上肉桂粉，以红樱桃装饰即可。

159 香醇小品

（1）原料配方　冰咖啡 120 毫升，奶酒 15 毫升，咖啡香甜酒 15 毫升，肉桂粉 0.1 克。

（2）制作过程

　　① 杯口稍微沾湿，沾上肉桂粉，将奶酒倒入杯中。

　　② 将冰咖啡和咖啡香甜酒一起放入雪克壶摇和后倒入上层即可。

160 牙买加冰咖啡

（1）原料配方　冰咖啡 150 毫升，炼乳 10 毫升，果糖 20 毫升，巧克力膏 10 毫升，鲜奶油 20 毫升，巧克力米 10 克，冰块、碎冰各适量。

（2）制作过程

　　① 杯中加炼乳、碎冰至 3 分满，再加果糖、冰块到 8 分满。

　　② 倒入冰咖啡，淋上巧克力膏，挤一层鲜奶油。

　　③ 以少许巧克力膏、巧克力米装饰。

161 霜冻冰咖啡

（1）原料配方　冰咖啡 180 毫升，果糖 30 毫升，碎冰 100 克，苏打水 150 毫升，柠檬 1 片，红樱桃 1 颗。

（2）制作过程

　　① 杯中先加入碎冰至 3 分满，再放入果糖、碎冰至 6 分满。

　　② 倒入冰咖啡，再慢慢加入苏打水。以柠檬片、红樱桃装饰即可。

注：苏打水倒入时动作要慢，并旋转倒入。如果喜欢甜味可用较甜的七喜汽水，喜欢清淡就用苏打水。

162 小歇咖啡

(1) 原料配方 冰咖啡 120 毫升，糖浆 15 毫升，七喜汽水 30 毫升，综合水果丁 25 克。

(2) 制作过程

① 将冰咖啡与糖浆倒入杯中拌匀，将七喜汽水轻轻倒在咖啡上层。

② 最后铺上综合水果丁即可。

注：综合水果的选择以甜蜜度强的较佳，冰咖啡的选择则用口感较具平衡的咖啡来冲煮，例如巴西咖啡，以免味道太过冲突。

163 桂花冰咖啡

(1) 原料配方 冰咖啡 100 毫升，糖桂花 10 毫升，瑞士巧克力冰激凌 2 球，糖水 15 毫升，冰块 100 克，干桂花 1 克。

(2) 制作过程

① 将冰咖啡和糖桂花、糖水、冰块放入雪克壶中摇匀。

② 倒入玻璃杯内，放上瑞士巧克力冰激凌，加少许干桂花装饰即可。

164 法式欧蕾冰咖啡

(1) 原料配方 综合深烘焙咖啡豆 12 克，90℃的热水 150 毫升，冰鲜奶 120 毫升，糖水 15 毫升，冰块 100 克。

(2) 制作过程

① 将综合深烘焙咖啡豆研磨成粗 5 号，装入温好的滤压壶中，缓缓注入 150 毫升 90℃的热水，盖上滤网放入滤压壶中，浸泡 3～4 分钟后，萃取出 120 毫升热咖啡。

② 将热咖啡倒入发泡钢杯中，冰镇备用。

③ 将冰咖啡和糖水倒入玻璃杯中搅拌均匀。

④ 玻璃杯中装入冰块至八成满，再缓缓倒入冰鲜奶，制造出分层效果即可。

165 博尔贾冰冻牛奶咖啡

(1) 原料配方 含糖深焙的冷却咖啡 120 毫升，朱古力冰激凌 1 勺，牛奶

30 毫升，鲜橙汁 60 毫升，搅拌奶油 10 毫升，橙皮 10 克，咖啡糖 15 克。

（2）制作过程

① 将含糖深焙的冷却咖啡、朱古力冰激凌、牛奶、鲜橙汁放在搅拌机里搅匀之后，倒进玻璃杯。

② 上面用搅拌奶油浮盖。最后，用橙皮和咖啡糖点缀。

注：咖啡中放橙，据说是意大利名门博尔贾家族所喜欢的，这是由此而制作的新潮咖啡。

166　蛋黄咖啡

（1）原料配方　含糖深焙的冷却咖啡 70 毫升，蛋黄 1 个，鲜奶油 15 毫升，豆蔻粉 0.1 克。

（2）制作过程

① 事先将玻璃杯冷冻过。

② 将含糖深焙的冷却咖啡和蛋黄放在雪克壶里先搅匀后摇匀。

③ 调配好的咖啡倒入玻璃杯中，用吧匙浇上鲜奶油，撒上豆蔻粉。

167　特调冰咖啡

（1）原料配方　综合深烘焙咖啡豆 15 克，奶精粉 20 克，糖水 15 毫升，蜂蜜 15 毫升，冰块 100 克，发泡鲜奶油 20 毫升。

（2）制作过程

① 将综合深烘焙咖啡豆研磨成较粗的粗 4 号，然后放入滤杯中，萃取出 120 毫升咖啡，并冷却备用。

② 将奶精粉、糖水、蜂蜜与咖啡混合，再倒入发泡钢杯中冷却备用。

③ 玻璃杯装入八成满冰块，再倒入冰咖啡。

④ 在咖啡上挤上适量发泡鲜奶油装饰即可。

168　秋叶咖啡

（1）原料配方　冰咖啡 120 毫升，糖浆 15 毫升，柠檬香蜂草 3～5 片，薄荷叶 3 片，热水 60 毫升，金酒 15 毫升。

（2）制作过程

① 柠檬香蜂草与薄荷叶用少许热水冲开后冷却待用。

② 将冰咖啡与糖浆加入玻璃杯中拌匀。

③ 将冷却后的花草液与金酒混匀，用分层法倒于冰咖啡上。

④ 再用少许柠檬香蜂草（或薄荷叶）装饰即可。

注：法国香颂有一首脍炙人口的经典曲目 Les Feuilles Mortes，词曲优美动人，而秋叶（Autumn Leaves）就是这首曲子的英文版，柠檬香蜂草与薄荷的凉意，再加上金酒的挥发，啜饮时带点微醺也带点忧愁，似乎秋天的脚步也慢慢地靠近了。

169 比利时咖啡

(1) 原料配方 中度烘焙的咖啡 150 毫升，蛋清半个，泡沫鲜奶油 2 大匙，香草冰激凌 2 大满匙，糖适量。

(2) 制作过程

① 搅拌蛋清至起沫，制作蛋白与糖的混合物。

② 将一大匙泡沫鲜奶油放到蛋白与糖的混合物之上轻轻搅拌均匀。

③ 将香草冰激凌、蛋白与糖的混合物依次放入杯中，然后慢慢注入中度烘焙的咖啡。

④ 最后使泡沫鲜奶油漂浮在上面。

170 菠萝冰咖啡

(1) 原料配方 冰咖啡 150 毫升，鲜菠萝 80 克，鲜菠萝汁 2 大匙，冰块 10 块，糖水 10 毫升，发泡鲜奶油 25 克，红樱桃 1 只，新鲜菠萝叶子 3 片。

(2) 制作过程

① 将新鲜菠萝去皮，切成菠萝丁，用淡盐水浸泡后，取约 80 克放入宽口平底玻璃杯中。

② 在雪克壶中依次加入冰咖啡、冰块、鲜菠萝汁、糖水，充分摇晃后倒入装有菠萝丁的杯中。

③ 咖啡上挤满发泡鲜奶油，饰以菠萝叶、红樱桃即可。

171 冰岛咖啡

(1) 原料配方 冰咖啡 150 毫升，花生粉 5 克，朱古力粉 10 克，糖水 15 毫升，香草冰激凌 1 球。

（2）制作过程

① 将冰咖啡放入透明玻璃杯中，放入花生粉、朱古力粉、糖水搅拌
  溶解。

② 将香草冰激凌置于其上即可。

172 水果咖啡

（1）原料配方 冰咖啡150毫升，苹果粉5克，哈密瓜粉10克，柠檬粉3
  克，糖水25毫升。

（2）制作过程 将冰咖啡注入透明玻璃杯中，加入苹果粉、哈密瓜粉、柠
  檬粉和糖水等搅拌均匀即可。

173 教皇冰咖啡

（1）原料配方 意大利冰咖啡150毫升，茴香酒5毫升，鲜奶100毫升，
  冰块10块。

（2）制作过程 在杯中先放入意大利冰咖啡，再倒入茴香酒、鲜奶，最后
  加满冰块即可。

174 黄金冰咖啡

（1）原料配方 冰咖啡150毫升，奶精粉5克，白兰地5毫升，冰块
  0.5杯。

（2）制作过程

① 杯中先放入冰咖啡，再加奶精粉、白兰地，搅拌均匀。

② 最后加满冰块即可。

175 黑樱桃咖啡

（1）原料配方 冰咖啡150毫升，冰块10块，樱桃白兰地5毫升，打发
  鲜奶油25克，黑樱桃1颗。

（2）制作过程

① 杯中先放入8分满的冰块，再倒入冰咖啡、樱桃白兰地，上面再
  旋转加入一层打发鲜奶油。

② 放上黑樱桃点缀即可。

176 古巴冰咖啡

(1) 原料配方　冰咖啡 150 毫升，冰块 10 块，棕色朗姆酒 10 毫升，鲜奶
油 25 克，巧克力糖浆 15 毫升。

(2) 制作过程　杯中先放入 8 分满的冰块，再倒入冰咖啡，加入棕色朗姆
酒，上面再旋转加入一层鲜奶油，并挤上巧克力糖浆。

177 南方冰咖啡

(1) 原料配方　加糖的意大利冰咖啡 150 毫升，南方安逸香甜酒 5 毫升，
牛奶 100 毫升，鲜奶油 15 克，玉桂粉 0.5 克，冰块适量。

(2) 制作过程

① 先在雪克壶中放入加糖的意大利冰咖啡，再倒入南方安逸香甜酒、
牛奶，加满冰块摇匀后倒入杯中。

② 上面再旋转加入一层鲜奶油，最后撒上玉桂粉即可。

178 法利赛亚咖啡

(1) 原料配方　深度烘焙的冰咖啡 150 毫升，砂糖 10 克，朗姆酒 10 毫
升，奶精 3 克。

(2) 制作过程

① 在咖啡杯中加入砂糖，然后注入深度烘焙的冰咖啡。

② 将朗姆酒注入，用吧匙搅拌均匀。加入奶精拌匀即可。

179 俄式浓冰咖啡

(1) 原料配方　中烘焙的热咖啡 150 毫升，橘子酱 15 克，奶精 5 克，冰
块 0.5 杯。

(2) 制作过程　注入中烘焙的热咖啡，再加上橘子酱与奶精。加入冰块
即可。

180 啤酒咖啡

(1) 原料配方　热咖啡 150 毫升，冰啤酒 150 毫升。

(2) 制作过程　在咖啡杯中注入热咖啡，再注入冰啤酒。

181 蓝桥才子

(1) 原料配方 意式冰咖啡 150 毫升，黑砂糖 10 克，白兰地 5 毫升，棕可可糖浆 15 毫升，冰鲜牛奶 50 毫升，奶泡 25 克，冰块 10 块。

(2) 制作过程

① 先在玻璃杯中加入黑砂糖、棕可可糖浆、白兰地搅匀，加入 10 块冰。

② 再注入冰鲜牛奶，使其分层，再注入奶泡至八分满，再由杯中央缓缓倒入意式冰咖啡，使其分层即可出品。

182 蓝桥恋曲

(1) 原料配方 意式冰咖啡 80 毫升，玫瑰香蜜 15 克，糖浆 15 毫升，鲜牛奶 60 毫升，奶泡 25 克。

(2) 制作过程

① 将玫瑰香蜜和糖浆倒入杯中搅匀。

② 然后倒入鲜牛奶，再加入奶泡至八分满。

③ 再由杯中央缓缓倒入意式冰咖啡，使其分层即可出品。

183 蓝桥香魂

(1) 原料配方 意式特浓咖啡 35 毫升，牛奶 150 毫升，可可粉 3 克，玉桂粉 0.5 克。

(2) 制作过程

① 将意式特浓咖啡注入咖啡杯中。

② 再将牛奶打成绵细的奶泡缓缓地倒入杯中。

③ 撒上可可粉和玉桂粉即可。

第五章
Chapter 5

果汁类饮料

1 缤纷金橘

(1) 原料配方　金橘果肉汁 40 克，果糖 20 克，纯净水 250 毫升，冰块 150 克，青橘 1 颗，柠檬 2 片，鲜果丁适量。

(2) 制作过程
　① 将金橘果肉汁、果糖、纯净水、冰块放入雪克壶中摇晃均匀。
　② 玻璃杯中加入鲜果丁，倒入摇晃均匀的金橘汁。
　③ 以柠檬片、青橘装饰即可。

2 金橘蜜汁

(1) 原料配方　金橘 5 个，柠檬 2 个，蜂蜜 3 大匙，冰水 1 杯（约 240 毫升）。

(2) 制作过程
　① 柠檬、金橘洗净，切开、榨汁，倒入玻璃杯中。
　② 加入蜂蜜，再加入冰水一杯，搅拌均匀即可。

3 芒果爽

(1) 原料配方　芒果肉 150 克，糖水 30 毫升，纯净水 50 毫升，冰块 300 克。

(2) 制作过程
　① 将芒果肉切成丁。将其中 50 克芒果丁放入玻璃杯内。
　② 将 100 克芒果肉放入冰沙机内，加冰块、糖水、纯净水，用冰沙机打碎，倒入玻璃杯杯内即可。

4 芒果蛋蜜汁

(1) 原料配方　芒果汁 50 毫升，蛋黄 1 个，牛奶 300 毫升，冰块 100 克。

(2) 制作过程　芒果汁、蛋黄、牛奶、冰块等加入冰沙机中搅打 1 分钟。倒入玻璃杯中即可。

5 粉红色的回忆

(1) 原料配方　橙汁 30 毫升，菠萝汁 45 毫升，干红葡萄酒 30 毫升，纯牛奶 30 毫升，七喜适量。

(2) 制作过程

① 将橙汁、菠萝汁、纯牛奶、干红葡萄酒依次放入雪克壶中，加上冰块摇匀。

② 倒入玻璃杯中，加上七喜至八分满即可。

6 百香果汁

(1) 原料配方　百香果 2 个，麦片 1 匙，柠檬 1/3 个，蜂蜜 1 匙，纯净水适量。

(2) 制作过程

① 百香果去皮后挖出果粒，与麦片、柠檬汁和蜂蜜放入粉碎机。

② 再加入适量纯净水打匀之后，滤汁放入杯中即可。

7 西瓜柠檬水

(1) 原料配方　西瓜小块（去籽）200 克，蜂蜜 15 毫升，纯净水 200 毫升，新鲜柠檬汁 15 毫升，冰块适量，青柠 1 片。

(2) 制作过程

① 把西瓜小块、蜂蜜、纯净水以及新鲜柠檬汁放入粉碎机中搅拌均匀。

② 倒入玻璃杯中，加上冰块，最后用青柠片装饰。

8 葡萄柚酸橙汁

(1) 原料配方　葡萄柚半个，氨基酸饮料 1 杯，酸橙汁 10 毫升，蜂蜜 15 毫升，冰块适量。

(2) 制作过程

① 葡萄柚去皮后取出果肉。

② 将所有材料倒入粉碎机中搅拌均匀。

③ 玻璃杯中放入冰块，倒入果汁即可。

9　烈焰红唇

(1) 原料配方　西瓜汁 60 毫升，橙汁 30 毫升，纯牛奶 30 毫升，雪碧适量，冰块适量，西瓜角 1 块。

(2) 制作过程

① 将西瓜汁、橙汁、纯牛奶等放入雪克壶中，加上冰块摇晃均匀。

② 玻璃杯中放入冰块，倒入摇晃均匀的果汁，再倒入雪碧至八分满，放上西瓜角一块装饰即可。

10　夕阳

(1) 原料配方　西柚汁 100 毫升，菠萝汁 60 毫升，酸梅汤 30 毫升，七喜适量，冰块适量，柚子肉 1 块。

(2) 制作过程

① 将西柚汁、菠萝汁、酸梅汤等放入雪克壶中，加上冰块摇晃均匀。

② 玻璃杯中放入冰块，倒入摇晃均匀的果汁，再倒入七喜至八分满，放上柚子肉一块装饰即可。

11　朝霞

(1) 原料配方　小青橘 6 个，石榴糖浆 2 滴，苹果汁 60 毫升，葡萄汁 45 毫升，七喜适量，进口黄柠檬 2 片，薄荷叶 1 枝，冰块适量。

(2) 制作过程

① 杯子里面放上冰块，将 6 个青橘对切开挤压出汁过滤，导入杯底，依次加石榴糖浆、苹果汁、葡萄汁，再将七喜加到 7 分满。

② 放上柠檬片、薄荷叶装饰即可。

12　橙色风暴

(1) 原料配方　茉莉花茶水 150 毫升，浓缩橙汁 60 毫升，蜂蜜 15 毫升，新鲜橙子半个（切片），冰块适量。

(2) 制作过程

① 将浓缩橙汁放入玻璃杯中，加上茉莉花茶水、蜂蜜搅拌均匀。

② 放入冰块以及新鲜的橙子片即可。

13 蓝色精灵果汁

(1) 原料配方　蓝柑汁 30 毫升，柠檬汁 15 毫升，冰块适量，蜂蜜 15 毫升，七喜适量，柠檬 1 片，红樱桃 1 只。

(2) 制作过程

　　① 将蓝柑汁、柠檬汁与蜂蜜倒入雪克壶中加入冰块摇匀，倒入杯中。

　　② 最后倒入七喜九分满，用柠檬片、红樱桃装饰。

14 水晶之恋

(1) 原料配方　石榴汁 20 毫升，果糖 10 毫升，薄荷蜜 10 毫升，冰块适量，雪碧适量。

(2) 制作过程

　　① 将石榴汁、果糖等放入玻璃杯中搅匀，放入冰块。

　　② 然后放入薄荷蜜，慢慢注入雪碧即可。

15 爱琴海果汁

(1) 原料配方　西瓜汁 30 毫升，橙汁 60 毫升，柠檬汁 30 毫升，蓝橙汁 15 毫升。

(2) 制作过程

　　① 用吧匙引流，在杯内缓缓加入橙汁、柠檬汁。用吧匙引流，是为了让液体慢慢流入，以达到分层的效果。操作时，吧匙壁一定要贴到杯壁才行。

　　② 再用吧匙，缓缓加入西瓜汁。最后，注入蓝橙汁即可。

16 蜂蜜苹果汁

(1) 原料配方　苹果 100 克，苹果汁 100 毫升，柠檬汁 15 毫升，冰水 150 克，碎冰适量，蜂蜜 15 毫升。

(2) 制作过程

　　① 苹果洗净，去皮去核切成块，放入粉碎机中。

　　② 再加入苹果汁、柠檬汁、冰水、蜂蜜，搅打 30 秒。

　　③ 倒入杯中，投入碎冰即可。

17　和和美美

(1) 原料配方　安德鲁草莓条酱 30 克，安德鲁蓝莓条酱 20 克，安德鲁高山蔓越莓条酱 20 克，雪碧 200 毫升，冰块适量。

(2) 制作过程　将 3 种口味的莓果条酱放入杯中搅拌均匀，加入雪碧，最后放入冰块。

18　奇异苏打

(1) 原料配方　奇异果 1 个，冰块 100 克，柠檬汁 15 毫升，糖浆 30 毫升，苏打水适量。

(2) 制作过程

① 奇异果去皮切丁，加入杯中。

② 放入冰块、柠檬汁、糖浆轻轻拌匀。

③ 最后加上苏打水至八分满，放上吸管即可。

19　芒果橙汁

(1) 原料配方　芒果 1 个，柳橙 1 个，苹果半个，柠檬 1/3 个，蜂蜜 15 毫升。

(2) 制作过程

① 所有水果去皮去核切块，一起放入榨汁机中榨成汁。

② 倒入杯中，再加入蜂蜜调匀即成。

20　菠萝苹果牛奶汁

(1) 原料配方　菠萝 150 克，苹果 50 克，牛奶 200 毫升。

(2) 制作过程

① 菠萝去皮、切块；苹果洗净，去皮、切块。

② 将菠萝、苹果放入榨汁机内，搅拌均匀后倒入杯内，加入牛奶。

21　漫步

(1) 原料配方　石榴汁 15 毫升，橙汁 15 毫升，薄荷蜜 15 毫升，糖浆 10 毫升。

（2）制作过程
　　① 将石榴汁注入鸡尾酒酒杯的底部。
　　② 将橙汁与糖浆搅拌后用吧匙背部慢慢导入鸡尾酒酒杯。
　　③ 慢慢导入薄荷蜜即可。

22　胡萝卜葡萄柚果汁

（1）原料配方　苹果 1 个，葡萄柚 1 个，生姜 10 克，胡萝卜半根，柠檬汁 10 毫升，果糖 15 毫升。
（2）制作过程
　　① 苹果与葡萄柚去皮切块，生姜去皮切成片备用。
　　② 胡萝卜洗净，去皮切成小块，和苹果、葡萄柚及生姜片一起放入果汁机中搅打均匀，滤入杯中加入适量果糖与柠檬汁拌匀即可饮用。

23　芒果汁

（1）原料配方　芒果 2～3 个，冰水 200 克，蜂蜜 15 毫升。
（2）制作过程
　　① 芒果去皮去核切块，放入榨汁机中榨汁。
　　② 将芒果汁倒入杯中，加入冰水与蜂蜜拌匀即可。

24　莴苣苹果汁

（1）原料配方　苹果 2 个，莴苣 100 克，纯净水 150 毫升，蜂蜜 15 毫升，柠檬汁 15 毫升。
（2）制作过程　苹果、莴苣切成细块，放入果汁机，加入蜂蜜、纯净水、柠檬汁打匀，滤汁于杯中即可。

25　草莓西瓜汁

（1）原料配方　草莓 8 个，西瓜块（无籽）6 块。
（2）制作过程
　　① 先把西瓜切成小块。
　　② 草莓与西瓜块倒入果汁机中搅拌均匀，倒入杯中即可。

26 酸奶橙汁

(1) 原料配方　鲜橙1个，酸奶200毫升，碎冰适量。

(2) 制作过程　鲜橙去皮去核，取出果肉，搅打成汁。与酸奶、碎冰搅匀即可。

27 蓝橙椰子汁

(1) 原料配方　椰汁45毫升，蓝橙汁15毫升，糖水20毫升，碎冰适量。

(2) 制作过程　雪克壶内加入椰汁、蓝橙汁、糖水、碎冰等摇匀后，倒入杯内。

28 酸奶苹果汁

(1) 原料配方　苹果2个，原味酸奶60毫升，蜂蜜30毫升，矿泉水80毫升，碎冰100克。

(2) 制作过程

① 苹果洗净，去皮去核切成小块。

② 将所有材料倒入果汁机中高速搅拌30秒即可出品。

29 西柚苹果汁

(1) 原料配方　柚子1个，苹果1个，纯净水200毫升，蜂蜜15毫升。

(2) 制作过程

① 柚子洗净，去皮去核，取肉；苹果洗净去皮去核，切块。

② 柚子和苹果同时放入榨汁机中，加入纯净水榨出果汁。

③ 将果汁倒入杯中，加入蜂蜜拌匀即可。

30 什果宾治

(1) 原料配方　哈密瓜50克，西瓜50克，火龙果50克，菠萝50克，芒果50克，菠萝汁100毫升，橙汁100毫升，雪碧200毫升，冰块500克。

(2) 制作过程

① 水果洗净切丁，放入玻璃缸中，再加入冰块。

② 倒入橙汁与菠萝汁，最后加入雪碧即可。

31 早锻炼补水果汁

(1) 原料配方　胡萝卜汁 100 毫升，椰子水 100 毫升，冰冻菠萝 100 克，去皮黄瓜 200 克。

(2) 制作过程　把所有材料倒入果汁机搅拌均匀倒入杯中即可。

32 水果苏打

(1) 原料配方　什锦水果丁 25 克，凤梨汁 60 毫升，柠檬汁 15 毫升，糖水 15 毫升，蜂蜜 30 毫升，冰块 100 克，苏打水适量。

(2) 制作过程

① 将什锦水果丁放入杯中。

② 除苏打水之外的材料倒入雪克壶中摇匀后倒入杯中，加苏打水至九分满。

33 排毒蔬果汁

(1) 原料配方　芹菜 50 克，猕猴桃 50 克，菠菜 50 克，黄瓜 50 克，糖水 30 毫升，柠檬汁 20 毫升，碎冰适量。

(2) 制作过程

① 将芹菜、猕猴桃、菠菜、黄瓜洗净切块备用。

② 洗好的水果与蔬菜放入榨汁机内，加入糖水、柠檬汁、碎冰搅匀倒入杯中即可。

34 草莓柠檬水

(1) 原料配方　草莓 100 克，柠檬汁 30 毫升，苏打水 200 毫升，糖浆 20 毫升，冰块 100 克。

(2) 制作过程

① 草莓洗净去蒂，放入榨汁机中 1 分钟左右，打成泥。

② 在玻璃杯中加入草莓泥、柠檬汁与糖浆搅拌均匀后，冷藏。

③ 饮用时将草莓酱倒入杯中，加入冰块与苏打水即可。

35　柠檬菠萝汁

(1) 原料配方　菠萝 1 块，柠檬半个，糖水 120 毫升，碎冰适量。
(2) 制作过程
　　① 菠萝去皮切块，柠檬去皮。
　　② 菠萝、柠檬、糖水、碎冰一起放入搅拌机内，搅匀后倒入杯中即可。

36　薄荷柠檬果汁

(1) 原料配方　薄荷汁 10 毫升，柠檬汁 5 毫升，糖水 10 毫升，汤力水 1 听，薄荷叶适量，碎冰适量。
(2) 制作过程
　　① 先在杯内加入碎冰，再加入薄荷汁、柠檬汁、糖水、薄荷叶。
　　② 最后注入汤力水即可。

37　朝阳之歌

(1) 原料配方　柠檬汁 10 毫升，水蜜桃汁 15 毫升，西柚汁 10 毫升，果糖 20 毫升，蜜之多浓缩饮料 30 毫升，纯净水 350 毫升，碎冰适量。
(2) 制作过程　把所有原料加入雪克壶中，摇匀，滤入 500 毫升杯子中。

38　水果风暴

(1) 原料配方　汽水 200 毫升，杨桃 15 克，樱桃 15 克，火龙果 15 克，荔枝 15 克，碎冰适量。
(2) 制作过程
　　① 将各种水果清洗干净，火龙果挖球，杨桃切片，荔枝去皮。
　　② 在杯内加入碎冰，加入各种水果。最后倒入汽水。

39　新鲜猕猴桃汁

(1) 原料配方　猕猴桃 3 个，糖浆 50 毫升，冰块适量。

（2）制作过程

　　① 猕猴桃去皮切成小块。

　　② 将猕猴桃与糖浆一起放入搅拌机中搅拌成汁。

　　③ 倒入杯中，加入冰块拌匀即可。

40　提子苹果汁

（1）原料配方　青提 250 克，苹果 100 克，冰块适量。

（2）制作过程

　　① 苹果洗净去核，带皮切块。

　　② 将苹果、青提、冰块一同放入榨汁机中榨汁，倒入杯中，加以装饰即可。

41　柠檬汁

（1）原料配方　柠檬 2 个，糖水 45 毫升，蜂蜜 30 毫升，矿泉水 60 毫升，冰块 120 克。

（2）制作过程　柠檬榨汁。将所有材料倒入雪克壶中摇匀后倒入杯中即可。

42　芒果椰汁

（1）原料配方　芒果 1 个，香蕉 1 个，蜂蜜适量，牛奶适量，椰子汁适量。

（2）制作过程

　　① 先将芒果肉、香蕉肉放入果汁机中搅成泥状。

　　② 再加入椰子汁、蜂蜜、牛奶搅拌均匀倒入杯中即可。

43　鲜苹果雪梨汁

（1）原料配方　苹果 200 克，雪梨 200 克，蜂蜜 15 毫升，柠檬汁 15 毫升。

（2）制作过程

　　① 苹果与雪梨洗净去皮去核，切块。

　　② 苹果和雪梨一起放入搅拌机中榨出果汁，加入蜂蜜与柠檬汁搅匀即可。

44 橙子香蕉汁

(1) 原料配方　香蕉 1 根，橙子 2 个，蜂蜜 20 毫升，矿泉水 100 毫升，冰块适量。

(2) 制作过程

①香蕉去皮切成小块，橙子去皮去籽与膜，取橙肉备用。

②将冰块之外的材料倒入果汁机中搅拌成汁。

③倒入杯中，再加入冰块拌匀即可饮用。

45 覆盆子柠檬水

(1) 原料配方　新鲜覆盆子 25 克，柠檬汁 25 毫升，细砂糖 15 克，纯净水 200 毫升。

(2) 制作过程

①搅拌机中倒入新鲜覆盆子与 100 毫升纯净水搅拌混合。

②过滤至玻璃杯中，用勺子搅动。

③添加柠檬汁、细砂糖和 100 毫升纯净水拌匀，冷藏。

46 雪梨菠萝汁

(1) 原料配方　雪梨汁 100 毫升，菠萝汁 120 毫升，糖浆 30 毫升，维生素 C 1 粒。

(2) 制作过程　将雪梨汁、维生素 C 与糖浆放入杯中拌匀，慢慢倒入菠萝汁。

47 柠檬黄瓜汁

(1) 原料配方　黄瓜 1 根，柠檬半个，矿泉水 150 毫升，冰块适量。

(2) 制作过程

①柠檬洗净榨汁备用。

②黄瓜去皮切块与矿泉水、柠檬一起放入搅拌机中搅打成汁。

③倒入杯中，加入适量冰块即可。

48 杏仁芒果牛奶汁

(1) 原料配方　杏仁干 5 个，芒果 1 个，牛奶 200 毫升，蜂蜜 1 大匙。

(2) 制作过程　芒果去皮去核切成块。将所有材料放入搅拌机中搅拌均匀即可。

49 西瓜雪梨汁

(1) 原料配方　西瓜 250 克，雪梨 1 个，冰块适量。

(2) 制作过程

　　① 雪梨洗净去皮切块，西瓜切块备用。

　　② 将西瓜与雪梨一起放入搅拌机中搅打成汁。

　　③ 倒入杯中，再加入冰块拌匀即可。

50 水蜜桃豆浆

(1) 原料配方　水蜜桃 1 个，豆浆 250 毫升，蜂蜜 1 匙。

(2) 制作过程　水蜜桃去掉皮和籽，放入果汁机，再加入豆浆、蜂蜜打匀，滤汁倒入杯中即可。

51 苹果雪梨汁

(1) 原料配方　苹果汁 100 毫升，雪梨汁 120 毫升，糖浆 30 毫升，维生素 C 1 粒。

(2) 制作过程　将雪梨汁与糖浆倒入杯中，拌匀，上面慢慢注入混合维生素 C 的苹果汁。

52 金橘柠檬汁

(1) 原料配方　金橘 10 个，橙子 1 个，柠檬 1/6 个，糖浆 30 毫升，蜂蜜 30 毫升，矿泉水 50 毫升，冰块 100 克。

(2) 制作过程

　　① 金橘洗净，对切榨汁，金橘皮放入杯中；橙子去皮取肉，榨汁。

　　② 将所有材料倒入雪克壶中充分摇匀后倒入杯中即可。

53　木瓜汁

(1) 原料配方　木瓜 1 个，冰水适量，蜂蜜适量。
(2) 制作过程
　　① 将木瓜去皮去核，放入榨汁机中。
　　② 榨汁机中再放入冰水、蜂蜜，搅拌均匀，倒入杯中即可。

54　可可香蕉混合果汁

(1) 原料配方　农夫混合果汁 1 杯，无糖可可汁 10 毫升，香蕉 1 根。
(2) 制作过程　香蕉去皮切成块。将所有材料放入搅拌机中搅拌均匀即可。

55　菠萝酸橙汽水

(1) 原料配方　菠萝 25 克，酸橙汽水 300 毫升，糖浆 15 毫升，柠檬汁 15 毫升。
(2) 制作过程
　　① 将菠萝肉切成块。
　　② 玻璃杯中放入糖浆、柠檬汁，搅拌均匀，放入菠萝块。
　　③ 最后慢慢注入酸橙汽水。

56　椰子苹果汁

(1) 原料配方　苹果 1 个，椰子汁 45 毫升。
(2) 制作过程
　　① 将苹果去皮去核切块，放入搅拌机中，搅匀后倒入杯中。
　　② 再加入椰子汁，倒入鸡尾酒杯中即可。

57　香瓜果菜汁

(1) 原料配方　香瓜 1 个，红萝卜 100 克，柠檬汁 1 匙，蜂蜜 1 匙，香菜 60 克，纯净水 150 毫升。
(2) 制作过程　香瓜去皮、籽后切块，香菜切断，红萝卜切细块，一起放入果汁机，再加入柠檬汁、蜂蜜、纯净水打匀之后，滤汁于杯中。

58　润肤青果汁

(1) 原料配方　苹果 1 个，猕猴桃 3 个，蜂蜜 40 克，矿泉水 40 毫升，薄荷叶 3 片。

(2) 制作过程

　① 苹果洗净去皮去核，切成小块，猕猴桃去皮，切成小块备用。

　② 将猕猴桃、苹果、蜂蜜、矿泉水一起放入果汁机中搅打成汁。

　③ 倒入杯中拌匀，用薄荷叶点缀即可。

59　柠檬甜香果汁

(1) 原料配方　青柠汁 30 毫升，汽水 1 听，兰香子 10 克，糖水 15 毫升，柠檬片适量，碎冰适量。

(2) 制作过程　先在杯内加入碎冰、青柠汁、糖水、兰香子、柠檬片。再倒入汽水即可。

60　柠檬汁汽水

(1) 原料配方　柠檬 20 克，新鲜柠檬汁 40 毫升，蜂蜜 15 毫升，碎冰适量，苏打水 200 毫升，柠檬片 1 片。

(2) 制作过程

　① 柠檬洗净，切小片，放入杯中，加入新鲜柠檬汁、蜂蜜和碎冰，搅拌均匀。

　② 杯中再倒入苏打水至九分满，用柠檬片装饰即可。

61　香蕉牛奶汁

(1) 原料配方　香蕉 2 根，牛奶 200 毫升，蜂蜜 1 匙。

(2) 制作过程　香蕉去皮，切成块状，放入果汁机中，加牛奶、蜂蜜打匀，滤汁于杯中即可。

62　活力果汁

(1) 原料配方　去皮西柚 2 个，去皮橙子 2 个，去皮柠檬 1 个。

（2）制作过程　把所有材料倒入榨汁机中，榨好果汁后倒入玻璃杯中，立即饮用。

63　小红莓冰块

（1）原料配方　切好的蔓越莓 1/4 杯，柠檬皮 16 条，新鲜薄荷叶 5～6 片，蔓越莓果汁 240 毫升，冰块适量。

（2）制作过程　将所有材料一起放入玻璃杯中，搅拌均匀即可。

64　苹果草莓汁

（1）原料配方　苹果 1 个，草莓 10 个，草莓冰激凌 1 勺。

（2）制作过程

① 苹果去皮切成块。草莓清洗去蒂。

② 将所有材料放入搅拌机中搅拌均匀倒入杯中即可。

65　猕猴桃乳酸果汁

（1）原料配方　猕猴桃 2 个，优酪乳 60 毫升，猕猴桃浓缩汁 15 毫升，蜂蜜 15 毫升，冰水 100 毫升，碎冰适量。

（2）制作过程

① 猕猴桃去皮切小块。

② 所有用料放入果汁机中，搅拌 30 秒，倒入杯中，加以装饰即可。

66　番茄西瓜汁

（1）原料配方　番茄 2 个，西瓜（无籽）250 克，蜂蜜 15 毫升，冰块适量。

（2）制作过程

① 番茄洗净切成小块，西瓜肉切成块备用。

② 将番茄与西瓜倒入果汁机中打成汁。

③ 倒入杯中，再加入适量冰块拌匀即可。

67　菠萝橙汁

(1) 原料配方　菠萝汁半杯，番木瓜半个，橙子1个。

(2) 制作过程

　　① 将番木瓜去皮切成块。将橙子去皮切成果肉。

　　② 将所有材料放入搅拌机中搅拌均匀。用橙角装饰。

68　水蜜桃可尔必思

(1) 原料配方　水蜜桃1个，可尔必思2匙，柠檬汁2匙，纯净水200毫升。

(2) 制作过程　水蜜桃去皮与籽，切成细块，再放入果汁机，并加进纯净水、可尔必思、柠檬汁。打匀后滤汁于杯中。

69　咸柠七

(1) 原料配方　新鲜青柠檬500克，精盐100克，柠檬味七喜1罐。

(2) 制作过程

　　① 新鲜青柠檬去蒂洗净，擦干后放入容器中，加精盐腌制（至少需腌制6个月）。

　　② 将腌好的柠檬取出0.5个柠檬切片，放入水杯，然后倒入柠檬味七喜。

　　③ 盖住杯口用力摇晃一下，可令口味更加浓郁。

70　夏日清凉鲜汁

(1) 原料配方　青提60克，杨桃60克，冰水150毫升，蜂蜜15毫升，碎冰适量。

(2) 制作过程

　　① 杨桃洗净切小块，青提洗净去皮去核。

　　② 杨桃和青提一起放入榨汁机中，搅拌30秒。

　　③ 将果汁滤入杯中，加入蜂蜜、冰水、碎冰搅匀后加以装饰即可。

71 西瓜茶

(1) 原料配方 西瓜汁 150 毫升，绿茶 1 包，开水 150 毫升。

(2) 制作过程

① 将绿茶用开水泡开，取出茶包，晾凉备用。

② 茶汁与西瓜汁一起搅匀即可。

72 柠檬汽水

(1) 原料配方 柠檬 20 克，新鲜柠檬汁 40 毫升，蜂蜜 15 毫升，碎冰 100 克，苏打水 150 毫升。

(2) 制作过程

① 柠檬洗净切小片，放入杯中，加入新鲜柠檬汁、蜂蜜与碎冰，搅拌均匀。

② 杯中继续倒入苏打水至九分满。

73 番茄胡萝卜苹果汁

(1) 原料配方 苹果 250 克，胡萝卜 150 克，番茄 150 克，柠檬汁 15 毫升。

(2) 制作过程

① 苹果去皮去核切成块；番茄去蒂切成块；胡萝卜洗净切块。

② 将胡萝卜、番茄、苹果一起放入榨汁机中榨出果汁，倒入杯中。

③ 杯中加入柠檬汁拌匀即可。

74 味蕾风暴

(1) 原料配方 葡萄汁 60 毫升，糖浆 15 毫升，橙汁 60 毫升，雪碧 60 毫升。

(2) 制作过程 先注入葡萄汁和糖浆搅匀。从杯壁注入橙汁。同样从杯壁注入雪碧即可。

75 香橙芒果汁

(1) 原料配方　橙子 1 个，芒果 1 个，糖水 30 毫升，碎冰适量。

(2) 制作过程　将橙子、芒果洗净去皮，切块，放入搅拌机中，加入糖水、碎冰搅打均匀。倒入杯中即可。

76 草莓蜜汁汽水

(1) 原料配方　草莓 80 克，蜜桃 150 克，汽水 150 毫升，蜂蜜 30 毫升，草莓汁 30 毫升，蜜桃汁 30 毫升，冰块适量。

(2) 制作过程

① 草莓去蒂切块，蜜桃切成小块。

② 杯中加入冰块，按顺序缓缓倒入蜂蜜、草莓汁、蜜桃汁。

③ 杯中加入汽水至九分满最后加入水果块即可。

77 鲜橙汁

(1) 原料配方　橙子 3 个，糖水 30 毫升，矿泉水 30 毫升，冰块 120 克。

(2) 制作过程

① 橙子洗净对切，去皮取肉榨汁。

② 将所有材料倒入雪克壶中摇匀后倒入杯中即可。

78 芒果猕猴桃汁

(1) 原料配方　芒果 1 个，猕猴桃 2 个，蜂蜜 30 毫升，矿泉水 100 毫升，冰块适量。

(2) 制作过程

① 芒果去皮去核，切成小块；猕猴桃去皮切成小块。

② 将所有材料放入果汁机中搅打成汁。

③ 倒入杯中，再加入冰块搅拌均匀即可。

79 番茄香蕉汁

(1) 原料配方　番茄 2 个，牛奶 100 毫升，香蕉 1 根，蜂蜜 1 匙。

（2）制作过程　番茄、香蕉切细块，放入果汁机加蜂蜜、牛奶打匀。滤汁于杯中即可。

80　甘菊花牛奶橘汁

（1）原料配方　橘子 2 个，甘菊花 1 包，牛奶 1 杯，蜂蜜 15 毫升。
（2）制作过程
　　① 将牛奶与甘菊花放入锅内煮热（70℃），浸泡 3～4 分钟后，取出甘菊花包。
　　② 橘子剥皮后，掰开。将所有材料放入搅拌机中搅拌均匀即可。

81　苹果精力汁

（1）原料配方　青苹果 150 克，西芹 60 克，小黄瓜 1 根，苦瓜 15 克，青椒 1 只，蜂蜜 30 毫升，冰水 200 毫升，碎冰适量。
（2）制作过程
　　① 青苹果去皮去核；西芹洗净切段，小黄瓜洗净；苦瓜洗净去瓤，青椒洗净去籽。所有蔬果切小块。
　　② 上述所有原料放入榨汁机中 30 秒，滤入杯中，加蜂蜜、冰水、碎冰拌匀即可。

82　新鲜草莓汁

（1）原料配方　草莓 10 个，柠檬汁 5 毫升，糖浆 20 毫升，冰块适量。
（2）制作过程
　　① 草莓去蒂洗净，切成小块备用。
　　② 将草莓和糖浆一起放入果汁机中搅打成汁。
　　③ 倒入杯中后加入柠檬汁和冰块拌匀即可。

83　玉米苹果汁

（1）原料配方　苹果 1 个，罐装玉米粒 100 克，鲜奶 100 毫升，糖浆 50 毫升，冰块适量。
（2）制作过程
　　① 苹果去皮去核切成小块备用。

② 将冰块以外的材料一起放入果汁机中搅打成汁。

③ 倒入杯中，加入适量冰块即可饮用。

84　苹果西柚汁

(1) 原料配方　苹果 1 个，西柚 200 克，糖浆 60 毫升，矿泉水 120 毫升。

(2) 制作过程

　　① 苹果洗净去皮去核，切成小块；西柚去皮去膜及籽，切成小块备用。

　　② 将所有材料倒入果汁机中搅打成汁。

　　③ 倒入杯中拌匀即可。

85　小玉西瓜原汁

(1) 原料配方　小玉西瓜（无籽）半个，蜂蜜 1 匙，柠檬汁 1 匙。

(2) 制作过程　小玉西瓜去皮切块，放入果汁机，再加入柠檬汁、蜂蜜打匀，滤汁于杯中。

86　凤梨橙汁

(1) 原料配方　菠萝半个，橙子 2 个，蜂蜜 30 毫升，冰块适量。

(2) 制作过程

　　① 菠萝去皮切块，橙子去皮去膜，取橙肉备用。

　　② 将橙肉、菠萝、蜂蜜一同放入果汁机中搅打成汁。

　　③ 倒入杯中，再加入冰块，搅拌均匀即可饮用。

87　鲜蜜瓜汁

(1) 原料配方　蜜瓜 350 克，冰块适量。

(2) 制作过程　将蜜瓜切成小块备用。放入果汁机中搅打成汁。倒入杯中，再加入冰块搅拌均匀即可。

88　鲜柠檬马蹄汁

(1) 原料配方　鲜柠檬 1 个，马蹄 10 个，纯净水 500 毫升，冰糖 10 克。

(2) 制作过程　鲜柠檬与马蹄分别洗净切片入锅中，加纯净水、冰糖等煎取汁液即可。

89　苦瓜蜂蜜汁

(1) 原料配方　苦瓜 1 根，柠檬半个，蜂蜜 50 毫升，矿泉水 200 毫升，冰块适量。

(2) 制作过程

① 苦瓜去皮去籽洗净切成小块备用。

② 将冰块以外的材料倒入果汁机中搅打成汁。

③ 倒入杯中，再加入适量冰块拌匀即可。

90　芦荟柠檬汁

(1) 原料配方　新鲜芦荟 60 克，柠檬汁 30 毫升，糖水 15 毫升，汽水 1 听，碎冰适量。

(2) 制作过程

① 将新鲜芦荟洗净去皮，切块，放入杯中备用。

② 在杯内加入柠檬汁、糖水、汽水、碎冰即可。

91　新鲜芒果汁

(1) 原料配方　芒果 3 个，糖浆 30 毫升，冰块适量。

(2) 制作过程

① 芒果去皮去核，切块备用。将芒果肉与糖浆一起放入果汁机中搅打成汁。

② 倒入杯中，再加入冰块搅拌均匀即可。

92　草莓酸奶汁

(1) 原料配方　草莓 90 克，酸奶 250 毫升，蜂蜜 15 毫升。

(2) 制作过程

① 草莓洗净去蒂对切。

② 将所有用料（剩适量草莓）放入搅拌机中搅拌均匀，倒入杯中，用草莓装饰即可。

93 胡萝卜凤梨汁

（1）原料配方　胡萝卜 150 克，凤梨 250 克，糖浆 70 毫升，矿泉水 100 毫升。

（2）制作过程

① 胡萝卜洗净去皮切成小块；凤梨切成小块备用。

② 将胡萝卜、凤梨、糖浆、矿泉水一起放入果汁机中搅打成汁。

③ 倒入杯中拌匀即可。

94 四季果汁

（1）原料配方　菠萝 100 克，香蕉 1 根，橙子 100 克，芒果 50 克，矿泉水 300 毫升。

（2）制作过程

① 菠萝、香蕉去皮，菠萝去硬心，切块；橙子去皮去核，芒果去皮去核切块。

② 将所有材料放入榨汁机中，加入矿泉水，榨出果汁，倒入杯中，加以装饰即可。

95 香橙木瓜汽水

（1）原料配方　橙子 300 克，木瓜 100 克，柠檬汁 10 毫升，蜂蜜 10 毫升，浓缩橙汁 30 毫升，汽水 300 毫升，冰块适量。

（2）制作过程

① 橙子去皮切成小块；木瓜去皮去籽切成丁。

② 杯中加入冰块，依次倒入蜂蜜、浓缩橙汁、柠檬汁、小块橙子、木瓜丁。

③ 最后加入汽水至九分满。

96 樱桃香蕉汁

（1）原料配方　樱桃 12 颗，香蕉 2 根，酸奶冰 350 毫升。

（2）制作过程

① 将其中一半酸奶冰盛出放杯子里。

② 另一半则盛入粉碎机中，然后放入去核的樱桃和香蕉搅拌。

③ 搅拌好的果汁后倒入盛酸奶冰的杯里，用吧匙搅匀即可。

97　桑葚番茄汁

(1) 原料配方　番茄1个，桑葚果50克，糖水20毫升，碎冰适量。

(2) 制作过程　番茄切成小块，放入搅拌机中，加桑葚果、糖水、碎冰搅匀，倒入杯中即可。

98　青梨柠檬茶

(1) 原料配方　青梨100克，红茶200毫升，糖水15毫升，碎冰适量，柠檬片2片。

(2) 制作过程　青梨去皮切丁。杯内加入糖水、青梨、碎冰、红茶、柠檬片即可。

99　夏威夷蜜茶

(1) 原料配方　凤梨汁45毫升，柠檬汁30毫升，蜂蜜30毫升，香橙冰激凌球1个，冰红茶适量，冰块适量，柠檬1片。

(2) 制作过程　将柠檬片以外的材料倒入果汁机中拌匀后倒入杯中，用柠檬片装饰。

100　蜂蜜柠檬菊花茶

(1) 原料配方　鲜柠檬2个，鲜菊花4朵，蜂蜜30毫升。

(2) 制作过程　将鲜柠檬榨汁后倒入蜂蜜，再加入鲜菊花即可。

101　草莓番茄汁

(1) 原料配方　番茄1个，草莓100克，蜂蜜15毫升，柠檬汁15毫升，冰水适量。

(2) 制作过程

① 番茄开水烫一下，去皮，切块。

② 草莓洗净去蒂与番茄一起放入果汁机中，榨汁后倒入杯中。

③ 杯中加入蜂蜜、柠檬汁、冰水拌匀即可。

102　胡萝卜西瓜汁

(1) 原料配方　胡萝卜 200 克，西瓜 200 克，柠檬汁 15 毫升，蜂蜜 15 毫升，碎冰适量。

(2) 制作过程
　　① 将西瓜去皮去籽，胡萝卜洗净切块。西瓜和胡萝卜一起放入榨汁机中，榨成汁。
　　② 将汁倒入杯中，加入蜂蜜和柠檬汁搅匀，放入碎冰即可。

103　维生素蔬果汁

(1) 原料配方　番茄 150 克，胡萝卜 150 克，西芹 50 克，柳橙 50 克，柠檬汁 15 毫升，蜂蜜 15 毫升，碎冰适量。

(2) 制作过程
　　① 胡萝卜、番茄、柳橙洗净去皮，切成小块。西芹洗净切碎。胡萝卜、番茄、柳橙、西芹放入榨汁机中榨汁，倒入果汁杯中。
　　② 将柠檬汁倒入果汁杯中，加入蜂蜜略搅，最后加入碎冰。

104　椰子特饮

(1) 原料配方　椰汁 80 毫升，菠萝汁 60 毫升，椰子糖浆 20 毫升，冰块适量，菠萝片 1 片。

(2) 制作过程
　　① 雪克壶中放入菠萝片以外的材料摇晃均匀。
　　② 倒入杯中，放上菠萝片即可。

105　生姜木瓜汁

(1) 原料配方　木瓜 250 克，生姜 15 克，冰水 200 毫升，蜂蜜 15 毫升。

(2) 制作过程　生姜洗净榨汁。木瓜去皮去籽后榨汁，与姜汁、冰水、蜂蜜一起搅匀即可。

106 生菜梨汁

(1) 原料配方　梨 1 个，生菜 1 颗，柠檬汁 15 毫升，蜂蜜 15 毫升，冰块适量。

(2) 制作过程

① 生菜洗净切小段，梨去皮去核切小块。

② 生菜与梨一起榨汁后倒入杯中。

③ 杯中加入蜂蜜、柠檬汁、冰块搅匀即可。

107 莴苣苹果汁

(1) 原料配方　苹果 100 克，莴苣 150 克，柠檬汁 15 毫升，蜂蜜 15 毫升，冰水适量。

(2) 制作过程

① 莴苣洗净去皮切成块。苹果去皮去核切块。

② 苹果、莴苣、冰水一起放入榨汁机中榨汁，再加入柠檬汁、蜂蜜搅匀即可。

108 樱桃柠檬汁

(1) 原料配方　新鲜樱桃 10 颗，柠檬汁 60 毫升，绿薄荷叶 2 枝，碎冰适量。

(2) 制作过程　新鲜樱桃洗净放入杯内。加入碎冰、柠檬汁、绿薄荷叶即可。

109 苦瓜青苹果汁

(1) 原料配方　青苹果 1 个，苦瓜 1 块，糖水 20 毫升。

(2) 制作过程

① 青苹果洗净，去皮，切块；苦瓜洗净，去皮去籽，切块。

② 将青苹果、苦瓜放入搅拌机内，加入糖水，打成汁倒入杯中即可。

110　健康蔬果汁

(1) 原料配方　胡萝卜 60 克，苹果 60 克，苹果汁 100 毫升，柠檬汁 15 毫升，蜂蜜 15 毫升，碎冰适量。

(2) 制作过程
　　① 苹果及胡萝卜洗净去皮切块。
　　② 苹果与胡萝卜放入榨汁机中搅打 30 秒，将果汁滤入杯中，加入苹果汁、蜂蜜、柠檬汁，投入碎冰即可。

111　凤梨胡萝卜木瓜汁

(1) 原料配方　菠萝 300 克，木瓜 200 克，胡萝卜 200 克，柠檬 0.5 个，冰块适量。

(2) 制作过程
　　① 菠萝去皮去硬心，切成块；胡萝卜切块；柠檬切片；放入榨汁机中榨出果汁。
　　② 将木瓜取肉，切成丁，与榨出的果汁一起再倒入榨汁机中，搅拌均匀，倒入杯中，加入冰块即可。

112　薄荷蜜瓜汁

(1) 原料配方　黄瓜 45 克，蜜瓜 45 克，香瓜 45 克，糖水 30 毫升，薄荷叶 2 枝，碎冰适量。

(2) 制作过程
　　① 黄瓜、蜜瓜、香瓜洗净切块。
　　② 洗好的蔬菜水果放入搅拌机内，加入碎冰、糖水搅打成汁并搅匀后倒入杯内，再加入薄荷叶即可。

113　胡萝卜菠萝汁

(1) 原料配方　菠萝 150 克，胡萝卜 100 克，冰水 200 毫升，蜂蜜 15 毫升，柠檬汁 15 毫升。

(2) 制作过程　胡萝卜洗净切片。菠萝去皮去硬心后切块，与胡萝卜、冰水一起放入榨汁机中，制成汁，再加入蜂蜜和柠檬汁，搅匀即可。

114　草莓哈密瓜汁

(1) 原料配方　草莓 4 个，哈密瓜 1 块，矿泉水 200 毫升，糖浆 15 毫升。

(2) 制作过程

① 将哈密瓜与适量矿泉水、糖浆放入榨汁机内榨汁，倒入杯内。

② 再加入洗净去蒂的草莓搅打成汁，倒入玻璃杯中即可。

115　番茄菠萝汁

(1) 原料配方　菠萝 200 克，番茄 200 克，蜂蜜 15 毫升，冰水 150 毫升。

(2) 制作过程

① 菠萝削皮去硬心，切块。

② 番茄洗净，与冰水一起放入榨汁机中榨汁，再加入菠萝一起榨汁，加入蜂蜜搅匀即可饮用。

116　新鲜菠萝汁

(1) 原料配方　菠萝 150 克，冰水 200 毫升，蜂蜜 15 毫升。

(2) 制作过程

① 将菠萝去皮去硬心，切成圆片。

② 将菠萝片放入果汁机中，加入蜂蜜、冰水搅打成汁即可。

117　菠萝哈密瓜汁

(1) 原料配方　菠萝 100 克，哈密瓜 100 克，蜂蜜 15 毫升，碎冰 200 毫升。

(2) 制作过程

① 菠萝洗净，削皮去硬心，切块。哈密瓜洗净，去皮去籽，切块。

② 把菠萝块、哈密瓜块与碎冰、蜂蜜一起放入果汁机中搅打均匀即可。也可先把果汁滤出后再放入蜂蜜。

118　美白果汁

(1) 原料配方　木瓜 30 克，梨 30 克，柳橙 30 克，苹果 30 克，砂糖 15 克，蜂蜜 15 毫升，冰水 200 毫升，碎冰适量。

（2）制作过程

　① 所有水果洗净，去皮去核，切成小块，榨成果汁。

　② 榨汁机中再加入砂糖、蜂蜜、冰水，搅拌均匀，倒入杯中，放入碎冰即可。

119　荔枝青苹果汁

（1）原料配方　青苹果 1 个，荔枝 2 个，糖水 10 毫升，冰块适量。

（2）制作过程

　① 将青苹果去核去皮，放入榨汁机内，榨汁后倒入杯内。

　② 倒入糖水，加入荔枝、冰块即可。

120　香瓜鲜桃汁

（1）原料配方　香瓜 1 个，鲜桃 1 个，蜂蜜 15 毫升，柠檬汁 15 毫升，碎冰适量。

（2）制作过程

　① 鲜桃与香瓜取肉切块，一起放入榨汁机中榨出果汁。

　② 将榨好的果汁倒入杯中，加入蜂蜜、柠檬汁搅匀，放入碎冰即可。

121　西瓜椰子汁

（1）原料配方　西瓜 100 克，椰子汁 45 毫升，糖水 10 毫升，碎冰适量。

（2）制作过程

　① 西瓜去皮去籽切成块，少许切成片。

　② 搅拌机内依次加入西瓜、椰子汁、糖水、碎冰，搅拌均匀后倒入杯内，加西瓜片装饰即可。

122　草莓柠檬汁

（1）原料配方　草莓 6 个，柠檬汁 15 毫升，汽水 1 听，碎冰适量。

（2）制作过程　草莓洗净去蒂切块，放入杯内。加入柠檬汁、碎冰、汽水即可。

123　柠檬甜瓜汁

(1) 原料配方　甜瓜1个，柠檬2片，糖水30毫升，纯净水150毫升。

(2) 制作过程

① 甜瓜洗净，去籽去皮切块；柠檬去皮备用。

② 将甜瓜块、柠檬、糖水与纯净水放入榨汁机内，榨汁后倒入杯内。

124　香瓜蜜汁

(1) 原料配方　香瓜150克，冰水200毫升，蜂蜜15毫升。

(2) 制作过程　香瓜去皮取瓤，切成片，放入果汁机中，加入冰水、蜂蜜搅打均匀后，倒入杯中即可。

125　鲜榨草莓汁

(1) 原料配方　草莓150克，蜂蜜15毫升，冰块适量，冰水200毫升。

(2) 制作过程

① 草莓洗净去蒂，放入搅拌机中，加入蜂蜜、冰块与冰水搅打均匀。

② 将榨好的果汁倒入杯中，加以装饰即可。

126　原味番茄汁

(1) 原料配方　番茄60克，冰水150毫升，碎冰适量。

(2) 制作过程　番茄去皮切小块。将所有用料放入果汁机中搅打30秒，倒入杯中即可。

127　莲藕苹果汁

(1) 原料配方　苹果1个，莲藕150克，冰水80毫升，柠檬汁20毫升。

(2) 制作过程

① 莲藕洗净去皮切片；苹果洗净去皮去核，切块。莲藕、冰水与苹果一起放入榨汁机中榨汁。

② 将汁过滤，倒入杯中，加入柠檬汁拌匀即可饮用。

128　牛奶凤梨汁

(1) 原料配方　凤梨 1 个，牛奶 200 毫升。

(2) 制作过程　凤梨洗净去皮切碎，榨汁。牛奶煮沸，倒入凤梨汁搅匀即可。

129　黄瓜番茄果汁

(1) 原料配方　番茄汁 1 杯，菜花 4 瓣，黄瓜半根，盐 0.5 克，纯净水 150 毫升。

(2) 制作过程

① 菜花煮好备用。黄瓜切块备用。

② 将所有材料倒入搅拌机中搅打均匀倒入玻璃杯中即可。

130　鲜榨西瓜汁

(1) 原料配方　西瓜 250 克，冰块适量。

(2) 制作过程

① 西瓜去籽取瓤，切块，放入榨汁机中榨出西瓜汁。

② 将西瓜汁倒入杯中，加入冰块即可。

131　蜂蜜柳橙汁

(1) 原料配方　橙子 1 个，冰块 200 克，蜂蜜 15 毫升。

(2) 制作过程

① 橙子去皮去核后切块，榨汁。

② 将榨好的橙汁与蜂蜜一起加冰搅拌至冰块融化即可饮用。

132　香蕉茶汁

(1) 原料配方　香蕉 50 克，红茶水 200 毫升，蜂蜜 15 毫升。

(2) 制作过程　香蕉去皮，倒入蜂蜜与红茶水于搅拌机中搅拌均匀后倒入杯中。

133　青柠檬椰果饮

(1) 原料配方　苹果味椰果 75 克，青柠汁 30 毫升，糖水 15 毫升，碎冰 150 毫升，杨桃 25 克，樱桃 25 克。

(2) 制作过程　杨桃、樱桃洗净备用。杯内放入所有材料搅拌均匀即可。

134　胡萝卜汁

(1) 原料配方　胡萝卜 300 克，冰水 200 毫升，蜂蜜 15 毫升。

(2) 制作过程　胡萝卜洗净切成条，放入榨汁机中，加适量冰水榨出汁，倒入杯中，调入蜂蜜拌匀即可饮用。

135　柚橘橙三果汁

(1) 原料配方　橙子 150 克，柚子 250 克，橘子 150 克，蜂蜜 15 毫升，碎冰适量。

(2) 制作过程
① 将柚子、橘子与橙子去皮去核，放入榨汁机中榨汁。
② 将榨好的果汁倒入杯中，放入碎冰、蜂蜜调匀即可。

136　西瓜葡萄汁

(1) 原料配方　西瓜 1 块，葡萄 10 颗，纯净水 200 毫升。

(2) 制作过程
① 西瓜去籽切块，葡萄去皮，备用。
② 将西瓜块、葡萄、纯净水一起放入榨汁机中榨汁即可。

137　香蕉橘子汁

(1) 原料配方　香蕉 1 个，橘子 1 个，纯净水 200 毫升，蜂蜜 15 毫升。

(2) 制作过程
① 香蕉去皮，橘子去皮去核。
② 将香蕉、橘子、纯净水放入榨汁机中榨出汁，倒入杯中，加入蜂蜜搅匀即可。

138 牛奶木莓汁

（1）原料配方 胡萝卜半根，木莓汁 1 杯，牛奶 1 杯，蜂蜜 15 毫升。

（2）制作过程

① 胡萝卜去皮切成丝。

② 将所有材料放入搅拌机中搅拌均匀倒入杯中即可饮用。

139 南洋椰香汁

（1）原料配方 浓缩凤梨汁 30 毫升，柠檬汁 15 毫升，椰奶 120 毫升，蜂蜜 15 毫升，冰块适量。

（2）制作过程 将所有原料放入雪克壶中，加入冰块摇匀，放入杯中插入搅拌棒即可。

140 苹果青提汁

（1）原料配方 苹果 200 克，青提 200 克，柠檬汁 15 毫升，蜂蜜 15 毫升。

（2）制作过程

① 苹果与青提洗净，去皮去核，切块。

② 将苹果与青提放入搅拌机中榨出果汁，放入柠檬汁、蜂蜜拌匀即可。

141 鲜榨石榴柠檬汁

（1）原料配方 新鲜石榴汁 45 毫升，柠檬汁 15 毫升，柠檬 1 片，汽水 1 听，碎冰适量。

（2）制作过程

① 搅拌机内加入新鲜石榴汁、柠檬汁、碎冰，搅匀后倒入杯内。

② 再加入柠檬片，倒入汽水即可。

142 红粉佳饮

（1）原料配方 木瓜 60 克，草莓 60 克，红石榴汁 15 毫升，蜂蜜 15 毫升，凤梨汁 30 毫升，碎冰适量，苏打水 200 毫升。

（2）制作过程

① 木瓜洗净，去皮去籽，切丁；草莓洗净，切丁。

② 将碎冰、红石榴汁、凤梨汁、蜂蜜倒入雪克壶中摇匀。

③ 杯中加入碎冰、木瓜丁、草莓丁，再倒入摇好的果汁。

④ 最后加入苏打水至九分满即可。

143　苹果蜜桃汁

（1）原料配方　苹果 100 克，桃子 100 克，蜂蜜 15 毫升，冰水适量。

（2）制作过程

① 苹果与桃子洗净，去皮去核，切块备用。

② 将苹果与桃子一起放入搅拌机中榨汁，加入蜂蜜与冰水拌匀即可。

144　苹果芦荟汁

（1）原料配方　黄椒 60 克，苹果 1 个，芦荟 50 克，纯净水 1 杯，糖浆 15 毫升。

（2）制作过程

① 将黄椒和去皮的苹果分别切成合适大小。

② 将所有材料倒入搅拌机中搅打均匀即可。

145　西瓜甜瓜梨汁

（1）原料配方　梨半个，西瓜块 100 克，甜瓜块 100 克，矿泉水 200 毫升。

（2）制作过程　梨去皮切成块。将所有材料放入搅拌机中搅拌均匀即可。

146　橙子葡萄酒果汁

（1）原料配方　葡萄汁 1 杯，红葡萄酒半杯，鲜榨橙汁 1 个，白砂糖 10 克。

（2）制作过程　将所有材料倒入锅中边加热边搅拌均匀，最后倒入杯中。

147　香蕉红豆牛奶汁

（1）原料配方　香蕉1根，红豆罐头3大匙，牛奶1杯，大豆粉3大匙。

（2）制作过程　香蕉去皮切成块。将所有材料放入搅拌机中搅拌均匀即可饮用。

148　橙子番茄果汁

（1）原料配方　橙子1个，红椒半个，番茄汁1杯，蜂蜜15毫升。

（2）制作过程

　① 橙子去皮取出果肉。红椒切成块。

　② 将所有材料放入搅拌机中搅拌均匀即可。

149　芒果爱玉

（1）原料配方　爱玉冻50克，芒果汁150毫升，冰块适量。

（2）制作过程

　① 把爱玉冻切成小丁。

　② 杯中放入冰块，注入芒果汁，放上爱玉冻丁即可。

150　桃子爱玉

（1）原料配方　爱玉冻50克，桃子汁150毫升，冰块适量。

（2）制作过程

　① 把爱玉冻切成小丁。

　② 杯中放入冰块，注入桃子汁，放上爱玉冻丁即可。

151　番茄玫瑰饮

（1）原料配方　番茄50克，黄瓜150克，鲜玫瑰花25克，柠檬汁15毫升，蜂蜜10毫升，冰块适量。

（2）制作过程

　① 番茄去皮、籽，黄瓜洗净，与鲜玫瑰花适量一起碾碎后过滤。

　② 倒入放有冰块的玻璃杯中，加入柠檬汁、蜂蜜拌匀即可。

152　圆白菜草莓汁

(1) 原料配方　草莓 200 克，圆白菜 50 克，柠檬 2 片，冰块 2～3 块，纯净水 350 毫升。

(2) 制作过程

① 圆白菜洗净，将叶剥下，剁碎。在玻璃杯中放入冰块。

② 将圆白菜、草莓、纯净水放入粉碎机内，搅打出汁。

③ 用滤网过滤，注入放有冰块的杯中。放入柠檬 2 片即可。

153　圆白菜杏汁

(1) 原料配方　杏 250 克，圆白菜 250 克，柠檬 0.5 个，白兰地 3 滴，冰块 2～3 块，纯净水 350 毫升。

(2) 制作过程

① 圆白菜洗净，将叶剥下、剁碎。杏去除皮和核，切碎。柠檬切成 3 片。在玻璃杯中放入冰块。

② 将圆白菜、杏、柠檬（连皮）、纯净水等放入粉碎机内，搅打出汁。

③ 用滤网过滤，注入放有冰块的杯中。再加 3 滴白兰地即可。

154　葡萄杨桃汁

(1) 原料配方　葡萄 200 克，杨桃 1 个，冷开水 300 毫升，蜂蜜 15 克，冰块 0.5 杯。

(2) 制作过程

① 将葡萄、杨桃用水洗净，葡萄去皮去籽，杨桃切块备用。

② 将①中原料置粉碎机内，加入 300 毫升冷开水，再加入适量蜂蜜混合搅打成汁。

③ 用滤网将果汁过滤。在杯中放入冰块，注入果汁即成。

155　西瓜皮茶

(1) 原料配方　西瓜皮 250 克，纯净水 1000 毫升，白糖 15 克。

(2) 制作过程

① 将西瓜皮洗净切成细条，加纯净水 1000 毫升，煎煮至沸，再略煮数分钟。

② 取煎煮液加少许白糖，待凉当茶喝。

156　芒果西米露

(1) 原料配方　小西米 25 克，芒果 150 克，纯净水 1000 毫升，冰块 0.5 杯。

(2) 制作过程

① 芒果去皮去核，放入粉碎机中粉碎搅打成汁。

② 煮锅放入纯净水烧开，放入西米，煮到中间还有个小白点的时候关火，闷 3 分钟，捞出过凉水。

③ 将芒果汁和西米等放入盛有冰块的玻璃杯中即可。

157　石榴凤梨汁

(1) 原料配方　红石榴汁 15 克，凤梨罐头 8 片，盐 0.5 克，蜂蜜 15 克，水果醋 10 克，冷开水 350 毫升。

(2) 制作过程

① 将凤梨去皮、洗干净，切成小片。

② 将凤梨小片与红石榴汁等所有原料一起放入粉碎机中搅打均匀，滤入玻璃杯中即可。

158　西瓜西米露

(1) 原料配方　西米 250 克，西瓜 200 克，纯净水 150 毫升。

(2) 制作过程

① 将西米加纯净水放入煮锅里煮熟，要一边煮一边用勺子搅拌，否则西米会粘锅底。煮到西米大半透明的时候，把西米放入凉水里冲洗，使之成为好看的粒粒状。

② 将西瓜去皮去核后，用粉碎机搅打成汁，用滤网过滤后，滤入玻璃杯中，加入西米即可。

159 苹果杏仁牛奶果汁

(1) 原料配方　苹果半个，杏仁 5 个，牛奶 1 杯，蜂蜜 15 毫升。

(2) 制作过程

① 将苹果去皮切成块，杏仁对半切。

② 将苹果与杏仁、牛奶倒入搅拌机中搅拌均匀。

③ 倒在锅中加入蜂蜜后加热。倒入杯中饮用。

160 蓝莓葡萄果汁

(1) 原料配方　葡萄汁半杯，蓝莓 2/3 杯，菠萝块 100 克。

(2) 制作过程　将所有材料放入搅拌机中搅拌均匀即可。

161 番木瓜荔枝汁

(1) 原料配方　荔枝汁 1 杯，番木瓜半个，原味酸奶半杯。

(2) 制作过程　番木瓜去皮切成块。将所有材料放入搅拌机中搅拌均匀即可。

162 甘薯草莓豆浆汁

(1) 原料配方　草莓 6 颗，甘薯 100 克，豆浆 1 杯，炼乳 10 毫升。

(2) 制作过程

① 将甘薯去皮，切成小块后包上保鲜膜，用微波炉加热 3 分钟。

② 草莓洗净去蒂。将所有材料放入搅拌机中搅拌均匀即可。

163 芒果冰激凌桃汁

(1) 原料配方　桃子罐头 2 块，芒果 1 个，冰激凌 60 克，牛奶半杯。

(2) 制作过程　芒果去皮切成块。将所有材料放入搅拌机中搅拌均匀即可。

164 猕猴桃酸奶汁

(1) 原料配方　梅脯 4 个，猕猴桃 1 个，原味酸奶 1 杯。

(2) 制作过程

① 猕猴桃去皮，大部分切成块，小部分切成片。

② 将所有材料（猕猴桃片除外）放入搅拌机中搅拌均匀。最后撒上猕猴桃片装饰。

165 苹果椰奶汁

(1) 原料配方　苹果半个，生姜丝 10 克，椰奶半杯，牛奶半杯，蜂蜜 15 毫升。

(2) 制作过程　将苹果去皮切成块。将所有材料放入搅拌机中搅拌均匀即可。

166 苹果草莓果汁

(1) 原料配方　梅汁半杯，苹果半个，草莓 8 个。

(2) 制作过程

① 苹果去皮切成块。草莓洗净去蒂。

② 将所有材料放入搅拌机中搅拌均匀即可。

167 蔬菜苹果汁

(1) 原料配方　蔬菜汁 1 杯，苹果半个，沙拉菜 5 片。

(2) 制作过程

① 将苹果与沙拉菜切成合适的块。

② 将所有材料放入搅拌机中搅拌均匀即可。

168 胡萝卜菠萝果汁

(1) 原料配方　菠萝汁 1 杯，姜丝 10 克，胡萝卜半根，蜂蜜 15 毫升。

(2) 制作过程　胡萝卜去皮切成丝。将所有材料放入搅拌机中搅拌均匀即可。

169 蓝莓葡萄汁

(1) 原料配方　蓝莓 2/3 杯，葡萄（去籽）10 颗，原味酸奶 1 杯。

(2) 制作过程　将所有材料放入搅拌机中搅拌均匀即可饮用。

170 柠檬酸奶桃果汁

(1) 原料配方　桃子汁 1 杯，原味酸奶半杯，柠檬汁 15 毫升。

(2) 制作过程　将所有材料放入搅拌机中搅拌均匀即可。

171 芒果桃果汁

(1) 原料配方　桃子汁半杯，芒果 1 个，橙子半个。

(2) 制作过程

　① 将芒果去皮切块。将橙子去皮取出果肉。

　② 将所有材料倒入搅拌机中搅拌均匀即可。

172 牛奶樱桃汁

(1) 原料配方　樱桃 100 克，牛奶 150 毫升，蜂蜜 15 毫升。

(2) 制作过程

　① 将樱桃去核，放入榨汁机内，榨取原汁。

　② 加入牛奶及蜂蜜，即可饮用。

173 薄荷猕猴桃汁

(1) 原料配方　猕猴桃 5 个，蜂蜜 30 毫升，薄荷叶 5 枝，纯净水 100 毫升。

(2) 制作过程

　① 将猕猴桃洗净，去皮，切成条状，放入榨汁机内，榨取原汁。

　② 调入蜂蜜、薄荷叶、纯净水，即可饮用。

174 豆浆青芒汁

(1) 原料配方　青芒汁 60 毫升，豆浆 1.5 杯，红豆 20 克。

(2) 制作过程　将所有材料倒入搅拌机中搅拌均匀即可。

175 葡萄柚甜瓜汁

(1) 原料配方　葡萄柚汁半杯，甜瓜块 100 克，菠萝块 100 克。
(2) 制作过程　将所有材料放入搅拌机中搅拌均匀，倒入玻璃杯中即可。

176 橘干梅汁

(1) 原料配方　梅汁 1 杯，越橘干 40 克，梅脯 4 个。
(2) 制作过程　将所有材料倒入搅拌机中搅拌均匀即可。

177 荔枝柠檬汁

(1) 原料配方　鲜荔枝 150 克，柠檬 1/4 个，蜂蜜 15 毫升。
(2) 制作过程　将鲜荔枝去皮、核，柠檬切碎，分别放入榨汁机内，榨取原汁，调入蜂蜜，即可饮用。

178 西柚罗勒草莓果汁

(1) 原料配方　西柚（去皮）2 个，草莓（去蒂）50 克，新鲜罗勒叶 6 片。
(2) 制作过程　把西柚和草莓、罗勒叶放在搅拌机中，搅拌均匀后倒入玻璃杯中，立即饮用。

179 芦荟苹果汁

(1) 原料配方　苹果汁半杯，桃子罐头 3 块，芦荟罐头 50 克，薄荷叶 1 枝。
(2) 制作过程　将所有材料放入搅拌机中搅拌均匀。倒入杯中后用薄荷叶装饰即可。

180 柿子苹果甜橙汁

(1) 原料配方　柿子 1 个，苹果 1 个，甜橙 1 个，蜂蜜 15 毫升。
(2) 制作过程
① 将柿子、苹果分别洗净，去皮、核，切成小块。

② 甜橙洗净，去皮、核，切成小块，依次放入搅拌机内，榨取原汁，调入蜂蜜，即可饮用。

181　枇杷蜜桃柠檬汁

（1）原料配方　枇杷100克，水蜜桃2个，柠檬1/4个，蜂蜜15毫升。

（2）制作过程

① 将枇杷、水蜜桃分别洗净，去皮、核，切成小块。

② 柠檬连皮切碎，依次放入搅拌机内，榨取原汁，调入蜂蜜，即可饮用。

182　白菜番茄汁

（1）原料配方　番茄汁1杯，白菜1片，蜂蜜15毫升，白芝麻15克。

（2）制作过程

① 将白菜切块。将所有材料倒入搅拌机中搅拌均匀即可。

② 倒入杯中撒上白芝麻装饰。

183　混合果汁

（1）原料配方　农夫混合果汁1杯，芜菁1个，洋芹半根，蜂蜜15毫升。

（2）制作过程

① 芜菁去皮切成块，煮软；洋芹去皮切成块。

② 将所有材料放入搅拌机中搅拌均匀即可。

184　香蕉柚菜果汁

（1）原料配方　香蕉1根，葡萄柚1/4个，花椰菜150克，西芹50克，果糖1匙，纯净水200毫升。

（2）制作过程

① 香蕉去皮，切成块状；葡萄柚去皮切成块状；花椰菜和西芹洗净切成块状，一起放入搅拌机中。

② 加入果糖、纯净水打匀，滤汁于杯中。

185 西瓜草莓果汁

(1) 原料配方　西瓜（去皮切成块）500 克，草莓（去蒂）150 克，薄荷 1 枝。

(2) 制作过程　把西瓜和草莓放在搅拌机中，倒入玻璃杯中，加上薄荷装饰，即可饮用。

186 猕猴桃橙汁

(1) 原料配方　橙汁半杯，猕猴桃 1 个，葡萄柚半个。

(2) 制作过程

① 猕猴桃去皮切成块。葡萄柚去皮，取出果肉。

② 将所有材料放入搅拌机中搅拌均匀即可。

187 荔枝覆盆子玫瑰酷饮

(1) 原料配方　荔枝（去皮去核）300 克，覆盆子 150 克，玫瑰水 1 茶匙，苏打水 120 毫升。

(2) 制作过程

① 把荔枝和覆盆子放入榨汁机，榨好果汁，加入玫瑰水混合。

② 倒入玻璃杯中，然后倒入苏打水，立即饮用。

188 苹果香橙汁

(1) 原料配方　苹果 3 个，橙子（去皮）3 个。

(2) 制作过程　把所有材料放入搅拌机中。倒入玻璃杯中，即可饮用。

189 凤梨果汁

(1) 原料配方　凤梨 300 克，柠檬 1/2 个，冰块 4 个。

(2) 制作过程　凤梨去皮并切块，放入搅拌机并榨汁，加入冰块、柠檬打匀之后滤汁，倒入杯中即可。

190 芹菜水梨汁

(1) 原料配方　水梨 2 个，柠檬汁 1 匙，西芹 100 克，果糖 1 匙。

(2) 制作过程　水梨去皮去籽，西芹切块，放入搅拌机，再加入果糖、柠檬汁打匀，滤汁即可。

191 油菜苹果汁

(1) 原料配方　油菜 150 克，柠檬汁 1 匙，苹果 2 个，冰水 100 毫升。

(2) 制作过程　油菜切段，苹果切块，放入搅拌机，并加入冰水、柠檬汁打匀，滤汁于杯中即可。

192 芦笋蜜桃汁

(1) 原料配方　桃子 2 个，绿芦笋 100 克，柠檬汁 1 匙，果糖 1 匙，冰水 100 毫升。

(2) 制作过程

① 桃子去皮与籽后切块，绿芦笋切块，放入搅拌机。

② 加入柠檬汁、果糖、冰水打匀，滤汁倒入杯中即可。

193 油桃柑橘橙花水果汁

(1) 原料配方　油桃 2 个，柑橘 2 个，橙花水 1/2 茶匙，冰水 100 毫升。

(2) 制作过程

① 油桃切成两半去核；柑橘去皮。

② 把油桃和柑橘、冰水放在搅拌机中，搅拌均匀后倒入玻璃杯中，倒入橙花水，即可饮用。

194 火龙果果汁

(1) 原料配方　红心火龙果 3 个，柠檬汁 1 匙，果糖 1 匙，冰水 100 毫升。

(2) 制作过程　红心火龙果去皮，切细块放入果汁机，加入果糖、柠檬汁、冰水打匀，倒入杯中即可。

195 油桃覆盆子果汁

(1) 原料配方　油桃 3 个，覆盆子 150 克。

(2) 制作过程　油桃切成两半去核，和覆盆子一起放入榨汁机中，榨好果汁后倒入玻璃杯中，立即饮用。

196 胡萝卜柳橙汁

(1) 原料配方　柳橙 2 个，胡萝卜 100 克，果糖 1 匙，柠檬汁 1 匙。

(2) 制作过程　胡萝卜洗净后切条，柳橙去皮，放入榨汁机中榨汁，加入果糖、柠檬汁拌匀即可。

197 甘蔗汁

(1) 原料配方　甘蔗 150 克，柠檬 1/3 个，纯净水 100 毫升。

(2) 制作过程　甘蔗切成小块，和柠檬一起倒入榨汁机后加入纯净水打匀，滤汁放入杯中即可。

198 葡萄汁

(1) 原料配方　葡萄 300 克，蜂蜜 1 匙，柠檬汁 1 匙。

(2) 制作过程　葡萄洗净去皮，放入搅拌机加入蜂蜜、柠檬汁打匀，再滤汁于杯中。

199 牛奶蜜瓜汁

(1) 原料配方　哈密瓜 1/4 个，牛奶 1/2 杯，蜂蜜 2 匙。

(2) 制作过程
  ① 哈密瓜去皮并且切块，放入搅拌机中，加入牛奶和蜂蜜。
  ② 打匀之后滤汁，倒入杯中即可。

200 芦柑番茄汁

(1) 原料配方　番茄 3 个，蜂蜜 1 匙，果糖 1 匙，柠檬汁 1 匙，冰水 100 毫升。

(2) 制作过程　将番茄洗净，切细块，放入搅拌机，再加冰水、柠檬汁、蜂蜜、果糖打匀，滤汁于杯中即可。

201　芦笋柳橙汁

(1) 原料配方　柳橙2个，芦笋100克，胡萝卜100克，果糖1匙，柠檬汁1匙，冰水100毫升。

(2) 制作过程
① 胡萝卜洗净，切条榨汁，芦笋榨汁，柳橙榨汁。
② 加入果糖、柠檬汁、冰水搅拌均匀倒入杯中即可。

202　苹果果菜汁

(1) 原料配方　苹果2个，牛奶200毫升，胡萝卜100克，蜂蜜1匙。

(2) 制作过程　将苹果、胡萝卜切细块，加入牛奶、蜂蜜于搅拌机中打匀，再滤汁于杯中即可。

203　生姜葡萄柚果汁

(1) 原料配方　苹果3个，葡萄柚1个，生姜10克，柠檬汁10毫升，果糖15毫升。

(2) 制作过程
① 苹果与葡萄柚去皮切块，生姜去皮切成片备用。
② 苹果、葡萄柚及生姜片一起放入搅拌机中搅拌均匀。
③ 滤入杯中加入适量果糖与柠檬汁拌匀即可饮用。

204　蜂蜜柚子茶

(1) 原料配方　柚子1颗，蜂蜜500克，冰糖50克，盐适量，清水适量。

(2) 制作过程
① 把柚子涂抹上一层盐刷净干净，削下柚子皮。
② 剥出柚子肉撕成小块，削下的黄皮切成大约2厘米长、粗细1毫米左右的细丝，越细越好。把切好的柚子皮，放到盐水里腌1小时。

③ 把腌好的柚子皮放入清水中，用中火煮 10 分钟左右，变软脱去
苦味。

④ 把处理好的柚子皮和果肉放入干净无油的锅中，加一小碗清水和
冰糖，用中小火熬 1 个小时，熬至黏稠，柚皮金黄透亮即就可以
了，注意熬的时候要经常搅拌，以免粘锅。

⑤ 等放凉后，加入蜂蜜，搅拌均匀后就做成蜂蜜柚子茶了，装入密
封罐放在冷藏室存放，喝的时候用温水冲一下即可。

注：柚子最好选择胡柚，虽然个小，但表皮色泽金黄，果肉鲜嫩，是柚子
中维生素 C 含量最高的。

205 波斯猫

(1) 原料配方　橙汁 60 毫升，菠萝汁 45 毫升，柠檬汁 30 毫升，红石榴
糖浆 1 吧勺，鸡蛋 1 个，冰块 100 克，雪碧 200 毫升。

(2) 制作过程

① 将所有材料放入雪克壶中摇晃均匀。

② 倒入玻璃杯中，加入雪碧至八分满。

206 蜜雪香瓜

(1) 原料配方　香瓜牛奶 120 毫升，香草冰激凌 1 个，蛋黄 1 个，蜂蜜 30
毫升，冰块 75 克。

(2) 制作过程

① 将除香草冰激凌外的所有材料一起放入雪克壶中，摇晃均匀。

② 将香草冰激凌漂浮在液面上。

207 欢乐时光

(1) 原料配方　苹果汁 45 毫升，冰激凌 1 个，牛奶 100 毫升，糖水 15 毫
升，冰块 75 克。

(2) 制作过程

① 将除冰激凌外的所有材料一起放入雪克壶中，摇晃均匀。

② 将冰激凌漂浮在液面上。

208 晴空苏打

(1) 原料配方　蓝橙汁 15 毫升，柠檬汁 30 毫升，糖水 30 毫升，冰块 75 克，雪碧 150 毫升。

(2) 制作过程

① 将除雪碧外的所有材料一起放入雪克壶中，摇晃均匀。

② 倒入杯中，慢慢注入雪碧即可。

209 西雅图特饮

(1) 原料配方　橙汁 90 毫升，菠萝汁 90 毫升，冰激凌 1 个，冰块 100 克。

(2) 制作过程

① 将除冰激凌外的所有材料等一起放入雪克壶中，摇晃均匀。

② 将冰激凌漂浮在液面上。

210 果味蛋蜜汁

(1) 原料配方　鸡蛋 1 个，牛奶 120 毫升，蜂蜜 30 毫升，雪碧 150 毫升，浓缩果汁 10 毫升，冰块 100 克。

(2) 制作过程

① 将除雪碧、浓缩果汁外的所有材料一起放入雪克壶中，摇晃均匀。

② 倒入玻璃杯中慢慢注入雪碧。将浓缩果汁淋在液面上即可。

211 绿野仙踪

(1) 原料配方　绿薄荷汁 30 毫升，雪碧 200 毫升，冰激凌 1 个，冰块 100 克。

(2) 制作过程

① 玻璃杯中加入冰块，放入绿薄荷汁，慢慢注入雪碧至八分满。

② 将冰激凌浮在表面即可。

212 蝶梦飞舞

(1) 原料配方　牛奶 60 毫升，菠萝汁 30 毫升，椰汁 30 毫升，糖水 10 毫升，冰块 100 克，雪碧 200 毫升。

(2) 制作过程
① 将除雪碧之外的所有材料放入雪克壶中，摇晃均匀。
② 慢慢注入雪碧即可。

213 夏日缤纷

(1) 原料配方　橙汁 90 毫升，菠萝汁 60 毫升，冰块 100 克，七喜 200 毫升。

(2) 制作过程
① 将除雪碧之外的所有材料放入雪克壶中，摇晃均匀。
② 慢慢注入七喜即可。

214 芬兰果汁

(1) 原料配方　橙汁 120 毫升，蛋黄 1 个，蜂蜜 10 毫升，红石榴糖浆 10 毫升，冰块 100 克。

(2) 制作过程　将所有材料放入雪克壶中，摇晃均匀。

215 椰林恋情

(1) 原料配方　菠萝汁 60 毫升，柠檬汁 15 毫升，蜂蜜 15 毫升，橙汁 30 毫升，椰汁 30 毫升，牛奶 30 毫升，冰块 100 克，雪碧 200 毫升，红石榴糖浆 10 毫升。

(2) 制作过程
① 将菠萝汁、柠檬汁、蜂蜜、橙汁、椰汁、牛奶放入雪克壶中，加入冰块摇晃均匀。
② 倒入玻璃杯中后慢慢注入雪碧。将红石榴糖浆沉入杯中即可。

216 艳阳旭日

(1) 原料配方 橙汁 90 毫升，菠萝汁 30 毫升，蛋清 1 个，冰块 100 克，
红石榴糖浆 15 毫升。

(2) 制作过程

① 将橙汁、菠萝汁、蛋清放入雪克壶中，加入冰块摇晃均匀。

② 倒入玻璃杯中后，再将红石榴糖浆沉入杯中即可。

217 恺撒大帝

(1) 原料配方 菠萝汁 90 毫升，柠檬汁 15 毫升，苹果汁 30 毫升，冰块
100 克，雪碧 200 毫升。

(2) 制作过程

① 将菠萝汁、柠檬汁、苹果汁放入雪克壶中，再加上冰块摇晃均匀。

② 倒入玻璃杯中，最后慢慢注入雪碧即可。

218 日出东升

(1) 原料配方 橙汁 90 毫升，菠萝汁 90 毫升，柠檬汁 15 毫升，糖水 15
毫升，冰块 100 克，红石榴糖浆 10 毫升。

(2) 制作过程

① 将橙汁、菠萝汁、柠檬汁、糖水放入玻璃杯中，再加上冰块摇晃
均匀。

② 倒入玻璃杯中，淋入红石榴糖浆沉底即可。

219 蓝色岛屿

(1) 原料配方 蓝橙汁 15 毫升，菠萝汁 90 毫升，橙汁 60 毫升，冰块
100 克，七喜 200 毫升。

(2) 制作过程

① 将蓝橙汁、菠萝汁、橙汁、冰块放入雪克壶中，再加上冰块摇晃
均匀。

② 倒入玻璃杯中，然后慢慢注入七喜至八分满即可。

220　情人恋吻

(1) 原料配方　苹果汁 30 毫升，菠萝汁 90 毫升，红石榴糖浆 15 毫升，冰块 100 克，七喜 200 毫升。

(2) 制作过程
　① 将苹果汁、菠萝汁、红石榴糖浆放入雪克壶中，再加上冰块摇晃均匀。
　② 倒入玻璃杯中，然后慢慢注入七喜至八分满即可。

221　梦露果汁

(1) 原料配方　橙汁 90 毫升，菠萝汁 90 毫升，蜂蜜 15 毫升，柠檬汁 15 毫升，冰块 100 克，红石榴糖浆 10 毫升。

(2) 制作过程
　① 将橙汁、菠萝汁、蜂蜜、柠檬汁放入雪克壶中，再加上冰块摇晃均匀。
　② 倒入玻璃杯中，然后慢慢沉入红石榴糖浆。

222　橘子牛奶泡

(1) 原料配方　牛奶 60 毫升，橙汁 90 毫升，糖水 30 毫升，蛋清 1 个，冰块 100 克。

(2) 制作过程　将牛奶、橙汁、糖水、蛋清等放入雪克壶中，再加上冰块摇晃均匀。倒入玻璃杯中即可。

223　国王进行曲

(1) 原料配方　橙汁 75 毫升，菠萝汁 75 毫升，牛奶 30 毫升，柠檬汁 15 毫升，蜂蜜 15 毫升，冰块 100 克。

(2) 制作过程　将橙汁、菠萝汁、牛奶、柠檬汁、蜂蜜放入雪克壶中，再加上冰块摇晃均匀。倒入玻璃杯中即可。

224　青春少女

(1) 原料配方　红石榴糖浆 10 毫升，菠萝汁 30 毫升，柠檬汁 30 毫升，
乳酸饮料 30 毫升，冰块 100 克，橙汁 200 毫升。

(2) 制作过程

① 将红石榴糖浆、菠萝汁、柠檬汁、乳酸饮料放入雪克壶中，再加
上冰块摇晃均匀。

② 倒入玻璃杯中，最后注入橙汁至八分满即可。

225　翡翠游踪

(1) 原料配方　柠檬汁 15 毫升，蜂蜜 15 毫升，绿薄荷汁 15 毫升，牛奶
60 毫升，冰块 100 克，雪碧 200 毫升。

(2) 制作过程

① 将柠檬汁、蜂蜜、绿薄荷汁、牛奶放入雪克壶中，再加上冰块摇
晃均匀。

② 倒入玻璃杯中，最后注入雪碧至八分满即可。

226　晨曦

(1) 原料配方　蓝橙汁 15 毫升，柠檬汁 15 毫升，乳酸饮料 60 毫升，冰
块 100 克，雪碧 200 毫升。

(2) 制作过程

① 将蓝橙汁、柠檬汁、乳酸饮料放入雪克壶中，再加上冰块摇晃均匀。

② 倒入玻璃杯中，最后注入雪碧至八分满即可。

227　热情岛屿

(1) 原料配方　蛋黄 1 个，柠檬汁 15 毫升，菠萝汁 60 毫升，橙汁 60 毫
升，红石榴糖浆 2 毫升，椰奶 15 毫升，七喜 200 毫升。

(2) 制作过程

① 将蛋黄、柠檬汁、菠萝汁、橙汁、红石榴糖浆、椰奶等放入雪克
壶中，再加上冰块摇晃均匀。

② 倒入玻璃杯中，最后注入七喜至八分满即可。

228 彩虹果汁

(1) 原料配方　红石榴糖浆 15 毫升，乳酸饮料 30 毫升，绿薄荷汁 15 毫升，柠檬汁 15 毫升，雪碧 30 毫升。

(2) 制作过程

① 将红石榴糖浆和乳酸饮料搅匀，注入玻璃杯底层。

② 将绿薄荷汁和柠檬汁搅匀，用吧匙的背部贴近杯壁慢慢注入玻璃杯中。

③ 最后慢慢注入雪碧。

229 青春校园

(1) 原料配方　绿薄荷汁 15 毫升，菠萝汁 60 毫升，橙汁 60 毫升，柠檬汁 15 毫升，糖水 15 毫升，冰块 100 克。

(2) 制作过程　将所有材料放入雪克壶中，摇晃均匀，倒入杯中即可。

230 金银岛

(1) 原料配方　苹果汁 60 毫升，柠檬汁 30 毫升，糖水 15 毫升，绿薄荷汁 15 毫升，冰块 100 克，雪碧 150 毫升。

(2) 制作过程

① 将玻璃杯中放入冰块，注入绿薄荷汁。

② 将苹果汁、柠檬汁、糖水放入雪克壶中摇晃均匀，注入玻璃杯中第二层。

③ 最后注入雪碧即可。

231 巴黎赛地

(1) 原料配方　红石榴糖浆 10 毫升，糖水 15 毫升，牛奶 60 毫升，冰块 100 克，雪碧 200 毫升。

(2) 制作过程

① 将红石榴糖浆、糖水、牛奶放入雪克壶中，再加入冰块摇匀后，倒入玻璃杯中。

② 最后注入雪碧即可。

232　黄金拍档

(1) 原料配方　菠萝汁 90 毫升，橙汁 90 毫升，冰块 100 克，雪碧 200 毫升。

(2) 制作过程

① 将菠萝汁、橙汁放入雪克壶中，再加入冰块摇匀后，倒入玻璃杯中。

② 最后注入雪碧即可。

233　蓝天白云

(1) 原料配方　蓝橙汁 30 毫升，柠檬汁 15 毫升，糖水 15 毫升，雪碧 200 毫升，牛奶 30 毫升。

(2) 制作过程

① 将蓝橙汁、柠檬汁、糖水放入雪克壶中，再加入冰块摇匀后，倒入玻璃杯中。

② 然后注入雪碧，将牛奶轻轻注入表层漂浮其上。

234　蓝色小雨

(1) 原料配方　蓝橙汁 20 毫升，菠萝汁 5 毫升，七喜 150 毫升，冰水 50 毫升，冰块适量。

(2) 制作过程　将蓝橙汁、菠萝汁、冰水放入雪克杯中摇均匀再倒入杯中，加上冰块，最后注满七喜即可。

风味特点　色泽浅蓝，清凉爽口。

235　巴黎香榭

(1) 巴黎香榭（一）

① 原料配方　果粒茶 1 匙，草莓汁 1 盎司，草莓果酱 15 毫升，冰糖 2 匙，开水 300 毫升。

② 制作过程　将果粒茶、草莓汁、草莓果酱、冰糖放入玻璃杯中，倒入开水浸泡 4 分钟。

(2) 巴黎香榭（二）

① 原料配方　果粒茶 1 匙，金橘汁 15 毫升，草莓汁 1 盎司，蜂蜜 1 盎司，乌梅酒 5 毫升，开水 250 毫升。

② 制作过程 将果粒茶、金橘汁、草莓汁、蜂蜜、乌梅酒放入玻璃杯中，注入开水浸泡 4 分钟。

236 蓝色忧郁

(1) 原料配方 果粒茶 1 匙，凤梨汁 45 毫升，蓝柑汁 15 毫升，开水 300 毫升。

(2) 制作过程 将果粒茶、凤梨汁、蓝柑汁等放入玻璃杯中，注入开水浸泡 4 分钟。

237 放肆情人

(1) 原料配方 果粒茶 1 匙，蜂蜜 30 毫升，桂圆肉 8 粒，白冬瓜糖 20 克，开水 350 毫升。

(2) 制作过程 将果粒茶、蜂蜜、桂圆肉、白冬瓜糖放入玻璃杯中，注入开水浸泡 4 分钟。

238 欧露风情

(1) 原料配方 果粒茶 1 匙，草莓汁 15 毫升，柳丁汁 1 盎司，蜂蜜 15 毫升，开水 300 毫升。

(2) 制作过程 将果粒茶、草莓汁、柳丁汁、蜂蜜放入玻璃杯中，注入开水浸泡 4 分钟。

239 清秀佳人

(1) 原料配方 果粒茶 1 匙，水蜜桃汁 1 盎司，百香果汁 15 毫升，糖浆 30 毫升，开水 200 毫升。

(2) 制作过程 将果粒茶、水蜜桃汁、百香果汁、糖浆放入玻璃杯中，注入开水浸泡 4 分钟。

240 爱尔兰春天

(1) 原料配方 果粒茶 1 匙，苹果汁 45 毫升，蜂蜜 30 毫升，柠檬皮 20 克，开水 300 毫升。

(2) 制作过程　将果粒茶、苹果汁、蜂蜜、柠檬皮放入玻璃杯中，注入开水浸泡 4 分钟。

241　黑森林

(1) 原料配方　果粒茶 1 匙，蜂蜜 1 盎司，柳丁汁 15 毫升，柠檬 1/8 片，冰块 100 克，姜汁汽水 300 毫升。

(2) 制作过程

① 将果粒茶、蜂蜜、柳丁汁、柠檬放入玻璃杯中，加上冰块摇匀。

② 最后注入姜汁汽水即可。

242　自制鲜榨百香果汁

(1) 原料配方　百香果 3 个，蜂蜜 2 大匙，纯净水（或冰水）150 毫升。

(2) 制作过程

① 把百香果洗干净，对半切开，挖出果瓤。放搅拌机里搅拌一下，滤出果汁。

② 兑入纯净水（或冰水）。倒入蜂蜜搅拌均匀即可。

243　芹菜西瓜汁

(1) 原料配方　芹菜 100 克，西瓜 250 克，蜂蜜 15 毫升。

(2) 制作过程

① 芹菜洗净，放入沸水中焯一下，然后切段榨汁。西瓜瓤挖出，去籽榨汁。

② 然后将二者混合，加入蜂蜜增强果汁的味道。

244　香蕉李子汁

(1) 原料配方　香蕉 3 根，李子 200 克，蜂蜜 15 毫升。

(2) 制作过程

① 香蕉去皮，放入榨汁机中榨成黏稠的香蕉汁。李子洗净，核取出榨汁。

② 把香蕉汁倒入杯中，然后上面倒上李子汁，最后加入蜂蜜。

245 奇异果凤梨苹果汁

(1) 原料配方 奇异果 2 个，凤梨半个，苹果 1 个，蜂蜜少许 15 毫升，纯净水 200 毫升。

(2) 制作过程

① 将三种水果洗净、去皮、切块，放入果汁机中。

② 加入纯净水打匀后倒入玻璃杯中，最后放入蜂蜜拌匀即可。

246 葡萄柚优酪乳

(1) 原料配方 葡萄柚半个，优酪乳 1 瓶。

(2) 制作过程 将葡萄柚半个榨出果汁，连同果肉，加入优酪乳即可。

247 番芹柠檬汁

(1) 原料配方 番茄 200 克，西芹半根，柠檬汁两大匙。

(2) 制作过程 将番茄和西芹切块，全部放入果汁机中打汁，然后加入柠檬汁。

248 冬瓜苹果汁

(1) 原料配方 冬瓜 150 克，苹果 100 克，柠檬半个。

(2) 制作过程

① 将冬瓜削皮去籽，柠檬去皮，苹果不削皮但要去核，然后切块。

② 全部放进榨汁机榨汁后，文火煮开即可。

249 芹菜番茄汁

(1) 原料配方 番茄 2 个，芹菜 100 克，柠檬汁 1 大匙，蜂蜜 15 毫升，纯净水 200 毫升。

(2) 制作过程

① 番茄切小块，芹菜切段，然后加入纯净水一起放入榨汁机。

② 等榨成果汁过滤后，再加入柠檬汁、蜂蜜即可。

250 蔬菜奇异果汁

(1) 原料配方　生菜 50 克，白菜 100 克，奇异果 1 个，柠檬 1/4 个。

(2) 制作过程　将生菜撕成小块，白菜切成块，奇异果和柠檬去皮后切块，全部放进榨汁机中榨汁。

251 新疆哈密瓜白柚汁

(1) 原料配方　新疆哈密瓜 50 克，白柚子果肉 100 克，新鲜柠檬汁 15 毫升，蜂蜜 60 毫升，纯净水 150 毫升，冰块适量。

(2) 制作过程

　① 先将去皮的白柚子留果肉备用。哈密瓜去皮去籽然后切丁备用。

　② 把切好的哈密瓜果肉及白柚子果肉置入榨汁机内。

　③ 加入纯净水，再依序加入新鲜柠檬汁、蜂蜜。

　④ 加入冰块，搅打均匀。倒入加有冰块的杯内。

252 白柚椰凤汁

(1) 原料配方　白柚子果肉 100 克，新鲜凤梨果肉 50 克，椰浆 60 毫升，蜂蜜 90 毫升，纯净水 150 毫升，冰块适量。

(2) 制作过程

　① 先将去皮的白柚子留果肉备用。凤梨去皮然后切丁备用。

　② 把切好的凤梨果肉及白柚子果肉置入果汁机内。

　③ 加入纯净水，再依序加入椰浆、蜂蜜。

　④ 加入冰块，搅打后过滤，倒入加有冰块的杯内。

253 青柠白香柚汁

(1) 原料配方　白柚子果肉 100 克，青葡萄 8 粒，新鲜青柠汁 30 毫升，蜂蜜 90 毫升，纯净水 150 毫升，冰块适量。

(2) 制作过程

　① 将青葡萄洗净，白柚子去皮留果肉备用。

　② 把青葡萄及白柚子果肉置入果汁机内。

　③ 加入纯净水，再依序加入新鲜青柠汁、蜂蜜。

　④ 加入冰块，搅打后过滤，倒入加有冰块的杯内。

254 清凉世界奇异果露

(1) 原料配方　黄瓜 120 克，生梨 40 克，哈密瓜 40 克，奇异果 2 个，薄荷叶 10 克。

(2) 制作过程

　① 将黄瓜洗净，切丁。将生梨、哈密瓜、奇异果去皮，切丁。

　② 将所有的原料和薄荷叶放入粉碎机中粉碎均匀，倒入杯中即可。

255 百香菊花露

(1) 原料配方　百香果半个，菊花 3 克，黑森林果粒茶 1 勺，开水 250 毫升，百香果汁 10 毫升，蜂蜜 10 毫升，糖水 10 毫升。

(2) 制作过程

　① 把黑森林果粒茶放入 100 毫升开水中泡至大红色取出过滤。

　② 把菊花放入 150 毫升开水中煮制 3 分钟取出过滤。

　③ 将百香果肉、蜂蜜、糖水放入煮好的菊花茶中搅匀倒入杯中。

　④ 倾斜杯子再将黑森林果粒茶汁、百香果汁缓缓倒入杯中，即可完成。

256 柚香泡泡冰

(1) 原料配方　蜂蜜柚子茶 15 毫升，薄荷叶 5 克，雪碧 150 毫升，冰块适量。

(2) 制作过程　将蜂蜜柚子茶、雪碧倒入容器中，放入敲成小碎块的冰块。用洗净的薄荷叶点缀在饮料中即可。

注：蜂蜜柚子茶和雪碧事先冻过再加冰块，更加沁凉，薄荷叶也可以轻轻揉碎再加入饮料中，口感更特别。

257 红茶柠檬酷酷杯

(1) 原料配方　红茶水 200 毫升，柠檬 1/2 个，冰块 150 克。

(2) 制作过程

　① 将冰块用冰沙机打成冰沙放入玻璃杯中，倒入红茶水拌匀。

　② 切下少许柠檬作装饰，并根据自己的口味向茶中挤入柠檬汁调味。

258 绿茶青苹汁

(1) 原料配方　绿茶水 200 毫升，青苹果 2 个，冰块 150 克。

(2) 制作过程

① 青苹果洗净去核，切下两片备用，其余的果肉榨汁。

② 将青苹果汁与绿茶水倒入杯中混匀，放入冰块用青苹果片装饰即可。

259 西瓜柠檬汁

(1) 原料配方　西瓜 1/2 个，香瓜 1/2 个，青柠檬 1 个。

(2) 制作过程

① 将西瓜去皮去籽切块，香瓜去皮去瓤切块，一起放入榨汁机内榨成汁。

② 用柠檬刮刀在青柠皮上刮出几条青柠丝备用。

③ 将西瓜汁倒入杯中，挤入一些青柠汁并撒入青柠丝，即可。

260 香蕉香芹汁

(1) 原料配方　西芹 1 根，香蕉 1 根，冰水 100 毫升。

(2) 制作过程

① 将一根西芹洗净切成小段。香蕉带皮洗净切成小段。

② 将西芹和香蕉段按 1 : 1 的比例放入榨汁机，放入适量的冰水，搅拌 2 分钟即可。

261 菠菜菠萝西瓜汁

(1) 原料配方　菠菜 25 克，菠萝 25 克，西瓜（去籽）250 克，纯净水 100 毫升。

(2) 制作过程

① 菠菜洗净切段水烫后备用。西瓜切成小块。菠萝洗净切块浸盐水 10 分钟。

② 将所有材料放入榨汁机里，加入适量纯净水搅拌 1 分钟即可。

262 黄瓜苹果汁

(1) 原料配方　苹果2个，蜂蜜10毫升，黄瓜片2片，柠檬片2片。

(2) 制作过程

① 取2个苹果榨汁倒入玻璃杯中。

② 将黄瓜片和切好的柠檬片放入苹果汁里。最后滴入少量蜂蜜。

263 果蔬雪芭

(1) 原料配方　草莓25克，雪梨25克，芒果25克，黄瓜25克，番茄25克，冰块适量。

(2) 制作过程

① 洗净草莓、雪梨、芒果、黄瓜、番茄等蔬菜水果，然后切成小丁状。

② 将果蔬放入榨汁机中搅拌1分钟。开盖后放入冰块继续搅拌20秒即可饮用。

264 山楂汁

(1) 原料配方　山楂500克，纯净水1000毫升，蜂蜜50毫升。

(2) 制作过程

① 将山楂用凉水快速洗净，除去浮灰，放入锅内，加入纯净水烧开后闷10分钟。

② 至水温下降到微温时，把山楂水盛入杯中，加入适量蜂蜜调匀即可。

265 胡萝卜橙子柠檬汁

(1) 原料配方　胡萝卜1根，橙子1个，柠檬1个，蜂蜜15毫升，冰块适量。

(2) 制作过程

① 将一个胡萝卜和一个橙子洗净去皮、切块，然后榨汁。

② 柠檬切半，取半个柠檬挤出柠檬汁。

③ 将两种汁混合，然后加入适量的蜂蜜和冰块搅拌均匀即可饮用。

266 番茄柠檬汁

(1) 原料配方 番茄 2 个，柠檬 0.5 个，蜂蜜 15 毫升，纯净水 150 毫升，冰块适量。

(2) 制作过程

① 将 2 个番茄去皮切成块状。取柠檬挤出柠檬汁。

② 材料放入搅拌机中，再加进蜂蜜、纯净水一起搅拌。最后放入少许冰块。

267 凤梨柳橙番茄汁

(1) 原料配方 柳橙 1 个，凤梨 1/4 个，番茄 1 个，蜂蜜 15 毫升，纯净水 150 毫升。

(2) 制作过程

① 将柳橙去皮，凤梨去皮与核，番茄去蒂。各切成适当大小。

② 材料全部放进压榨器中榨汁，加入适量蜂蜜和纯净水进行搅拌即可。

268 蓝莓草莓汁

(1) 原料配方 草莓 20 颗，蓝莓 100 克，蜂蜜 15 毫升，纯净水 150 毫升。

(2) 制作过程

① 草莓去蒂切成半。蓝莓清洗后沥干水分。

② 取大部分草莓和全部蓝莓放入榨汁机搅拌，加入蜂蜜、纯净水打匀。

③ 倒入玻璃杯中，将剩下的草莓放入果汁里。

269 缤纷果冰

(1) 原料配方 苹果 25 克，橙子 25 克，西瓜 25 克，木瓜 25 克，草莓 25 克，蓝莓酱 15 毫升，冰块 200 克。

(2) 制作过程

① 洗净苹果、橙子、西瓜、木瓜、草莓，再把水果切成小丁状。

② 将冰块放入冰沙机内，搅打成冰沙，放入玻璃碗中。

③ 把水果丁盛在冰沙上。淋上适量的蓝莓酱最后调味。

270 薄荷猕猴桃苹果汁

(1) 原料配方　猕猴桃 3 个，苹果 1 个，薄荷叶 3 枝。

(2) 制作过程

　① 将猕猴桃削皮，每个切成四块。苹果不必削皮，去核切块。

　② 薄荷叶放入果汁机中，再加入猕猴桃、苹果一起打碎打成汁。

271 青柠薄荷水

(1) 原料配方　新鲜薄荷叶 2 枝，青柠檬 1 个，蜂蜜 15 毫升，纯净水 150 毫升，冰块适量。

(2) 制作过程

　① 将新鲜薄荷叶取下洗净。将青柠檬切块和薄荷叶泡入纯净水中。

　② 放入少量的蜂蜜搅匀后，再加上适量冰块。

272 香茅柠檬茶

(1) 原料配方　香茅 1 根，柠檬 1 个，蜂蜜 15 毫升，纯净水 300 毫升。

(2) 制作过程

　① 香茅洗净，切成 1 寸长，拍扁；柠檬切碎。

　② 将香茅放入煮锅中加入清水煮沸，再慢火煮上 20 分钟，然后放入柠檬，再加入适量蜂蜜调匀，过滤后即可当茶饮用。

273 薄荷苹果凉茶

(1) 原料配方　苹果 2 个，新鲜薄荷叶 2 枝，蜂蜜 15 毫升。

(2) 制作过程

　① 取 2 个苹果洗净带皮榨汁。将新鲜薄荷叶取下洗净，放入苹果汁里。

　② 再放入少量蜂蜜调匀即可饮用。

274 迷迭香芒果柠檬汁

(1) 原料配方　迷迭香 1 小枝，芒果 2 个，柠檬 0.5 个。

（2）制作过程

　　① 迷迭香洗净摘取 5～6 片叶子。芒果洗净去皮，切小块。

　　② 将迷迭香、芒果放入榨汁机搅拌 2 分钟。倒入杯中挤上柠檬汁即可。

275　芒果冰沙活力饮

（1）原料配方　芒果 2 个，无糖豆奶 300 毫升，蜂蜜 15 毫升，冰块 100 克。

（2）制作过程

　　① 将芒果去皮切成小块备用。

　　② 将无糖豆奶、冰块放入榨汁机中快速搅拌至半碎，再加入芒果与蜂蜜一起搅拌均匀即可。

276　甜椒轻盈活力饮

（1）原料配方　苹果 1 个，凤梨 2 片，红色甜椒半颗，西洋芹 2 株，小番茄 5 个，纯净水 150 毫升。

（2）制作过程

　　① 将苹果削皮去核后切成丁。将红色甜椒、西洋芹、凤梨都切块备用。

　　② 将所有材料及纯净水放进榨汁机中榨汁后，倒入杯中即可饮用。

277　紫香苹凤活力饮

（1）原料配方　紫色高丽菜 50 克，苹果 100 克，凤梨 150 克，牛奶 50 毫升，纯净水 200 毫升，蜂蜜 15 毫升。

（2）制作过程

　　① 将紫色高丽菜洗净剥成片状备用。凤梨、苹果去皮去籽（或去硬芯）后切丁备用。

　　② 将果蔬材料、牛奶、纯净水放入榨汁机中榨汁后，倒入杯中。

　　③ 再加入蜂蜜充分搅拌均匀即可饮用。

278　蜂蜜柠檬汁

(1) 原料配方　柠檬 1 个，蜂蜜 1 大匙，冰块 25 克，纯净水 500 毫升。

(2) 制作过程　将柠檬切开去籽，用榨汁机榨后倒在杯中后，再加入纯净水和蜂蜜拌匀。最后加入冰块即可。

279　草莓水果混合汁

(1) 原料配方　草莓 6 个，苹果 1 个，大番茄 1 个，香菜 5 克，冰块适量。

(2) 制作过程

① 用盐水洗净草莓、苹果、大番茄。草莓去除果蒂，苹果削去外皮并切除内核，对切后再切成小块；香菜洗净切碎。

② 将所有材料全部放入榨汁机中打成汁；滤除果渣取汁倒放杯中，加入少许冰块即可。

280　番茄柠檬凤梨汁

(1) 原料配方　大番茄 1 个，凤梨 30 克，柠檬 1/2 个，蜂蜜 1/2 大匙，冰水 200 毫升，冰块适量。

(2) 制作过程

① 凤梨、大番茄、柠檬以盐水洗净；凤梨削去外皮取一大块果肉，切成小块。

② 将凤梨、大番茄、柠檬、冰水一起放入榨汁机中打成汁。

③ 滤掉果渣取汁倒入杯中，加些冰块和蜂蜜拌匀即可饮用。

281　猕猴桃苹果薄荷汁

(1) 原料配方　猕猴桃 3 个，苹果 1 个，薄荷叶 2～3 片。

(2) 制作过程

① 材料洗净，猕猴桃削皮、切成四块，苹果不必削皮，去核切块。

② 薄荷叶放入榨汁机中打碎，再加入猕猴桃、苹果一起打成汁。

③ 搅拌均匀后，室温下饮用或依个人喜好冷藏后饮用。

282 柠檬可乐生姜茶

(1) 原料配方 生姜 10 片，可乐 300 毫升，柠檬 1 片。

(2) 制作过程

① 将生姜切成片，大约需要 10 片左右；切得薄薄的柠檬片 1 片，不要放太多，以免太酸。

② 将可乐 300 毫升倒入煮锅中，放入生姜片，烧开后改小小的火（微微沸腾就可以）煮 3～5 分钟（时间长生姜的味道就浓些，可以根据自己的喜好决定）。

③ 最后放入柠檬片再煮一分钟就可以关火。

283 欧风果醋水果茶

(1) 原料配方 黑森林果粒糖浆 30 毫升，柳橙果醋 15 毫升，桑葚果醋 15 毫升，西柚酱 30 毫升，糖水 15 毫升，冰块 200 克，矿泉水 250 毫升。

(2) 制作过程

① 将冰块加入雪克壶中，再加入矿泉水、黑森林果粒糖浆、柳橙果醋、桑葚果醋以及西柚酱、糖水。

② 快速摇匀，使其扬起泡沫，散出香气。最后将调制好的饮品，倒入杯内。

284 青柠汁

(1) 原料配方 泰国青柠檬 2 只，屈臣氏浓缩青柠汁 45 毫升，糖油 45 毫升，食用冰块 100 克。

(2) 制作过程

① 先将泰国青柠檬一切二，部分切片。将青柠檬汁挤入粉碎机中。

② 将屈臣氏浓缩青柠汁、糖油、食用冰块一起倒入粉碎机中混合粉碎。

③ 倒入玻璃杯中后，用几片柠檬装饰即可。

285 牛奶香蕉汁

(1) 原料配方 香蕉 1 根，奶粉 20 克，糖水 15 毫升，冰水 200 毫升，冰块适量。

（2）制作过程

　　① 粉碎机中放入去皮香蕉、奶粉、糖水、适量冰块、冰水搅匀。

　　② 过滤到放有冰块玻璃杯中即可。

286　牛奶西瓜汁

（1）原料配方　西瓜（去籽）400 克，奶粉 20 克，糖水 15 毫升，冰水 200 毫升，冰块适量。

（2）制作过程

　　① 去籽西瓜切块。粉碎机中放入西瓜块、奶粉、糖水、适量冰块、冰水搅匀。

　　② 过滤到放有冰块玻璃杯中即可。

287　牛奶青瓜汁

（1）原料配方　青瓜 1 根，奶粉 20 克，糖水 15 毫升，冰水 200 毫升，冰块适量。

（2）制作过程

　　① 青瓜洗净去皮去籽切块。粉碎机中放入青瓜块、奶粉、糖水，适量冰块、冰水搅匀。

　　② 过滤到放有冰块玻璃杯中即可。

288　薄荷蛋蜜汁

（1）原料配方　薄荷酒 15 毫升，蜂蜜 20 毫升，浓缩橙汁 20 毫升，蛋黄 1 个，冰块适量。

（2）制作过程　雪克壶中加入薄荷酒、蜂蜜、浓缩橙汁、蛋黄和冰块。快速摇晃均匀，倒入玻璃杯中即可。

289　蛋奶胡萝卜汁

（1）原料配方　蛋黄 1 个，鲜奶 200 毫升，糖水 20 毫升，冰块 100 克，胡萝卜汁 100 毫升。

（2）制作过程

　　① 雪克壶中放入蛋黄、鲜奶、糖水、冰块摇匀，倒入玻璃杯中。

　　② 将胡萝卜汁慢慢注入杯中即可。

290 牛奶蛋黄木瓜汁

(1) 原料配方 鲜奶 80 毫升，蛋黄 1 个，木瓜 160 克，蜂蜜 10 毫升，冰块 100 克。

(2) 制作过程

① 木瓜洗净后去皮去籽。

② 粉碎机中放入鲜奶、蛋黄、木瓜、蜂蜜、冰块搅拌细碎。最后倒入玻璃杯中即可。

291 特调百香果汁

(1) 原料配方 百香果酱 30 毫升，炼乳 20 毫升，柠檬汁 10 毫升，蜂蜜 5 毫升，冰块 75 克。

(2) 制作过程 将百香果酱、炼乳、柠檬汁、蜂蜜、冰块放入雪克壶中，快速摇匀。倒入玻璃杯中即可。

292 香蕉柳橙汁

(1) 原料配方 去皮香蕉 1 根，浓缩橙汁 10 毫升，炼乳 10 毫升，蜂蜜 5 毫升，冰块 100 克。

(2) 制作过程 将去皮香蕉切块放入粉碎机中，再加入浓缩橙汁、炼乳、蜂蜜、冰块，搅拌均匀。倒入玻璃杯中即可。

293 特调番茄汁

(1) 原料配方 番茄汁 150 毫升，蜂蜜 15 毫升，浓缩橙汁 10 毫升，冰块适量。

(2) 制作过程 将番茄汁、蜂蜜、浓缩橙汁、冰块放入雪克壶中，快速摇晃均匀。倒入玻璃杯中即可。

294 爱琴海

(1) 原料配方 浓缩橙汁 20 毫升，糖水 10 毫升，西瓜汁 45 毫升，樱桃 1 个，花签 1 个。

（2）制作过程

① 将浓缩橙汁、糖水搅匀倒入杯中，加入西瓜汁搅拌均匀。

② 加上樱桃、花签装饰即可。

295 情人萝

（1）原料配方　胡萝卜1根，菠萝30克，蜂蜜20毫升，矿泉水60毫升，冰块100克。

（2）制作过程

① 胡萝卜、菠萝去皮切成条状，以榨汁机榨汁。

② 将榨好的汁倒入有冰块的杯中，再加入20毫升蜂蜜于杯中，再加入矿泉水后调匀即成。

296 甜甜蜜蜜

（1）原料配方　芒果半个，菠萝30克，蛋黄1个，鲜乳100毫升，香草冰激凌1个，砂糖5克，冰块适量。

（2）制作过程

① 芒果、菠萝去皮切块，放进粉碎机中，再依次加入蛋黄、香草冰激凌、砂糖和鲜乳搅匀打成汁。

② 将果汁倒入备有冰块的杯中即可。

297 粉雕玉琢

（1）原料配方　西瓜300克，鲜乳200毫升，蜂蜜20毫升，糖水15毫升，冰块适量。

（2）制作过程

① 西瓜去皮切丁放进粉碎机中，再加入鲜乳、蜂蜜和糖水，搅打均匀。

② 倒入放有冰块的杯中，插入吸管即成。

298 乳燕归巢

（1）原料配方　胡萝卜1根，苹果1个，砂糖5克，鲜乳200毫升，冰块适量。

(2) 制作过程

① 胡萝卜、苹果去皮切丁，放进粉碎机中，再加入鲜乳和砂糖。搅打均匀。

② 将果汁倒入杯中，插入吸管即成。

299　粉红情事

(1) 原料配方　牛奶 200 毫升，糖浆 15 毫升，柳橙汁 30 毫升，红石榴汁 15 毫升，冰块适量。

(2) 制作过程

① 将牛奶、糖浆、柳橙汁、冰块放入雪克壶中，快速摇晃均匀。

② 倒入玻璃杯内，将吧匙插入杯底将 15 毫升红石榴汁沉入杯底。

300　椰林情深

(1) 原料配方　椰奶 150 毫升，糖浆 15 毫升，凤梨汁 30 毫升，青苹果汁 10 毫升，冰块适量。

(2) 制作过程

① 将椰奶、糖浆、凤梨汁、冰块放入雪克壶中，快速摇晃均匀。

② 倒入玻璃杯内，将吧匙插入杯底，将青苹果汁沉入杯底。

301　银色之恋

(1) 原料配方　可而必思 90 毫升，柠檬汁 10 毫升，苹果汁 200 毫升，冰块适量，红樱桃 1 个。

(2) 制作过程

① 将冰块数个置入杯中，倒入可而必思，将少许柠檬汁加入杯内。

② 把苹果汁加入杯中约八分满，再用调酒棒调匀，使其混合即成。用红樱桃装饰杯口。

302　金汁玉叶

(1) 原料配方　百香果汁 30 毫升，柳丁汁 60 毫升，汽水 200 毫升，冰块适量，红樱桃 1 个。

(2) 制作过程

　① 将冰块数个置入杯中，加上百香果汁、柳丁汁搅拌均匀后，把汽
　　水加入杯中约八分满。

　② 用红樱桃装饰杯口。

303　芬兰果汁

(1) 原料配方　柳丁汁 120 毫升，石榴汁 30 毫升，蛋黄 1 个，蜂蜜 15 毫
　　升，冰块适量，柠檬片数片。

(2) 制作过程

　① 雪克壶中先放入冰块数个，将柳丁汁、石榴汁、蛋黄等放入壶内，
　　再加入少许的蜂蜜，然后再加以摇匀。

　② 把调好的果汁倒入加有冰块的杯内，以柠檬片装饰于杯口。

304　萝露果汁

(1) 原料配方　可而必思 30 毫升，金酒 5 毫升，柳橙汁 120 毫升，柠檬
　　汁 15 毫升，鲜奶 30 毫升，冰块适量，绿樱桃 1 个。

(2) 制作过程

　① 将冰块放入雪克壶内，将可而必思、金酒、柳橙汁、柠檬汁放入
　　壶内，再加入少许的鲜奶，然后再加以摇匀即可。

　② 将调好的果汁，倒入于装有冰块的杯中，以绿樱桃装饰于杯口。

305　紫屋魔恋

(1) 原料配方　葡萄汁 30 毫升，鲜奶 30 毫升，凤梨汁 30 毫升，蜂蜜 15
　　毫升，金酒 5 毫升，柳丁汁 20 毫升，冰块适量。

(2) 制作过程　将葡萄汁、鲜奶、凤梨汁、蜂蜜、金酒、柳丁汁、冰块放
　　入雪克壶中摇匀。倒入玻璃杯中即可。

306　埃及艳后

(1) 原料配方　黄苹果汁 45 毫升，杏仁蜜 30 毫升，鲜奶 90 毫升，龙眼
　　蜜 15 毫升，冰块适量。

(2) 制作过程　将黄苹果汁、杏仁蜜、鲜奶、龙眼蜜、冰块放入雪克壶中
　　摇晃均匀。倒入玻璃杯中即可。

307　东方佳人

(1) 原料配方　柠檬汁 60 毫升，柳橙汁 60 毫升，百香果汁 60 毫升，红石榴汁 60 毫升，冰块适量。

(2) 制作过程　将柠檬汁、柳橙汁、百香果汁、红石榴汁、冰块放入雪克壶中摇晃均匀。倒入玻璃杯中即可。

308　绿色沙漠

(1) 原料配方　青苹果汁 30 毫升，绿薄荷蜜 15 毫升，鲜奶 15 毫升，冰块适量。

(2) 制作过程

① 将青苹果汁、绿薄荷蜜、鲜奶、冰块放入雪克壶中摇晃均匀。

② 倒入玻璃杯中即可。

309　香瓜玉露

(1) 原料配方　哈密瓜汁 30 毫升，鲜奶 120 毫升，鲜奶油 15 毫升，柳橙汁 15 毫升，冰块适量。

(2) 制作过程

① 将哈密瓜汁、鲜奶、鲜奶油、柳橙汁、冰块放入雪克壶中摇晃均匀。

② 倒入玻璃杯中即可。

310　热情诱惑

(1) 原料配方　奇异果汁 30 毫升，柠檬汁 15 毫升，椰奶 30 毫升，柳橙汁 15 毫升，冰块适量。

(2) 制作过程

① 将奇异果汁、柠檬汁、椰奶、柳橙汁、冰块放入雪克壶中摇晃均匀。

② 倒入玻璃杯中即可。

311　美人果汁香瓜露

(1) 原料配方　哈密瓜 100 克，鲜奶 90 毫升，糖水 30 毫升，鲜奶油 30 毫升，柳丁汁 60 毫升。

(2) 制作过程

① 将哈密瓜去皮切丁，连同其他原料一起入粉碎机搅拌成汁。

② 倒入玻璃杯中即可。

312　五色蜜汁

(1) 原料配方　柳丁汁 60 毫升，凤梨汁 60 毫升，柠檬汁 60 毫升，糖水 60 毫升，红石榴汁 10 毫升，冰块适量。

(2) 制作过程

① 将柳丁汁、凤梨汁、柠檬汁、糖水、冰块放入雪克壶中快速摇晃均匀。

② 倒入玻璃杯中，最后注入红石榴汁即可。

313　多味蜜汁

(1) 原料配方　柠檬汁 15 毫升，薄荷蜜 15 毫升，蜂蜜 15 毫升，鲜奶 60 毫升，汽水 200 毫升，冰块 100 克。

(2) 制作过程

① 将柠檬汁、薄荷蜜、蜂蜜、鲜奶、汽水、冰块放入雪克壶中快速摇晃均匀。

② 倒入玻璃杯中即可。

314　情人之梦

(1) 原料配方　红葡萄酒 30 毫升，红石榴汁 5 毫升，蜂蜜 15 毫升，柳丁汁 60 毫升，凤梨汁 60 毫升，冰块适量。

(2) 制作过程

① 将红葡萄酒、红石榴汁、蜂蜜、柳丁汁、凤梨汁、冰块放入雪克壶中快速摇晃均匀。

② 倒入玻璃杯中即可。

315　相思梦果汁

(1) 原料配方　柠檬汁 15 毫升，红石榴汁 15 毫升，柳丁汁 15 毫升，可尔必思 60 毫升，冰块适量。

(2) 制作过程

　① 将柠檬汁、红石榴汁、柳丁汁、可尔必思、冰块放入雪克壶中快速摇晃均匀。

　② 倒入玻璃杯中即可。

316　丽人蜜汁

(1) 原料配方　苹果汁 120 毫升，杏仁露 30 毫升，鲜奶 90 毫升，糖水 15 毫升，冰块适量。

(2) 制作过程

　① 将苹果汁、杏仁露、鲜奶、糖水、冰块放入雪克壶中快速摇晃均匀。

　② 倒入玻璃杯中即可。

317　可乐奶汁

(1) 原料配方　鲜奶 100 毫升，可乐 100 毫升，冰块适量。

(2) 制作过程　杯中加上八分满的冰块，再加入可乐，最后加入鲜奶。

318　紫色玫瑰

(1) 原料配方　葡萄汁 90 毫升，凤梨汁 60 毫升，柠檬汁 10 毫升，蓝柑酒 10 毫升，汽水 200 毫升，冰块适量。

(2) 制作过程

　① 将葡萄汁、凤梨汁、柠檬汁、冰块放入雪克壶中快速摇晃均匀。

　② 倒入玻璃杯中，再加入汽水至八分满，最后淋入蓝柑酒拉均匀即可。

319 鲜桃可乐冰

(1) 原料配方　水蜜桃 1 个，可乐 350 毫升，玫瑰香蜜 20 毫升，冰块适量。

(2) 制作过程

① 在杯子里加入玫瑰香蜜，再加半杯冰块。

② 加入可乐至 8 分满。最后加入去了皮的水蜜桃。

第六章
Chapter 6

乳类饮料

1 暖香柚奶

(1) 原料配方　进口柚子茶 1 大勺，库米思 5 毫升，牛奶 350 毫升。
(2) 制作过程
　① 热饮　将以上材料放入煮锅中加热，倒入玻璃杯中即可。
　② 冷饮　将以上材料放入雪克壶中加入 5 块冰摇匀，倒入玻璃杯中即可。

2 紫薯拿铁

(1) 原料配方　安德鲁紫薯酱 15 克，热牛奶 300 毫升。
(2) 制作过程　将安德鲁紫薯酱倒入杯中后冲入热牛奶（有奶沫最好）。

3 椰奶紫米露

(1) 原料配方　牛奶 300 毫升，白糖 30 克，椰子粉 40 克，煮好的紫米 50 克，冰块 150 克。
(2) 制作过程
　① 将牛奶、白糖、椰子粉等放在杯中搅匀备用。
　② 将煮好的紫米放入另一个玻璃杯中，加上冰块，再倒入拌好的牛奶至八分满即可。

4 姜汁撞奶

(1) 原料配方　牛奶 200 毫升，白糖 3～4 汤匙，生姜 35 克。
(2) 制作过程
　① 生姜磨碎，用纱布滤掉渣，取其汁放入玻璃杯中。
　② 牛奶加糖后在煮锅里煮得有点冒泡就熄火。然后待其温度降至 70～80℃之间，倒进姜汁里，搅拌均匀。
　③ 放置 10～15 分钟之后，牛奶凝固成豆腐花状即可。

5 焦糖牛奶

(1) 原料配方　焦糖 20 毫升，热牛奶 220 毫升。
(2) 制作过程　将焦糖放入玻璃杯中，加上热牛奶混合一起搅匀。

6 玫瑰鲜奶冻

(1) 原料配方 玫瑰香蜜 20 毫升，鲜奶布丁 1 个，雀巢全脂牛奶 200 毫升，冰块 100 克。

(2) 制作过程 把玫瑰香蜜和鲜奶布丁放入雪克壶中。雀巢全脂牛奶倒入雪克壶。加冰块摇匀即可。

7 香蕉奶饮

(1) 原料配方 香蕉 1 根，香草冰激凌 20 克，蜂蜜 20 毫升，鲜奶 200 毫升，冰块适量。

(2) 制作过程

① 将香蕉去皮，切成块状，放入搅拌机中。

② 加入鲜奶及蜂蜜、香草冰激凌，再加入适量冰块，然后开机搅打一分半钟。最后过滤即可。

8 哈密瓜牛奶

(1) 原料配方 哈密瓜 200 克，牛奶 250 毫升。

(2) 制作过程 将哈密瓜榨汁，滤入玻璃杯中。加入牛奶搅匀即可。

9 酪梨牛奶

(1) 原料配方 酪梨 100 克，牛奶 250 毫升，蜂蜜 15 毫升，冰块 100 克。

(2) 制作过程

① 将酪梨肉挖出放入破壁机内。

② 加入牛奶和蜂蜜，加入少许冰块搅拌约 40 秒后即可。

10 苹果牛奶汁

(1) 原料配方 苹果 200 克，香瓜 50 克，牛奶 250 毫升，蜂蜜 15 毫升。

(2) 制作过程 将苹果、香瓜切片放入破壁机内榨汁。将牛奶及蜂蜜加入调味即可。

11 香蕉牛奶汁

(1) 原料配方　香蕉 200 克，小麦胚芽粉 1 匙，蜂蜜 15 毫升，糖水 10 毫升，牛奶 250 毫升，冰块 100 克。

(2) 制作过程

① 香蕉（去皮）切成小片，与小麦胚芽粉、蜂蜜、牛奶一起放入破壁机内搅拌。

② 搅拌 30 秒后加入冰块及糖水，再搅拌约 10 秒后倒出即可。

12 甘蔗牛奶

(1) 原料配方　甘蔗汁 50 毫升，牛奶 150 毫升。

(2) 制作过程　将甘蔗汁与牛奶一起混匀即可。

13 牛油果椰汁

(1) 原料配方　牛油果 1 个，椰汁 300 毫升。

(2) 制作过程　将牛油果切好放破壁机里和椰汁一起搅拌，直到牛油果和椰汁完全混合。滤入玻璃杯中即可。

14 木瓜撞奶

(1) 原料配方　木瓜汁 200 毫升，纯牛奶 250 毫升，蜂蜜 15 毫升。

(2) 制作过程

① 纯牛奶放入煮锅中加热至边缘起泡，不要烧开。

② 加入木瓜汁、蜂蜜等搅拌均匀。倒入玻璃杯中，放入冷藏或加入冰块搅匀即可。

15 柠檬酸奶

(1) 原料配方　原味酸奶 300 毫升，吉利丁片 3 克，冰水 60 毫升，柠檬汁 35 毫升，牛奶 150 毫升，石榴籽 15 克。

(2) 制作过程

① 原味酸奶中加少许糖打匀，再加柠檬汁跟牛奶一起打匀。

② 吉利丁片加冰水泡软，放微波炉加热。

③ 再把加热后的吉利丁片放入①中的混合物打匀即可。

④ 装杯放入冰箱冷藏。凝固后撒上石榴籽装饰。

16 芒果椰汁

(1) 原料配方　芒果 1 个，椰汁 300 毫升。

(2) 制作过程

① 将芒果去皮去核切成块，放破壁机里和椰汁一起搅拌，直到芒果和椰汁完全混合。

② 滤入玻璃杯中即可。

17 黄瓜椰汁

(1) 原料配方　黄瓜 1 根，椰汁 300 毫升。

(2) 制作过程

① 将黄瓜去皮切成块放破壁机里和椰汁一起搅拌，直到黄瓜和椰汁完全混合。

② 滤入玻璃杯中即可。

18 番茄牛奶

(1) 原料配方　番茄 1 个，牛奶 300 毫升，蜂蜜 15 毫升。

(2) 制作过程

① 将番茄去皮去蒂切成块，放破壁机里和牛奶一起搅拌，直到番茄和牛奶完全混合。

② 滤入玻璃杯中即可。

19 西瓜牛奶

(1) 原料配方　西瓜 1 个（200 克），牛奶 300 毫升，石榴糖浆 15 毫升。

(2) 制作过程　将西瓜去皮去籽切成块，放破壁机里和牛奶、石榴糖浆一起搅拌，直到西瓜和牛奶、石榴糖浆完全混合。滤入玻璃杯中即可。

20 热朱古力

(1) 原料配方　雀巢热朱古力粉 15 克，三花淡奶 25 克，糖 15 克，纯黑巧克力 15 克，开水 350 毫升。

(2) 制作过程

① 在透明玻璃杯中，将雀巢热朱古力粉用开水溶解，搅拌均匀。

② 将纯黑巧克力放入溶解了热朱古力的水中。

③ 最后将其他原料全部倒入，搅拌均匀即可。

21 蔬菜优酪乳

(1) 原料配方　小黄瓜 1 根，西芹 1 根，原味优酪乳 350 毫升。

(2) 制作过程

① 将小黄瓜去皮去籽切成块；西芹撕去老皮切成段。

② 将黄瓜块、西芹段加上原味优酪乳放入粉碎机中搅打均匀成汁。滤入玻璃杯中即可。

22 麦片牛奶

(1) 原料配方　牛奶 350 毫升，麦片 25 克，砂糖 15 克。

(2) 制作过程

① 将牛奶放入煮锅煮开，加入砂糖调味。

② 然后加入麦片搅拌均匀，以小火煮制 3 分钟至麦片膨胀即可熄火。

23 鲜桃牛奶汁

(1) 原料配方　牛奶 250 克，鲜桃 200 克，白砂糖 30 克，冷开水 100 毫升，冰块 0.5 杯。

(2) 制作过程

① 将鲜桃洗净，去皮去核切块，与冷开水一起放入破壁机中，榨汁后滤入杯中。

② 加入牛奶、白砂糖、冰块，搅拌均匀即可饮用。

24 蛋奶汁

(1) 原料配方 牛奶250毫升，蛋黄3个，糖25克。
(2) 制作过程
　　① 先用筷子把蛋黄搅匀放在一边，把牛奶倒到锅里，放糖，开小火加热至糖融化。
　　② 马上将蛋黄倒入，一边倒要一边搅动，防止蛋黄遇热结块，然后顺一个方向慢慢搅，慢慢搅，可以感觉到牛奶渐渐变成稠汁状，香味直透出来，搅到牛奶将开未开的临界状态，立刻关火。
　　③ 将蛋奶汁倒到玻璃杯中，趁热饮用。

25 果味酸奶

(1) 原料配方 酸奶250毫升，香蕉50克，橘子50克，葡萄50克，芹菜15克，蜂蜜5毫升，碎冰0.5杯。
(2) 制作过程
　　① 葡萄一个一个分开洗净，去皮去籽；香蕉去皮，切段；橘子一切二，去皮和籽；芹菜洗净切段。
　　② 将所有原料投入破壁机中搅打成汁，滤去渣滓，过滤得果味酸奶。

26 果粒酸奶

(1) 原料配方 草莓10颗，菠萝1/2个，原味酸奶350克。
(2) 制作过程
　　① 草莓去蒂切成小粒；菠萝去皮切成小粒。
　　② 把水果块装入玻璃杯中，注入原味酸奶。放冰箱里冷藏10分钟即可。

27 玉米酸奶爽

(1) 原料配方 酸奶350克，熟甜玉米粒100克。
(2) 制作过程
　　① 酸奶加上熟甜玉米粒放入破壁机搅打成汁。
　　② 装入杯中，点缀上整粒的甜玉米。

28　桑葚优酪乳

(1) 原料配方　桑葚 10 颗，优酪乳 250 毫升，柠檬汁 10 毫升，果糖 20 毫升，冰块 0.5 杯。

(2) 制作过程

① 将桑葚洗净。将所有原料放入破壁机中，搅打成汁。

② 滤入玻璃杯中，加入冰块即可。

29　草莓芦荟优酪乳

(1) 原料配方　草莓 15 颗，芦荟 1 片，优酪乳 350 毫升，蜂蜜 15 克，冰块 0.5 杯。

(2) 制作过程

① 草莓洗净去蒂备用。

② 芦荟撕去表皮，将透明果肉放入破壁机中，加入草莓、优酪乳、蜂蜜，打成果汁。

③ 注入玻璃杯中，加入冰块即可。

30　猕猴桃牛奶饮

(1) 原料配方　猕猴桃 150 克，牛奶 250 克，冰块 0.5 杯。

(2) 制作过程

① 将猕猴桃洗净去皮切块，与牛奶一起放入粉碎机中搅打成汁。

② 滤入玻璃杯中，加入冰块即可。

31　香桃芒果优酪乳

(1) 原料配方　香桃 1 个，芒果 1 个，优酪乳 350 毫升，蜂蜜 15 毫升，冰块 0.5 杯。

(2) 制作过程

① 香桃去皮、去核，果肉切块备用。

② 芒果去皮去核洗净，放入破壁机中，加入香桃块、优酪乳、蜂蜜，打成果汁即可。

③ 注入玻璃杯中，加入冰块即可。

32　清爽杨桃奶

（1）原料配方　杨桃 50 克，酸奶 150 毫升，鲜奶 150 毫升，白糖 15 克，葡萄干 15 克，纯净水 100 毫升。

（2）制作过程　将杨桃洗净去皮去籽，加上其他材料放入破壁机中，加纯净水打成汁。倒入玻璃杯中即可。

33　蜜瓜草莓酸奶

（1）原料配方　蜜瓜 1/2 个，草莓 15 个，酸奶 350 毫升。

（2）制作过程

　① 将蜜瓜洗净，去皮和籽后切成小块。草莓去蒂洗净切成块。

　② 将两种水果块加上酸奶放入破壁机中，搅打均匀后滤入玻璃杯中即可。

34　百香蜜桃牛奶汁

（1）原料配方　百香果 1 个，蜜桃 1 个，蜂蜜 15 克，柠檬汁 10 毫升，鲜奶 350 毫升，碎冰 0.5 杯。

（2）制作过程

　① 将百香果洗净切开，把果肉挖出，放入破壁机中；蜜桃去皮去核切成块也放入破壁机中。

　② 加入柠檬汁、蜂蜜、鲜奶打匀过滤后倒入杯中，加入碎冰即可饮用。

35　红茶奇异果酪乳饮

（1）原料配方　奇异果 1 个，香蕉 1 根，低脂原味酪乳 250 毫升，红茶水 100 毫升，蜂蜜 10 毫升。

（2）制作过程

　① 将奇异果对切，用吧匙将果肉挖出；将香蕉剥去外皮，切成段。

　② 将奇异果块、香蕉段、低脂原味酪乳、红茶水及蜂蜜一切倒入破壁机中，搅拌打匀后，倒入杯中即可。

36 综合果汁牛奶

(1) 原料配方　木瓜150克，香蕉1根，柳橙0.5只，牛奶200毫升，纯净水150毫升，冰块0.5杯。

(2) 制作过程

① 木瓜去籽挖出果肉；香蕉剥皮；柳橙削去外皮，剔除籽，备用。

② 把准备好的水果放进破壁机内，加入牛奶、纯净水，搅拌打匀后即可倒入装有冰块的杯中饮用。

37 芒果香蕉牛奶饮

(1) 原料配方　香蕉1根，芒果1个，鲜牛奶350毫升。

(2) 制作过程

① 将香蕉切成小段，芒果去皮去核，然后加入破壁机，并且倒入牛奶。

② 搅打成汁后，滤入玻璃杯中即可。

38 石榴牛奶椰子饮

(1) 原料配方　石榴糖浆10毫升，鲜奶250毫升，蜂蜜15毫升，椰子汁50毫升，碎冰块0.5杯。

(2) 制作过程　将所有原料放入破壁机搅拌约30秒，即可过滤倒出饮用。

39 薄荷蜜酸奶

(1) 原料配方　薄荷蜜10克，酸奶350毫升，冰块0.5杯。

(2) 制作过程　将薄荷蜜和酸奶放入破壁机中搅打成汁。滤入玻璃杯中，加入冰块即可。

40 苦瓜味鲜奶

(1) 原料配方　苦瓜50克，鲜牛奶350毫升，白砂糖15克，碎冰块0.5杯。

(2) 制作过程

① 取新鲜苦瓜，去皮、籽，切成大块。

② 将苦瓜块、鲜牛奶、白砂糖及碎冰块放入破壁机中，打碎成浓汁，即可饮用。

41 藕奶饮料

(1) 原料配方　牛奶 350 毫升，藕粉 5 克，砂糖 15 克。

(2) 制作过程　把牛奶烧开，加入用少量牛奶稀释的藕粉，使牛奶稍稍变稠，加上砂糖调味即可。

42 柠檬椰汁奶

(1) 原料配方　柠檬 1 个，椰浆 350 毫升，果糖 15 克，冰块 0.5 杯。

(2) 制作过程

① 柠檬去皮去籽后，洗净切小块备用。

② 将切成小块的柠檬及椰浆、果糖一起放入破壁机中搅拌均匀。

③ 滤入玻璃杯中，加入冰块即可。

43 鳄梨牛奶汁

(1) 原料配方　鳄梨 2 个，柠檬 1 个，鲜奶 350 毫升。

(2) 制作过程

① 将鳄梨、柠檬，洗净削皮去核后切成块状。

② 放入破壁机内加入鲜奶打成汁，滤入玻璃杯中即可饮用。

44 鳄梨酪乳汁

(1) 原料配方　鳄梨 1 个，优酪乳 250 毫升，蜂蜜 15 毫升，冰块 0.5 杯。

(2) 制作过程

① 将鳄梨洗净，去皮去籽，放入破壁机内。

② 加入蜂蜜、优酪乳搅打成汁，滤入玻璃杯中，加入冰块即可饮用。

45 香瓜牛奶汁

(1) 原料配方　香瓜 1 个，鲜奶 350 毫升，蜂蜜 25 毫升，碎冰 0.5 杯。

(2) 制作过程

① 将香瓜洗净，去皮去籽放入破壁机内。

② 加入蜂蜜、鲜奶，搅打成汁，滤入玻璃杯中，加入碎冰即可饮用。

46 柑橘牛奶汁

(1) 原料配方 柑橘 1 个，鲜奶 350 毫升，蜂蜜 25 毫升，碎冰 0.5 杯。

(2) 制作过程

① 将柑橘洗净，去皮去籽放入破壁机内。

② 加入蜂蜜、鲜奶，搅打成汁，滤入玻璃杯中，加入碎冰即可饮用。

47 哈密瓜牛奶汁

(1) 原料配方 哈密瓜 300 克，鲜奶 350 毫升，蜂蜜 25 毫升，碎冰 0.5 杯。

(2) 制作过程

① 将哈密瓜洗净，去皮去籽切成块放入破壁机内。

② 加入蜂蜜、鲜奶，搅打成汁，滤入玻璃杯中，加入碎冰即可饮用。

48 无花果雪露

(1) 原料配方 无花果 2 个，鲜奶 200 毫升，果糖 25 克，冰块 0.5 杯。

(2) 制作过程

① 无花果洗净后，去皮并切小块备用。

② 将无花果块、鲜奶、果糖等一起放入破壁机中搅打成细沙状。装入玻璃杯中即可。

49 香蕉蛋黄奶

(1) 原料配方 香蕉 200 克，蛋黄 1 个，牛奶 350 毫升，砂糖 15 克，冰块 100 克。

(2) 制作过程

① 将香蕉去皮，切成块。

② 将所有原料放入破壁机中搅打成汁。过滤后倒入玻璃杯中即可。

50 鲜玉米炼乳爽

（1）原料配方　鲜玉米粒 50 克，炼乳 150 毫升，蜂蜜 15 克，纯净水 150 毫升。

（2）制作过程

① 将鲜玉米粒放入破壁机中，加入纯净水，打成玉米浆。

② 倒入煮锅中煮沸后关火，放入炼乳、蜂蜜搅拌均匀。

③ 冷藏后注入玻璃杯中，即可饮用。

51 橙柑酸奶

（1）原料配方　酸奶 250 毫升，橙子 1 只，柑橘 5 只，纯净水 100 毫升。

（2）制作过程

① 酸奶冻成冰，取出在室温放一会儿后，把酸奶冰敲碎，放入杯子里。

② 将橙子去皮去籽切块，柑橘去皮去核，加上纯净水一起放入破壁机搅拌，然后倒入酸奶冰上边。

52 核桃牛奶

（1）原料配方　核桃肉 50 克，砂糖 50 克，牛奶 250 毫升，纯净水 100 毫升。

（2）制作过程

① 将核桃肉放入煮锅，加入纯净水、砂糖，煮约 10 分钟，待凉备用。

② 将牛奶和煮熟的核桃肉，用破壁机搅至呈浆状，过滤后，注入玻璃杯中即可。

53 甘菊奶露

（1）原料配方　菊花 1 朵，糯米 15 克，冰糖 15 克，牛奶 350 毫升。

（2）制作过程

① 将所有原料放入煮锅中，大火烧开，转小火煮 15 分钟。

② 过滤后取汁，注入玻璃杯中即可。

54 木瓜蛋奶露

(1) 原料配方　木瓜汁 100 毫升，柠檬汁 30 毫升，鲜鸡蛋 1 个，鲜牛奶 250 毫升，白砂糖 15 克，冰块 0.5 杯。

(2) 制作过程　将所有材料放入雪克壶中快速摇晃均匀，倒入玻璃杯中即可。

55 冰果薄荷牛奶

(1) 原料配方　牛奶 300 毫升，蜂蜜 30 毫升，砂糖 10 克，草莓 1 只，薄荷叶 3 枝，碎冰块 0.5 杯。

(2) 制作过程

① 将草莓、薄荷叶之外的材料放入雪克壶中快速摇晃均匀，倒入玻璃杯中。

② 放入草莓、薄荷叶装饰即可。

56 胡萝卜柠檬牛奶汁

(1) 原料配方　胡萝卜 1 根，柠檬汁 15 毫升，牛奶 350 毫升，蜂蜜 25 克。

(2) 制作过程　胡萝卜去皮、切块后和牛奶、柠檬汁、蜂蜜一起打成汁。滤入玻璃杯中即可。

57 南瓜柳橙酸奶

(1) 原料配方　南瓜 250 克，柳橙汁 60 毫升，酸奶 250 毫升，纯净水 100 毫升。

(2) 制作过程

① 将南瓜切成块状，在微波炉中加热成熟后，削去皮。与柳橙汁、纯净水等一起放到破壁机中搅拌成汁。

② 滤入玻璃杯中加入酸奶搅拌均匀即可。

58　青萝卜酸奶

(1) 原料配方　青萝卜1根，橙子1个，酸奶250毫升，纯净水100毫升。

(2) 制作过程

　　① 青萝卜去皮，切成小块；橙子去皮去籽后切成块。

　　② 青萝卜块和橙子块加上纯净水一起放入破壁机中搅打成汁。

　　③ 滤入玻璃杯中，加上酸奶搅拌均匀即可。

59　樱桃薏仁优酪乳

(1) 原料配方　樱桃10颗，优酪乳350毫升，薏仁米25克，纯净水350毫升。

(2) 制作过程

　　① 将薏仁米加纯净水煮开，水沸后改小火等薏仁米熟透、汤汁呈浓稠状即可。

　　② 樱桃洗净，去蒂、切半，装入杯中。

　　③ 注入优酪乳、薏仁米（带汤），即可饮用。

60　榴莲酸奶爽

(1) 原料配方　榴莲肉400克，原味酸奶250毫升，鲜奶100毫升。

(2) 制作过程

　　① 将榴莲肉分成小块，与鲜奶一起，放入破壁机中搅打成汁，滤入玻璃杯中。加入原味酸奶搅拌均匀。

　　② 放冰箱冷冻室大约30分钟至凝固。拿出后用吧匙搅拌融化，使之稍软饮用即可。

61　砀山梨牛奶汁

(1) 原料配方　砀山梨200克，鲜奶140毫升，砂糖15克，纯净水150毫升，冰块0.5杯。

（2）制作过程

　　① 将砀山梨的核及皮去除，切块放入破壁机内，放入砂糖、纯净水搅打成汁。

　　② 滤入玻璃杯中，加入鲜奶搅拌均匀，再加入冰块即可。

62　草莓石榴风味酸奶

（1）原料配方　草莓 100 克，石榴糖浆 10 毫升，酸牛奶 350 毫升，冰块 0.5 杯。

（2）制作过程

　　① 草莓洗净，去蒂，对切开。

　　② 将冰块之外的原料放入破壁机中搅拌均匀，过滤后倒入杯中，加以冰块即可。

63　红薯原味酸奶

（1）原料配方　红薯 250 克，酸奶 350 毫升，冰块 0.5 杯，纯净水 100 毫升。

（2）制作过程

　　① 将红薯洗净，放入微波炉加热成熟，取出后，晾凉备用。

　　② 红薯去皮，分成块，放入破壁机中，加入酸奶、纯净水搅打成汁。

　　③ 倒入玻璃杯中，加入冰块即可。

64　西瓜鲜桃奶露

（1）原料配方　西瓜瓤 250 克，鲜桃 2 个，鲜牛奶 350 克，白砂糖 300 克，碎冰块 0.5 杯，柠檬 1 片。

（2）制作过程

　　① 将西瓜瓤去籽切成块；鲜桃去皮去核切成块备用。

　　② 将西瓜瓤块、鲜桃块、牛奶、白砂糖、碎冰块等一起放入破壁机中。

　　③ 搅打均匀后倒入玻璃杯中，用柠檬片装饰即可。

65 蓝莓酱优酪乳

(1) 原料配方 蓝莓酱 30 毫升，优酪乳 100 毫升，糖水 15 毫升，冰水 250 毫升，碎冰 0.5 杯。

(2) 制作过程 将所有原料放入破壁机中搅打 30 秒，过滤后注入玻璃杯中即成。

66 水果牛奶羹

(1) 原料配方 苹果 0.5 个，香蕉 0.5 根，桃子 0.5 个，李子 2 个，樱桃 5 个，猕猴桃 1 个，牛奶 350 毫升，白糖 25 克，纯净水 300 毫升。

(2) 制作过程

① 将苹果去皮去核切成块；香蕉去皮切成小段；桃子去皮去核切成块；李子去皮去核切成块；樱桃去核切成块；猕猴桃去皮切成块。

② 然后倒入牛奶、纯净水，放入白糖煮溶，烧开后，加热 1～2 分钟。

③ 把煮好的水果牛奶羹倒进玻璃杯中。

67 巧克力奶

(1) 原料配方 巧克力 100 克，鲜奶 350 毫升。

(2) 制作过程

① 将巧克力掰碎放进杯子，倒进鲜奶。

② 放入微波炉加热 50 秒。取出用吧匙搅拌均匀。

68 红心火龙果牛奶汁

(1) 原料配方 红心火龙果 1 个，鲜奶约 350 毫升，碎冰 0.5 杯。

(2) 制作过程

① 将红心火龙果洗净，削皮后切成块状。

② 将碎冰与火龙果块、鲜奶一同放入破壁机内打成汁。滤入玻璃杯中即可饮用。

69 山药苹果牛奶

(1) 原料配方　生山药 25 克，苹果 1 个，鲜奶 350 毫升，蜂蜜 15 克，冰块 0.5 杯。

(2) 制作过程

　　① 生山药去皮切块；苹果去皮、核切小块。

　　② 将所有原料放入破壁机内，搅拌均匀后，倒出即可饮用。

70 生菜莴苣奶汁

(1) 原料配方　生菜 80 克，莴苣 100 克，牛奶 250 毫升，纯净水 100 毫升。

(2) 制作过程

　　① 生菜洗净撕碎，莴苣洗净去皮，与纯净水一起放入破壁机中搅打成汁，过滤后取汁。

　　② 生菜莴苣汁与牛奶在玻璃杯中兑在一起饮用。

第七章

Chapter 7

冰鲜饮料

1 苹果奶昔

(1) 原料配方　苹果汁 1 杯，脱脂香草希腊酸奶 6 盎司，苹果派香料 1/2 茶匙，冰块 1 杯。

(2) 制作过程　把所有材料倒入破壁机中搅拌均匀，倒入杯中即可。

注：1 盎司（美制）＝29.57 毫升；1 盎司（英制）＝28.41 毫升。

2 鲜柳橙冰沙

(1) 原料配方　柳橙 1 个，浓缩柳橙汁 30 毫升，蜂蜜 30 毫升，柠檬汁 30 毫升，冰块适量。

(2) 制作过程

① 柳橙洗净，去皮，放入破壁机中。

② 再将冰块倒入破壁机中，加入蜂蜜和浓缩柳橙汁、柠檬汁，搅拌均匀后，倒入杯中，加以装饰即可。

3 不说再见

(1) 原料配方　蓝柑香安蜜 15 克，七喜 200 毫升，冰块适量，水晶果肉丁 15 克。

(2) 制作过程

① 杯中加入蓝柑香安蜜，再往杯中加入碎冰，搅拌均匀。

② 注入七喜至八分满。撒上水晶果肉丁装饰。

4 水果奶昔

(1) 原料配方　芒果 1 个，低脂酸奶 1.2 杯，蜂蜜 60 毫升，柠檬汁 30 毫升，柠檬皮 5 克，香蕉 1 根，草莓 10 个，冰块适量。

(2) 制作过程

① 芒果 1 个去皮去核切碎；柠檬皮切碎；香蕉去皮切碎；草莓洗净去蒂。

② 将芒果碎、低脂酸奶、蜂蜜、柠檬汁、柠檬皮、香蕉、草莓、冰块一起放入破壁机中，搅拌均匀。装入玻璃杯中即可。

5 水果迷失奶昔

(1) 原料配方　热带水果果露 30 毫升，香草冰激凌 1 球，鲜奶 60 毫升，奶粉 20 克，冰块 1 杯，红苹果 1 角，凤梨 1 片，奇异果 1 角。

（2）制作过程

　　① 将材料依次倒入冰水机内，放入冰块。

　　② 开启电源，瞬间启动开关，分段搅打 3～4 次。

　　③ 再连续搅打成冰沙状，倒入杯中，放上红苹果角、凤梨片、奇异果角装饰。

6　菠萝奶昔

（1）原料配方　鲜奶 120 毫升，冰激凌球 1 个，蜂蜜 30 毫升，菠萝 2 块，冰块适量。

（2）制作过程

　　① 将菠萝去皮，取肉切粒。另切 1 片菠萝作为装饰用。

　　② 将所有材料倒入破壁机中搅拌均匀后倒入杯中，用菠萝片装饰。

7　水蜜桃雪泡

（1）原料配方　水蜜桃罐头 150 克，浓缩水蜜桃汁 20 毫升，蜂蜜 30 毫升，冰块 1 杯，汽水 30 毫升。

（2）制作过程

　　① 将水蜜桃放入破壁机中。

　　② 将浓缩水蜜桃汁、蜂蜜放入破壁机中，加入冰块搅拌均匀倒入杯中。

　　③ 将汽水倒入杯中，加以装饰即可。

8　玫瑰冰沙

（1）原料配方　玫瑰花酿 60 毫升，冰沙粉 2 大匙，冰水 80 毫升，冰块 250 克。

（2）制作过程　所有材料一起放入冰沙机，搅打 30 秒即成。

9　紫罗兰冰沙

（1）原料配方　紫罗兰花酿 60 毫升，冰水 80 毫升，冰块 250 克。

（2）制作过程　所有材料一起放入冰沙机，搅打 30 秒即成。

10　薄荷冰沙

（1）原料配方　薄荷蜜 45 毫升，鲜奶 120 毫升，蜂蜜 30 毫升，奶精粉 7 克，香草粉 3 克，冰水 100 毫升，冰块适量。

（2）制作过程

　　① 将一大杯冰块加入破壁机中，倒入所有材料。

② 搅拌均匀后倒入杯中加以装饰即可。

11 哈密瓜薄荷黄瓜冰沙

(1) 原料配方　哈密瓜汁2杯，黄瓜碎1杯，新鲜薄荷叶12片，柠檬汁30毫升，蜂蜜5毫升，冰块200克。

(2) 制作过程　将所有材料放入破壁机中，搅拌均匀。倒入玻璃杯中即可。

12 焦糖奶昔冰沙

(1) 原料配方　鲜奶60毫升，鲜奶油30毫升，焦糖巧克力酱45毫升，香草奶昔冰沙粉1匙，冰块300克，凤梨片1小片，巧克力卷2块，车厘子1粒，薄荷叶适量。

(2) 制作过程

① 将300克冰块置入冰沙机内。加入鲜奶、鲜奶油、焦糖巧克力酱、香草奶昔冰沙粉。

② 然后开动冰沙机，将冰块搅打至绵细。把搅打好的冰沙倒入杯内，饰入凤梨片、巧克力卷、车厘子、薄荷叶。

13 全能水果奶昔

(1) 原料配方　猕猴桃1个，香蕉1根，蓝莓半杯，草莓1杯，冰块1杯，橙汁半杯，桃子酸奶240毫升，冰块适量。

(2) 制作过程

① 猕猴桃1个切片；香蕉去皮切碎。

② 把所有材料倒入破壁机中搅拌均匀。

③ 倒入杯中，可用薄荷叶装饰。

14 西瓜冰沙

(1) 原料配方　西瓜500克，纯净水200毫升，糖浆50毫升。

(2) 制作过程

① 糖浆放入冰箱，冻成冰块。西瓜切块待用。

② 取出冰糖浆，再放入破壁机打碎。加入西瓜块，持续搅拌1分钟即可。

15 百香柔情

(1) 原料配方　百香果果露40毫升，莱姆汁15毫升，柳橙汁10毫升，纯净水30毫升，冰块200克，猕猴桃1片，红樱桃1个。

(2) 制作过程

　　① 将材料依次倒入冰沙机内，放入冰块。

　　② 开启电源，瞬间启动开关，分段搅打 3～4 次。

　　③ 再连续搅打成冰沙状即可盛入杯中，以猕猴桃片、红樱桃装饰即可。

16 草莓香蕉酸奶冰沙

(1) 原料配方　新鲜的草莓 1 杯，香蕉切片 1 杯，酸奶 1 杯，冰块 100 克，枫糖浆 2 汤匙，香草精 1/4 茶匙。

(2) 制作过程　把所有材料倒入冰沙机中搅拌均匀，倒入杯中即可饮用。

17 阳光香蕉奶昔

(1) 原料配方　香蕉 1 根，有机香草酸奶 1/4 杯，牛奶 1/4 杯，香草精 1/2 茶匙，豆蔻粉 1/2 茶匙。

(2) 制作过程　香蕉 1 根切成块。把豆蔻粉之外的材料倒入破壁机中搅拌均匀。倒入杯中撒上豆蔻粉即可饮用。

18 顶级太妃冰沙

(1) 原料配方　鲜奶 60 毫升，冰块 200 克，焦糖酱 15 毫升，太妃糖 6 粒。

(2) 制作过程

　　① 将鲜奶、冰块依次放入冰沙机内。

　　② 开启电源，瞬间启动开关，分段搅打 3～4 次；再连续搅打成冰沙状，倒入杯中；淋上焦糖酱再放上太妃糖即可。

19 蓝橘蜜冰沙

(1) 原料配方　蓝橘果露 60 毫升，莱姆汁 15 毫升，糖水（果糖、糖浆）15 毫升，鲜果冰沙粉 1 匙，冰块 300 克，新鲜草莓 1 粒，薄荷叶适量。

(2) 制作过程

　　① 将冰块置入冰沙机内。再加入蓝橘果露、糖水及莱姆汁、鲜果冰沙粉。

　　② 然后开动冰沙机，将冰块搅打至绵细。

　　③ 将冰沙倒入杯内，饰以新鲜草莓、薄荷叶。

20 波本巧克力奶昔

(1) 原料配方　香草冰激凌 3 球，咖啡 2/3 杯，波本威士忌 5 毫升，巧克力酱 30 毫升。

(2) 制作过程

　　① 先将少许巧克力酱注入杯壁。

② 把香草冰激凌、咖啡、波本威士忌、巧克力酱等倒入破壁机或奶昔机中搅拌均匀（30～45 秒）。倒入杯中即可饮用。

21 番茄梅子冰沙

(1) 原料配方　红番茄（大）2 个，柠檬汁 20 毫升，果糖 20 毫升，梅粉适量，话梅 1 粒，冰块适量。

(2) 制作过程

① 红番茄洗净去蒂后，切丁备用。

② 将备用的红番茄、柠檬汁、果糖放入破壁机中搅打约 10 秒，再将冰块分数次放入破壁机中搅打至呈细沙状。

③ 将梅粉放入步骤②物料中搅拌均匀后，迅速倒入杯中，再将一粒话梅放在冰沙上即可。

22 金橙奶昔

(1) 原料配方　鲜橙 1 个，浓缩柳橙汁 30 毫升，鲜奶 120 毫升，冰激凌球 1 个，冰块 1 小杯，蜂蜜 30 毫升。

(2) 制作过程

① 鲜橙去皮榨汁备用。

② 将浓缩柳橙汁与其他配料放入破壁机中，拌匀后倒入杯中。

23 麻辣冰沙

(1) 原料配方　番茄汁 90 毫升，果汁 15 毫升，柠檬汁 15 毫升，糖水（果糖、糖浆）30 毫升，麻辣冰沙粉 1 匙，冰块 300 克，红辣椒 1 份。

(2) 制作过程

① 将冰块置入冰沙机内，加入番茄汁、果汁、糖水、柠檬汁等。

② 再加入麻辣冰沙粉 1 匙于冰沙机内。然后开动冰沙机，将冰块搅打至绵细。

③ 将冰沙倒入杯内，饰以红辣椒。

24 杨枝甘露

(1) 原料配方　西米 50 克，芒果 2 个，木瓜 1 个，椰浆 1 罐，淡奶 1 罐，冰糖少许，砂糖适量，纯净水 200 毫升。

(2) 制作过程

① 芒果挖肉，用破壁机打浆待用；木瓜去皮切粒，西米煮熟，过冷水，沥干。

② 锅中倒入适量冰糖和纯净水，再倒入西米煮约 2 分钟。

③ 待西米糖水温度降至 40℃以下时，再加入适量淡奶、椰浆、芒果浆、砂糖调匀，最后拌入木瓜粒。

25 特制金橘茶冰沙

(1) 原料配方　金橘蜜 30 毫升，柠檬汁 15 毫升，柳橙汁 15 毫升，红茶 60 毫升，鲜金橘 2 粒，鲜果冰沙粉 1 匙，冰块 300 克，柠檬片 1 片，车厘子 1 粒，薄荷叶适量。

(2) 制作过程

① 将冰块置入冰沙机内，加入金橘蜜、柠檬汁、柳橙汁。

② 再加入红茶及鲜金橘、鲜果冰沙粉。然后开动冰沙机，将冰块搅打至绵细。

③ 把搅打好的冰沙倒入杯内，饰入柠檬片、车厘子、薄荷叶。

26 曼珠沙华

(1) 原料配方　玫瑰香蜜 2 勺，七喜 200 毫升，冰块适量。

(2) 制作过程　杯中加入玫瑰香蜜、冰块，加上少量七喜搅匀。再注入七喜至八分满。

27 草莓冰沙

(1) 原料配方　草莓果酱 100 克，糖水 30 毫升，冰块适量，红石榴汁 2 毫升。

(2) 制作过程

① 将草莓果酱、糖水与冰块放入冰沙机内搅拌成细沙状。

② 将搅拌好的冰沙倒入杯内，用勺背堆成小山状，淋上红石榴汁即可。

28 南海睛

(1) 原料配方　薄荷香蜜 15 毫升，七喜 200 毫升，碎冰 200 克。

(2) 制作过程　杯中加入薄荷香蜜、碎冰。注入七喜至八分满。

29 翡翠鸡尾酒冰沙

(1) 原料配方　白薄荷果露 30 毫升，绿薄荷香甜酒 30 毫升，白色朗姆酒 30 毫升，糖水（果糖、糖浆）15 毫升，鲜果冰沙粉 1 匙，冰块 300 克，柠檬片 1 片，车厘子 1 粒，薄荷叶适量。

(2) 制作过程

① 将冰块置入冰沙机内，加入白薄荷果露及绿薄荷香甜酒。

② 再加入白色朗姆酒、糖水及鲜果冰沙粉。然后开动冰沙机，将冰块

搅打至绵细。

③ 将冰沙倒入杯内，饰入柠檬片、车厘子、薄荷叶。

30 绿茶芒果冰沙

(1) 原料配方　去皮去核芒果 1 个，生菠菜 2 杯，冰镇绿茶 1 杯，香蕉 1 根，新鲜的菠萝 1 杯。

(2) 制作过程　把所有材料倒入冰沙机中搅拌至泥状，倒入杯中，插入吸管即可饮用。

31 花生酱香蕉燕麦奶昔

(1) 原料配方　香蕉 2 根，脱脂牛奶 1 杯，低脂香草酸奶 1 杯，燕麦 1 杯，天然花生酱 1/4 杯，肉桂 1 茶匙，冰块 200 克。

(2) 制作过程　把所有材料倒入冰沙机中搅拌均匀，倒入杯中即可。

32 草莓芒果奶昔

(1) 原料配方　冷冻草莓或新鲜 1 杯，芒果半杯，不加糖椰奶 1 杯，椰子精 1/4 茶匙。

(2) 制作过程　把所有原料倒入冰沙机中搅拌至泥状倒入杯中即可饮用。

33 菠萝冷冻酸奶冰沙

(1) 原料配方　冰冻菠萝或新鲜菠萝 1 杯，香草酸奶 1/2 杯，牛奶 1/3 杯，蜂蜜 2 茶匙，冰块 4 块。

(2) 制作过程　把所有材料倒入冰沙机中搅拌 2 分钟。根据需要可以添加更多的牛奶。

34 豆蔻木瓜酪

(1) 原料配方　新鲜木瓜块 1 杯，酸奶半杯，全脂牛奶 1/2 杯，糖浆、蜂蜜或龙舌兰花蜜 1 汤匙，小豆蔻 1/8 茶匙。

(2) 制作过程　把所有原料倒入破壁机中搅拌均匀，倒入玻璃杯中，冷藏 10 分钟。

35 芒果酪奶昔

(1) 原料配方　芒果肉 2 个，原味酸奶 1/2 杯，全脂牛奶或酸奶酒 1 杯，去皮生姜 10 克，青柠汁 1 杯，小豆蔻粉 1 茶匙。

(2) 制作过程　把所有材料倒入破壁机中搅拌均匀。倒入杯中即可饮用。

36 顶级早餐奶昔

(1) 原料配方 去皮香蕉 1 根，去皮橙子 1 个，草莓 6 个，肉桂 1/2 茶匙，乳清蛋白粉 1 勺，无糖香草杏仁牛奶 1 杯，冰块 6 块。

(2) 制作过程 把材料倒入高速冰沙机搅拌，从慢到快，搅拌至均匀柔滑。然后倒入玻璃杯中即可。

37 咖啡馆蛋白质奶昔

(1) 原料配方 希腊酸奶 150 毫升，脱脂牛奶 200 毫升，香草味蛋白粉 2 汤匙，冰块 1 杯。

(2) 制作过程 把所有原料倒入冰沙机中拌匀即可。

38 有机南瓜奶昔

(1) 原料配方 椰汁 2 杯，纯净水 2 杯，煮熟的南瓜半杯，香草精 1 茶匙，有机蛋黄 4 个，枫糖浆 8 汤匙，冰块 1 杯。

(2) 制作过程 把所有材料倒入破壁机中搅拌均匀即可。

39 红粉佳人素食奶昔

(1) 原料配方 切碎的红甜菜 1 杯，煮熟的甜菜根 1 杯，杏仁奶 1/2 杯，苹果汁 1/2 杯，香草精 1 茶匙，生姜 1/2 茶匙，冰块 1 杯，枫糖浆 1 茶匙，蛋白粉 1 勺。

(2) 制作过程 把所有材料倒入破壁机中拌匀，倒入杯中即可饮用。

40 西瓜薄荷冰沙

(1) 原料配方 西瓜 1 个，青柠汁 1 杯，冰块 2 杯，新鲜的薄荷叶 1/4 杯，伏特加 5 毫升。

(2) 制作过程

① 西瓜对半切开取肉（可用一半的瓜肉）。西瓜和青柠汁放入破壁机中搅拌。加入冰块。

② 加入薄荷叶与伏特加搅拌至泥状。倒入杯中插入吸管即可。

41 菠萝椰子香蕉奶昔

(1) 原料配方 冰冻菠萝 1 杯，冰冻香蕉半根，脱脂牛奶或椰奶 1 杯，椰子精 1/4 茶匙。

(2) 制作过程 把所有原料倒入破壁机中搅拌均匀柔滑，倒入杯子，插入吸管即可饮用。

42 冰镇朗姆果汁奶昔

(1) 原料配方　冰冻菠萝 3/4 杯，香草或纯希腊酸奶 1/2 杯，椰奶 1/2 杯，朗姆酒 1/4 茶匙，蛋白粉 1 勺。

(2) 制作过程　把所有原料倒入破壁机中搅拌均匀，倒入杯中插入吸管即可饮用。

43 菠萝橙子冰沙

(1) 原料配方　橙汁 1 杯，冰冻菠萝 3/4 杯，冰块 1/2 杯。

(2) 制作过程　所有材料倒入破壁机中搅拌均匀，倒入杯中即可。

44 绿色芒果冰沙

(1) 原料配方　菠菜叶 18～20 片，纯净水 2 汤匙，冻芒果 3/4 杯，新鲜蜂蜜 1/2 汤匙，榛奶 1/2 杯，肉桂粉 1/2 茶匙，香草粉 1/2 汤匙，无糖花生酱 2 汤匙，蛋白质粉 1 汤匙。

(2) 制作过程
① 先把菠菜叶与水倒入高速破壁机中搅拌至柔滑。
② 然后添加剩余的原料再次搅拌至柔滑。

45 橙子蔓越莓婴儿早餐奶昔

(1) 原料配方　香蕉 1 根，混合浆果 1/2 杯，蔓越莓酱 1/4 杯，燕麦 1/4 杯，橙汁 1/4 杯，酸奶 4 盎司，冰块 100 克。

(2) 制作过程　把所有材料倒入破壁机中搅拌均匀。倒入杯中，插入婴儿吸管。

46 香蕉鳄梨奶昔

(1) 原料配方　小鳄梨 1 个，香蕉 2 根，酸奶 1 杯，橙汁 1/2 杯，小麦胚芽 1.5 汤匙。

(2) 制作过程　把所有材料倒入破壁机中搅拌均匀即可。

47 桃子冰沙

(1) 原料配方　冰冻桃子 1 杯，冰冻香蕉 1 根，橙汁 1 杯。

(2) 制作过程　所有材料倒入破壁机中搅拌均匀，倒入杯中即可。

48 覆盆子橙汁奶昔

(1) 原料配方　冷冻覆盆子 1 杯，橙汁 1 杯，希腊酸奶 1/2 杯，蜂蜜 1 茶匙。

(2) 制作过程　把所有材料倒入破壁机中搅拌均匀倒入杯中即可。

49 绿茶芒果能量奶昔

(1) 原料配方　绿茶包 1 袋，开水 120 毫升，脱脂希腊酸奶半杯，香草 1/2 茶匙，芒果块 1 杯，冰块 100 克。

(2) 制作过程
① 茶壶中放入绿茶包，加入开水浸泡 5 分钟，冷却。
② 把所有材料倒入破壁机中搅拌均匀。倒入杯中即可饮用。

50 桃子胡萝卜奶昔

(1) 原料配方　桃子块 2 杯，胡萝卜 1 杯，冰冻香蕉 1 根，希腊酸奶 2 汤匙，椰奶 1 杯，蜂蜜 1 汤匙，冰块适量。

(2) 制作过程　把所有材料倒入破壁机中搅拌均匀。倒入杯中，插入吸管即可。

51 抗炎奶昔

(1) 原料配方　甜菜 2/3 杯，草莓切碎 2 杯，新鲜姜黄 1 茶匙，不加糖的杏仁牛奶 1 杯，橙汁 1/2 杯，腰果碎 25 克，冰块适量。

(2) 制作过程　破壁机中加入腰果碎之外的材料拌匀。最后倒入腰果碎装饰。

52 樱桃香草蛋白奶昔

(1) 原料配方　去核冰冻樱桃 1 杯，椰奶 1 杯，香草蛋白粉 1 勺，冰块适量。

(2) 制作过程　把所有材料倒入破壁机中搅拌均匀，倒入杯中插入吸管即可。

53 香蕉燕麦蓝莓奶昔

(1) 原料配方　牛奶 1 杯，冷冻蓝莓或新鲜蓝莓 1 杯，香蕉 1 根，燕麦 1/4 杯，冰块 1/2 杯。

(2) 制作过程　所有材料倒入破壁机中搅拌均匀，倒入杯中即可饮用。

54 香草酸奶蛋白奶昔

(1) 原料配方　香草酸奶 1/2 杯，脱脂牛奶或牛奶 1/2 杯，香草精 1 汤匙，香草蛋白粉 1 汤匙，甜菊糖 1/2 茶匙，碎冰 1 杯。

(2) 制作过程　把所有材料倒入破壁机中搅拌均匀直到完全融合。倒入杯子附上吸管。

55 老南瓜奶昔

(1) 原料配方　煮熟的去皮老南瓜 1 块，香草冰激凌 1 杯，牛奶 1/2 杯，冰块适量。

(2) 制作过程　把所有材料倒入破壁机中搅拌均匀，倒入杯中即可。

56 奶油姜绿奶昔

(1) 原料配方　有机菠菜 2 把，纯净水 1 杯，鳄梨 1/2 个，中等大小香蕉 1 根，芝麻酱 1 汤匙，去核海枣 2 个，生姜 1 汤匙，柠檬 1 个，冰块适量。

(2) 制作过程
① 有机菠菜洗净沥干；鳄梨去皮去核；香蕉去皮；柠檬榨汁。
② 把所有材料倒入破壁机中搅拌均匀，呈奶油状。倒入杯中饮用。

57 阳光椰子奶昔

(1) 原料配方　燕麦 1/4 杯，冷冻不加糖椰子汁 1 杯，不加糖椰奶 2 汤匙，新鲜柑橘 1.5 杯，新鲜去皮姜黄 10 克，去皮生姜 10 克，香草精 1/4 茶匙，蜂蜜或龙舌兰花蜜 1 茶匙，冰块适量。

(2) 制作过程　先把燕麦片放入破壁机中打碎。再倒入其他原料搅拌至泥状。倒入杯中即可饮用。

58 鳄梨蓝莓宝宝奶昔

(1) 原料配方　鳄梨 1/4 个，蓝莓 1/4 杯，香蕉半个，婴儿麦片 1/4 杯，全脂酸奶 1/4 杯，亚麻籽粉 1 茶匙，纯净水 1/4 杯，冰块适量。

(2) 制作过程　把所有材料倒入破壁机中搅拌均匀，倒入杯中即可饮用。

59 希腊酸奶蓝莓蛋白奶昔

(1) 原料配方　有机希腊酸奶 1 小杯，新鲜有机蓝莓 1 杯，牛奶 1/4 杯，枫糖浆或蜂蜜 1 汤，冰块适量。

（2）制作过程　把所有材料倒入破壁机中搅拌均匀。倒入杯中，用蓝莓装饰。

60　奶油鳄梨草莓奶昔

（1）原料配方　鳄梨 12.5 盎司，新鲜的草莓 4 盎司，蜂蜜 1 汤匙，新鲜香蕉 1 根，柠檬汁 1 茶匙，冰水 150 毫升。

（2）制作过程　把鳄梨切半去籽取出鳄梨肉。把所有材料倒入破壁机中拌匀即可。倒入杯中即可饮用。

61　冰摇红梅

（1）原料配方　莫林复合莓泥 30 毫升，冰红茶 200 毫升，冰块适量。

（2）制作过程

① 将复合莓果泥倒入冰摇壶，倒入冰红茶 200 毫升。

② 加适量冰块，摇匀后，倒入玻璃杯中即可。

62　卡布奇诺奶昔

（1）原料配方　卡布奇诺咖啡粉 3 勺，奶精 2 勺，冰块 150 克，水晶果 15克，纯净水 30 毫升。

（2）制作过程

① 沙冰机中加入冰块、卡布奇诺咖啡粉、奶精。

② 加纯净水打匀，最后加水晶果速打一下，倒入玻璃杯中即可。

63　草莓巧克力奶昔

（1）原料配方　蛋白粉 2 汤匙，杏仁奶 12 盎司，冷冻草莓半杯，冰块 100克，巧克力糖浆 15 毫升。

（2）制作过程　把所有材料倒入破壁机中搅拌均匀。倒入杯中，插入吸管。

64　奶油蔓越莓橙子奶昔

（1）原料配方　鲜橙汁 6 盎司，蔓越莓汁 2 盎司，希腊酸奶 2 盎司，新鲜的蔓越莓 1/3 杯，柠檬汁 15 毫升，冰块适量。

（2）制作过程　把所有材料倒入破壁机中搅拌均匀。倒入杯中，附上吸管。

65　菠萝猕猴桃薄荷奶昔

（1）原料配方　菠萝块 1 杯，猕猴桃 1 个，薄荷叶 5～6 片，椰奶 1/2 杯，冰块适量。

(2) 制作过程　把所有材料倒入破壁机中搅拌均匀。倒入杯中即可饮用。

66　假日薄荷奶昔

(1) 原料配方　香草冰激凌 2 杯，牛奶 1 杯，浓缩薄荷糖浆 2～3 滴，冰块 100 克，烘焙的薄荷糖 1/2 杯。

(2) 制作过程　把所有材料倒入破壁机中搅拌均匀。倒入杯子，用烘焙的薄荷糖装饰。

67　红色水果冰沙

(1) 原料配方　小的红色水果（树莓、红醋栗、黑醋栗、野草莓等）450 克，橙子 2 个榨汁，薄荷叶 4 片，蜂蜜 60 毫升，冰块适量。

(2) 制作过程　把水果洗净，去除水果的梗。把所有材料倒入破壁机中搅拌均匀。过滤，倒入冰沙，用薄荷叶装饰。

68　橙子菠萝奶昔

(1) 原料配方　冰冻菠萝块 2 杯，橙汁 1 杯，香草酸奶 1 杯，牛奶 3/4 杯，蜂蜜 1/4 杯，冰块适量，橙片 1 片。

(2) 制作过程　所有材料倒入破壁机中搅拌均匀。倒入杯中，用橙片装饰。

69　巧克力香蕉奶昔

(1) 原料配方　立顿红茶 1 瓶，淡奶油 1/2 杯，冰块 2 杯，香蕉 1 根，冰块适量，巧克力糖浆 1/3 杯。

(2) 制作过程　将巧克力糖浆之外的材料倒入破壁机中搅拌均匀。倒入杯中，挤上巧克力糖浆。

70　代糖奶昔

(1) 原料配方　新鲜橙汁 250 毫升，代糖 30 毫升，冰冻芒果 375 毫升，切片香蕉 1 根，麦芽 3 汤匙，冷冻水果（草莓、蓝莓、树莓、黑莓）1 杯（约 250 毫升），冰块适量。

(2) 制作过程　把所有材料倒入破壁机中搅拌均匀。倒入杯中。

71　香蕉桃子绿色奶昔

(1) 原料配方　希腊酸奶 3/4 杯，新鲜菠菜 3/4 杯，绿葡萄 1/2 杯，鳄梨 1/2 个，桃子 3/4 杯，香蕉 1/2 根，枫糖浆 1 汤匙，香草 1/2 茶匙。

(2) 制作过程　把所有材料倒入高速破壁机中搅拌至泥状。倒入杯中即可享用。

72　樱桃巧克力奶昔

(1) 原料配方　有机小菠菜 4 盎司，香草豆奶半杯，纯樱桃汁半杯，香蕉 1 根，冰冻蓝莓 1 杯，冰冻樱桃 1 杯，亚麻籽粉 2 汤匙，天然可可粉 1 汤匙，冰块适量。

(2) 制作过程　把所有材料倒入高速破壁机中搅拌至泥状。倒入杯中即可享用。

73　奶茶冰沙

(1) 原料配方　红茶 1 包，奶精粉 45 克，糖水 30 毫升，碎冰 250 克，开水 100 毫升。

(2) 制作过程
① 开水倒入茶壶中，放入红茶包浸泡 5 分钟即可取出，将茶壶放入冷水中，隔水冷却后倒入破壁机中。
② 加入奶精粉、糖水与碎冰，高速搅打 10 秒，然后用吧匙搅拌下，继续搅打 20 秒即可出品。

74　哈密瓜青柠冰糕

(1) 原料配方　去皮去籽的熟哈密瓜 6 杯，青柠汁 2 汤匙，青柠条 10 克。

(2) 制作过程
① 把青柠汁与去皮去籽的熟哈密瓜、青柠条放入高速破壁机中搅拌至泥状。
② 倒入雪糕模具中，冷冻 45 分钟。轻轻拿出冰糕，放入杯中即可。

75　烤椰子香蕉奶昔

(1) 原料配方　甜椰子片 1/2 杯，冰镇熟香蕉 2～3 根，冰块半杯，椰奶 1/2 杯，香草希腊酸奶 2～3 汤匙，肉桂 1/2 茶匙，香草 1/2 茶匙，椰片 1 勺。

(2) 制作过程
① 把甜椰子片放入烤盘于 220℃烤 2～5 分钟，注意别烤焦。
② 将所有材料倒入破壁机中搅拌均匀。倒入杯中，用 1 勺椰片装饰。

76　草莓香蕉高蛋白奶昔

(1) 原料配方　香蕉 1 根，新鲜草莓 1 又 1/4 杯，杏仁 10 个，纯净水 2 汤匙，冰块 1 杯，巧克力味蛋白粉 3 汤匙，冰块 200 克。

   （2）制作过程

      ① 把香蕉、新鲜草莓、杏仁、冰块和纯净水倒入破壁机中搅拌均匀。

      ② 添加巧克力味蛋白粉继续搅拌 30 秒。倒入杯中。

77 芒果牛奶冰沙

   （1）原料配方　芒果 120 克，牛奶 60 毫升，冰块 4～5 块，糖水 30 毫升。

   （2）制作过程

      ① 先将芒果切丁，备用。将一半切好的芒果丁与牛奶、糖水、冰块一起放入破壁机内搅拌成细沙状。

      ② 将冰沙倒入杯内，加另一半芒果丁拌匀即可。

78 蔓越莓梨生姜奶昔

   （1）原料配方　中等成熟的梨半个，大苹果半个，脐橙 1 个，新鲜的蔓越莓 1/4 杯，甘蓝叶 2 片，生姜 1 茶匙，纯净水 2/3 杯，椰枣 2 个。

   （2）制作过程

      ① 将中等成熟的梨去皮去核切碎，大苹果去皮去核切碎，脐橙去皮切碎，甘蓝叶撕碎，生姜洗净去皮切碎成 1 茶匙，椰枣去核。

      ② 将所有材料倒入破壁机中搅拌成泥。

79 蓝莓猕猴桃奶昔

   （1）原料配方　猕猴桃 2 个，蓝莓 150 克（其中 10 个用于装饰），低脂原味酸奶 2 汤匙，颗粒代糖 1 汤匙。

   （2）制作过程

      ① 猕猴桃去皮剁碎。将剁碎后的猕猴桃、蓝莓、低脂原味酸奶和颗粒代糖放入破壁机中搅拌均匀。

      ② 倒入杯中，用蓝莓装饰。

80 青苹果派奶昔

   （1）原料配方　去核切片青苹果 2 个，希腊酸奶 125 克，西洋小菠菜 15 克，速食燕麦 25 克，蜂蜜 15 毫升，肉桂粉 1/2 茶匙，肉豆蔻 1/4 茶匙，碎冰 110 克。

   （2）制作过程　把肉桂粉之外的材料倒入破壁机中搅拌均匀成泥状。倒入杯中，撒上肉桂粉。

81　草莓芝士蛋糕奶昔

（1）原料配方　冰冻草莓 1 杯，希腊酸奶 3/4 杯，低脂牛奶 1/2 杯，低脂奶油芝士 2 盎司，香草精 1 汤匙，龙舌兰花蜜 1.5 汤匙，冰块 100 克。

（2）制作过程　把所有材料倒入破壁机中搅拌均匀。倒入杯中即可饮用。

82　巧克力饼干百利奶昔

（1）原料配方　咖啡冰激凌 2.5 杯，牛奶 1.5 杯，爱尔兰百利甜酒半杯，巧克力曲奇饼干 2 块，冰块 100 克。

（2）制作过程　把咖啡冰激凌、牛奶、爱尔兰百利甜酒、巧克力曲奇饼干、冰块等倒入破壁机中搅拌均匀，留下 1 小块饼干弄碎。倒入杯中，用饼干碎末装饰。

83　摩卡早餐奶昔

（1）原料配方　香蕉 1 个，可可粉 1 汤匙，浓摩卡咖啡粉 2 汤匙，牛奶 240 毫升，冰块适量。

（2）制作过程

① 把所有的材料倒入破壁机中，搅拌 1 分钟，成顺滑状。

② 倒入玻璃杯或咖啡杯中，立即饮用。

84　红水晶冰沙

（1）原料配方　红石榴汁 30 毫升，柠檬片 1 片，碎冰 100 克，冰块 75 克，七喜汽水 200 毫升，糖水 30 毫升。

（2）制作过程

① 先在杯内加入碎冰。

② 在雪克壶中加入红石榴汁、糖水、冰块摇匀，倒入杯内。

③ 注入七喜汽水，最后用柠檬片装饰即可。

85　芒果爽冰沙

（1）原料配方　芒果肉 200 克，炼乳 20 毫升，鲜奶 60 毫升，果糖 15 毫升，冰块 200 克，芒果肉适量（用于切丁）。

（2）制作过程

① 将适量的芒果肉切丁，先放入杯底，做装饰；把 200 克芒果肉、鲜奶、果糖依次放入冰沙机内，放入冰块。

② 开启电源，瞬间启动开关，分段搅打 3～4 次。

③ 再连续搅打成冰沙状，倒入杯中，撒上芒果丁，淋上炼乳即可。

86 哈密瓜奶昔

(1) 原料配方　香草冰激凌球 1 个，哈密瓜 100 克，牛奶 60 毫升，奶油 30 毫升，砂糖 10 克。

(2) 制作过程

① 哈密瓜洗净切块备用；砂糖和奶油，慢慢打至发泡。

② 将哈密瓜、牛奶、香草冰激凌一起倒入破壁机内打成泥状，倒入玻璃杯中冷藏，制成奶昔。

③ 倒入玻璃杯中，再将奶油淋在冷藏后的奶昔表面即可。

87 蜂蜜杏仁奶昔

(1) 原料配方　香草冰激凌 3 勺，牛奶 1 杯，蜂蜜 30 毫升，杏仁黄油 2 汤匙，杏仁片 1/4 杯，冰块适量，冰激凌和杏仁片适量（装饰用）。

(2) 制作过程

① 将香草冰激凌、牛奶、蜂蜜、杏仁黄油、冰块和杏仁片放入破壁机中，搅拌至糊状。

② 倒入一个高大的玻璃杯中，留一点空间。加入额外的冰激凌与杏仁片在最上面装饰。

88 含羞草冰沙

(1) 原料配方　含羞草 15 克，白糖 1 杯，纯净水 1 杯，新鲜橙汁 3 杯，香槟或起泡葡萄酒 2 杯，新鲜柠檬汁 30 毫升，柠檬块 1 个。

(2) 制作过程

① 在平底锅中倒入纯净水和白糖、含羞草加热搅拌，直至糖溶解，熄火，冷却，取出含羞草。

② 将新鲜橙汁、新鲜柠檬汁、糖浆与香槟倒入冰格中，冷冻 8 小时或直到变硬。

③ 把混合冰块拿出来，用破壁机搅打成冰沙，倒入杯中用柠檬块装饰即可。

89 红色天鹅绒奶昔

(1) 原料配方　冰冻香蕉 1 个，冰冻樱桃 1 杯，加糖香草杏仁奶 3/4 杯，可可粉 2 汤匙，黄油 1 茶匙，冰块适量，巧克力碎片适量。

(2) 制作过程　把巧克力碎片之外的材料倒入破壁机中搅拌均匀。倒入杯中，撒上巧克力碎片装饰。

90 希腊酸奶芒果奶昔

(1) 原料配方 成熟芒果 1 个，希腊酸奶 30 毫升，肉桂粉 1/4 茶匙，冰块
适量，芒果块和肉桂粉适量。

(2) 制作过程 将成熟芒果、希腊酸奶、肉桂粉、冰块倒入破壁机中，混合
2～3 分钟至奶油状，倒入杯中，放上芒果块与肉桂粉装饰。

91 宝贝饮料

(1) 原料配方 七喜 60 毫升，西瓜 250 克，牛奶 60 毫升，糖浆 15 毫升，
奶油 15 毫升。

(2) 制作过程 将奶油之外的材料倒入破壁机中搅匀后倒入加有一半冰块的
玻璃杯中。然后在上面淋一层奶油即可。

92 柠檬草莓奶昔

(1) 原料配方 草莓 6 颗，鲜奶 90 毫升，香草冰激凌球 1 个，柠檬汁 10 毫
升，奶粉 20 克，冰块 1 杯，淡精盐水适量。

(2) 制作过程

① 草莓用淡精盐水浸泡 15 分钟，用清水清洗干净，去蒂。

② 将所有材料倒入破壁机内，分段搅打 3～4 次，然后连续搅打成冰沙
状，倒入玻璃杯中。

93 南国风情

(1) 原料配方 椰子果露 15 毫升，莱姆汁 15 毫升，凤梨果露 45 毫升，纯
净水 30 毫升，冰块 200 克，石斛兰 1 枝。

(2) 制作过程

① 将椰子果露、莱姆汁、凤梨果露依次倒入冰沙机内。放入冰块。

② 开启电源，瞬间启动开关，分段搅打 3～4 次。

③ 再连续搅打成冰沙状后盛入杯中，以石斛兰装饰即可。

94 彩色米奇

(1) 原料配方 香草冰激凌 1 球，纯牛奶 100 毫升，冰块 100 克，水果碎
25 克。

(2) 制作过程 将香草冰激凌、纯牛奶、冰块放入破壁机中搅拌均匀。倒入
玻璃杯中，撒上水果碎即可。

95 蓝莓雪泡

（1）原料配方　浓缩蓝莓汁 30 毫升，蜂蜜 30 毫升，冰块 1 杯，汽水 30 毫升。

（2）制作过程　将浓缩蓝莓汁、蜂蜜、冰块、汽水倒入破壁机中搅拌均匀。倒入杯中，加以装饰即可。

96 巧克力冰沙

（1）原料配方　鲜奶 120 毫升，巧克力粉 2 匙，奶精粉 1 匙，香草粉 1/3 匙，巧克力酱 15 毫升，冰块 100 克。

（2）制作过程

① 将冰块倒入破壁机中，加入鲜奶、巧克力粉、奶精粉和香草粉。

② 搅拌均匀后倒入杯中，淋上巧克力酱即可。

97 椰子奶昔

（1）原料配方　香草冰激凌球 1 个，椰奶 120 毫升，糖浆 30 毫升，冰块 100 克，柠檬片 1 片。

（2）制作过程　将香草冰激凌球与椰奶、糖浆、冰块放入破壁机或奶昔机中搅拌均匀，倒入杯中，加上柠檬片装饰即可。

98 果粒茶冰沙

（1）原料配方　果粒茶浓缩汁 60 毫升，七喜汽水 45 毫升，糖水 30 毫升，冰块 250 克。

（2）制作过程　所有材料放入冰沙机中，搅打 30 秒即成。

99 百老汇冰沙

（1）原料配方　君度橙香甜酒 45 毫升，橘皮果露 15 毫升，红石榴果露 10 毫升，莱姆汁 15 毫升，冰块 200 克，薄荷叶适量。

（2）制作过程

① 将材料依次倒入冰沙机内。

② 放入冰块，开启电源，瞬间启动开关，分段搅打 3～4 次。

③ 再连续搅打成冰沙状，倒入杯中，用薄荷叶装饰。

100 凤梨奶昔

(1) 原料配方　凤梨果肉 200 克（或凤梨果露 40 毫升），果糖 15 毫升，鲜奶 90 毫升，香草冰激凌 1 球，奶粉 20 克（或奶精粉 1 勺），冰块 1 杯，薄荷叶和凤梨片适量。

(2) 制作过程
① 将材料依次倒入冰沙机内。
② 放入冰块，开启电源，瞬间启动开关，分段搅打 3～4 次。
③ 再连续搅打成冰沙状，倒入杯中，以薄荷叶、凤梨片装饰。

101 红衣女郎

(1) 原料配方　玫瑰果露 30 毫升，红石榴果露 15 毫升，草莓果露 15 毫升，柠檬汁 15 毫升，纯净水 30 毫升，冰块 300 克，柠檬 1 角，新鲜樱桃 1 个。

(2) 制作过程
① 将材料依次倒入破壁机内。
② 放入冰块，开启电源，瞬间启动开关，分段搅打 3～4 次。
③ 连续搅打成冰沙状，盛入杯中，再放上柠檬角、新鲜樱桃装饰即可。

102 紫罗兰花冰沙

(1) 原料配方　热水 150 毫升，紫罗兰花 8 克，柠檬汁 15 毫升，果糖（或紫罗兰果露）30 毫升，冰块 300 克，紫罗兰花瓣 5 克。

(2) 制作过程
① 将热水及紫罗兰花泡成汤，并冷却。
② 把紫罗兰花汤、柠檬汁、果糖倒入破壁机内，放入冰块。
③ 开启电源，瞬间启动开关，分段搅打 3～4 次。
④ 连续搅打成冰沙状，盛入杯中。撒上紫罗兰花瓣装饰。

103 饼干奶昔冰沙

(1) 原料配方　鲜奶 60 毫升，鲜奶油 30 毫升，巧克力酱 45 毫升，香草奶昔冰沙粉 1 匙，巧克力饼干 3 片，冰块 300 克，车厘子 1 粒，薄荷叶适量。

(2) 制作过程
① 将冰块置入破壁机内，加入鲜奶、鲜奶油。
② 再加入巧克力酱、2 片巧克力饼干、香草奶昔冰沙粉于破壁机内。
③ 然后开动破壁机，将冰块搅打至绵细。

④ 把搅打好的冰沙倒入杯内，饰入巧克力饼干、车厘子、薄荷叶。

104 香蕉拿铁冰沙

(1) 原料配方　鲜奶 60 毫升，鲜奶油 30 毫升，巧克力酱 15 毫升，摩卡基诺冰沙粉 2 匙，香蕉（去皮切片）1 根，糖水（果糖、糖浆）15 毫升，冰块 300 克，发泡鲜奶油 15 毫升，香蕉片 15 克，巧克力片 15 克，车厘子 1 粒，薄荷叶 2 枝。

(2) 制作过程

① 将冰块置入破壁机内，加入鲜奶、鲜奶油。

② 再加入香蕉、糖水、巧克力酱、摩卡基诺冰沙粉。

③ 然后开动破壁机，将冰块搅打至绵细。

④ 把搅打好的冰沙倒入杯内，挤上发泡鲜奶油，饰入香蕉片、巧克力片、车厘子、薄荷叶。

105 异国之恋

(1) 原料配方　木瓜果肉 200 克，柠檬汁 15 毫升，果糖 30 毫升，纯净水 60 毫升，冰块 300 克，木瓜片 2 片。

(2) 制作过程

① 将木瓜果肉、柠檬汁、果糖、纯净水依次放入破壁机内，放入冰块，开启电源，瞬间启动开关，分段搅打 3～4 次；再连续搅打成冰沙状。

② 倒入杯中，放上 2 片木瓜片装饰。

106 蔓越梅鸡尾酒冰沙

(1) 原料配方　蔓越梅果露 60 毫升，莱姆汁 15 毫升，白柑橘汁 15 毫升，龙舌兰酒 15 毫升，糖水（果糖、糖浆）30 毫升，鲜果冰沙粉 1 匙，冰块 300 克，新鲜车厘子 1 粒，薄荷叶 10 克。

(2) 制作过程

① 将冰块置入破壁机内，加入蔓越梅果露、莱姆汁。

② 再加入龙舌兰酒、白柑橘汁、糖水及鲜果冰沙粉等于冰沙机内。

③ 然后开动破壁机，将冰块搅打至绵细。

④ 把搅打好的冰沙倒入杯内，饰以新鲜车厘子、薄荷叶。

107 榴莲奶昔冰沙

(1) 原料配方　鲜奶 60 毫升，鲜奶油 30 毫升，糖水（果糖、糖浆）15 毫升，新鲜榴莲 100 克，香草奶昔冰沙粉 1 匙，冰块 300 克，草莓巧克力片适量，新鲜榴莲 1 小片，车厘子 1 粒，薄荷叶适量。

(2) 制作过程

① 将冰块置入破壁机内，加入鲜奶、鲜奶油。

② 再加入糖水、新鲜榴莲、香草奶昔冰沙粉于破壁机内。

③ 然后开动破壁机，将冰块搅打至绵细。

④ 把冰沙倒入杯内，饰以新鲜榴莲片、草莓巧克力片、车厘子、薄荷叶。

108　奶油巧克力冰沙

(1) 原料配方　巧克力酱 45 毫升，鲜奶 60 毫升，鲜奶油 30 毫升，糖水（果糖、糖酱）15 毫升，鲜果冰沙粉 1 匙，冰块 300 克，发泡鲜奶油适量，巧克力糖、巧克力片、巧克力酱适量，车厘子 1 粒，薄荷叶 15 克。

(2) 制作过程

① 将冰块置入破壁机内，加入巧克力酱、鲜奶。

② 再加入糖水、鲜奶油、鲜果冰沙粉于冰沙机内。

③ 然后开动破壁机，将冰块搅打至绵细。

④ 把搅打好的冰沙倒入杯内，挤上发泡鲜奶油，饰以巧克力糖、巧克力片、巧克力酱、车厘子、薄荷叶。

109　水蜜桃果粒茶冰沙

(1) 原料配方　水蜜桃果粒茶 30 克，纯净水 100 毫升，蜂蜜 30 毫升，七喜汽水 30 毫升，碎冰或者冰块 250 克。

(2) 制作过程

① 将纯净水倒入煮锅中，烧开，放入水蜜桃果粒茶，用小火煮 3 分钟，滤出茶汁，冷却备用。

② 将所有材料放入冰沙机中搅打约 30 秒，倒入杯中即成。

110　草莓鲜果冰沙

(1) 原料配方　草莓 150 克，果糖 30 毫升，纯净水 30 毫升，冰块 300 克，草莓粉 1 勺。

(2) 制作过程

① 将草莓、果糖、纯净水、草莓粉倒入破壁机内，放入冰块。

② 开启电源，瞬间启动开关，分段搅打 3～4 次。

③ 再连续搅打成冰沙状即可盛入杯中。

111 猕猴桃奶昔

(1) 原料配方　猕猴桃汁 80 毫升，奶油冰激凌 1 勺，牛奶 150 毫升，冰块适量。

(2) 制作过程　将冰块之外的材料放入破壁机中搅拌均匀。倒入杯中，加入冰块调匀即可。

112 玫瑰故事

玫瑰故事又叫玫瑰莫吉托。

(1) 原料配方　玫瑰果露 45 毫升，莫吉托果露 15 毫升，纯净水 60 毫升，冰块 300 克，薄荷叶 3 枝，玫瑰花 1 朵。

(2) 制作过程

① 将玫瑰果露、莫吉托果露、纯净水依次倒入破壁机内，放入冰块。

② 开启电源，瞬间启动开关，分段搅打 3～4 次。

③ 连续搅打成冰沙状，盛入杯中，再放上薄荷叶、玫瑰花装饰即可。

注：莫吉托是英文 Mojito 翻译而来的。Mojito 是中美洲流行的鸡尾酒，这里的 Mojito 果露不含酒精，但却带着新鲜薄荷风味。

113 往日情怀冰沙

(1) 原料配方　无色朗姆酒 45 毫升，草莓果露 20 毫升，水蜜桃果露 20 毫升，奇异果果露 20 毫升，纯净水 30 毫升，冰块 300 克，洋兰 1 枝。

(2) 制作过程

① 将无色朗姆酒、草莓果露、水蜜桃果露、奇异果果露依次倒入破壁机内，放入冰块。

② 开启电源，瞬间启动开关，分段搅打 3～4 次。

③ 连续搅打成冰沙状，倒入杯中，以洋兰装饰。

114 草莓石榴奶昔

(1) 原料配方　草莓 6 颗（或草莓果露 30 毫升），鲜奶 90 毫升，香草冰激凌 1 球，红石榴糖浆 10 毫升，奶粉 20 克（或奶精粉 2 勺），冰块 1 杯，小红莓酱 10 克，薄荷叶 2 枝。

(2) 制作过程

① 将草莓、鲜奶、香草冰激凌、红石榴糖浆、奶粉依次倒入冰沙机内，放入冰块。

② 开启电源，瞬间启动开关，分段搅打 3～4 次。

③ 连续搅打成冰沙状，倒入杯中，挤上小红莓酱，放薄荷叶装饰。

115 蓝色夏威夷

(1) 原料配方　蓝柑橘果露 10 毫升，椰子果露 40 毫升，凤梨汁 60 毫升，冰块 300 克，凤梨 1 片，红樱桃 1 个。

(2) 制作过程

① 将蓝柑橘果露、椰子果露、凤梨汁依次倒入破壁机内，放入冰块。

② 开启电源，瞬间启动开关，分段搅打 3～4 次。

③ 连续搅打成冰沙状即可盛入杯中，以凤梨片、红樱桃装饰即可。

116 玫瑰花冰沙

(1) 原料配方　玫瑰果露 45 毫升，莱姆汁 30 毫升，鲜奶油 15 毫升，玫瑰冰沙粉 1 匙，冰块 300 克，粉玫瑰花 2 朵，车厘子 1 粒，薄荷叶适量。

(2) 制作过程

① 将冰块置入冰沙机内，加入玫瑰果露、莱姆汁、鲜奶油、玫瑰冰沙粉。

② 然后开动冰沙机，将冰块搅打至绵细。

③ 把搅打好的冰沙倒入杯内，饰以粉玫瑰花、车厘子、薄荷叶。

117 蜜红豆奶昔

(1) 原料配方　蜜红豆 90 克，牛奶 60 毫升，香草冰激凌 30 克，碎冰 250 克。

(2) 制作过程

① 将碎冰、蜜红豆、牛奶和香草冰激凌放入冰沙机中高速搅打 10 秒。

② 用吧匙稍微搅拌下，继续搅打 20 秒即可。

118 蓝莓薄荷奶昔

(1) 原料配方　蓝莓 1 杯，鳄梨半个，橙汁 20 毫升，新鲜薄荷叶半杯，柠檬汁 5 毫升，冰水半杯。

(2) 制作过程　将蓝莓、鳄梨、橙汁、新鲜薄荷叶、柠檬汁和冰水倒入破壁机中拌匀即可。

119 红豆冰沙

(1) 原料配方　红豆沙 80 克，三花全脂淡奶 50 克，全脂牛奶 75 克，冰块 100 克。

(2) 制作过程　将材料一起加入破壁机打匀即可。

120 意式香浓咖啡冰沙

(1) 原料配方　意式浓缩咖啡 60 毫升，糖水（果糖、糖浆）45 毫升，鲜奶油 30 毫升，鲜果冰沙粉 1 匙，冰块 300 克，咖啡豆 5 粒，薄荷叶适量。

(2) 制作过程
① 将冰块置入破壁机内，再加入意式浓缩咖啡、糖水、鲜奶油、鲜果冰沙粉。然后开动破壁机，将冰块搅打至绵细。
② 把搅打好的冰沙倒入杯内，饰入薄荷叶、咖啡豆。

121 黑森林巧克力冰沙

(1) 原料配方　巧克力冰激凌球 1 个，糖水 15 毫升，牛奶 15 毫升，巧克力碎片适量。

(2) 制作过程
① 在破壁机内加入除巧克力碎片以外的所有材料搅拌均匀。
② 倒入杯中用巧克力碎片装饰。

122 粉红玫瑰

(1) 原料配方　热水 150 毫升，粉红玫瑰花 8 克，玫瑰香蜜 30 毫升，果糖 15 毫升，冰块 300 克。

(2) 制作过程
① 将热水及粉红玫瑰花泡成汤，并冷却，再把花汤、玫瑰香蜜、果糖倒入破壁机内，放入冰块。
② 开启电源，瞬间启动开关，分段搅打 3～4 次。
③ 连续搅打成冰沙状即可盛入杯中，再放上玫瑰花瓣装饰即可。

123 鸳鸯双味冰沙

(1) 原料配方　意大利咖啡粉 10 克，纯净水 40 毫升，红茶 2 包，开水 100 毫升，奶精粉 20 克，糖水 30 毫升，碎冰 250 克。

(2) 制作过程
① 用意大利咖啡粉与纯净水做成意大利咖啡（用摩卡壶）。
② 开水倒入茶壶中，放入红茶包浸泡 5 分钟后取出，将茶壶放入冷水中，隔水冷却后，再倒入榨汁机或冰沙机中。
③ 加入意大利咖啡、奶精粉、糖水和碎冰，高速搅打 10 秒，再用吧匙略微搅拌一下，继续搅打 20 秒即可。

香浓提拉米苏冰沙

(1) 原料配方　巧克力冰激凌 1 个，香草冰激凌 1 个，鲜奶油 100 克，牛奶 50 克，可可粉适量。

(2) 制作过程

① 在破壁机内放入巧克力冰激凌、香草冰激凌、牛奶搅拌均匀，倒入杯内。

② 再抹上一层鲜奶油，撒入适量可可粉即可。

125 **车厘子水果冰沙**

(1) 原料配方　新鲜车厘子（去籽）5 粒，新鲜草莓 3 粒，矿泉水 60 毫升，糖水（果糖、糖浆）15 毫升，水果冰沙粉 2 匙，冰块 300 克，青苹果花 1 份，新鲜车厘子 1 粒，薄荷叶适量。

(2) 制作过程

① 将冰块置入破壁机内，加入新鲜车厘子、新鲜草莓。

② 再加入矿泉水、糖水、水果冰沙粉于冰沙机内。

③ 然后开动破壁机，将冰块搅打至绵细。

④ 把搅打好的冰沙倒入杯内，饰以青苹果花、新鲜车厘子、薄荷叶。

126 **印第安冰沙**

(1) 原料配方　香拿铁粉 35 克，香茶果露（或肉桂果露）30 毫升，鲜奶 60 毫升，冰块 300 克，鲜奶油和肉桂粉适量。

(2) 制作过程

① 将材料依次放入破壁机内，放入冰块。

② 开启电源，瞬间启动开关，分段搅打 3～4 次。

③ 连续搅打成冰沙状，倒入杯中；挤上鲜奶油，再撒些肉桂粉即可。

127 **奇异果冰沙**

(1) 原料配方　奇异果果露 60 毫升，新鲜奇异果（切片）80 克，鲜奶油 15 毫升，矿泉水 30 毫升，鲜果冰沙粉 1 匙，冰块 300 克，苹果花 1 份，奇异果 1 片，车厘子 1 粒，薄荷叶适量。

(2) 制作过程

① 将冰块置入破壁机内，加入奇异果果露、新鲜奇异果、矿泉水及鲜奶油。

② 再加入鲜果冰沙粉 1 匙于破壁机内。然后开动破壁机，将冰块搅打至绵细。

③ 把搅打好的冰沙倒入杯内，饰以苹果花、奇异果、车厘子、薄荷叶。

128 红豆炼乳冰沙

(1) 原料配方　蜜红豆 100 克，炼乳 45 毫升，鲜奶 90 毫升，冰块 300 克，红豆适量。

(2) 制作过程

① 将蜜红豆、炼乳（可留一点装饰用）、鲜奶依次放入破壁机内，放入冰块。

② 开启电源，瞬间启动开关，分段搅打 3～4 次。

③ 连续搅打成冰沙状即可盛入杯中。放上红豆（份量外），淋一些炼乳即可。

129 酸奶冰沙

(1) 原料配方　酸奶 100 毫升，雪碧 30 毫升，糖水 30 毫升，碎冰 300 克。

(2) 制作过程

① 将碎冰、酸奶、雪碧、糖水放入冰沙机中高速搅打 10 秒。

② 用吧匙稍微搅拌一下，再搅打 20 秒即可。

130 爱尔兰春天冰沙

(1) 原料配方　爱尔兰春天果粒茶 30 克，纯净水 100 毫升，蜂蜜 60 毫升，七喜汽水 30 毫升，碎冰或冰块 250 克。

(2) 制作过程

① 将 100 毫升纯净水倒入煮锅中，煮开，放入爱尔兰春天果粒茶，用小火煮 3 分钟，滤出茶汁，冷却备用。

② 将所有材料放入破壁机中搅打 30 秒即成。

131 薄荷巧克力冰沙

(1) 原料配方　鲜奶 50 毫升，鲜奶油 30 毫升，巧克力酱 30 毫升，薄荷巧克力冰沙粉 2 匙，冰块 300 克，巧克力片 15 克，新鲜草莓 1 粒，薄荷叶 3 枝。

(2) 制作过程

① 将冰块置入冰沙机内，加入鲜奶、鲜奶油，再加入巧克力酱。

② 加入薄荷巧克力冰沙粉于冰沙机内。然后开动破壁机，将冰块搅打至绵细。

③ 将冰沙倒入杯内，饰以巧克力片、新鲜草莓、薄荷叶。

132 菠萝冰沙

(1) 原料配方　菠萝 200 克，矿泉水 200 毫升，白糖 50 克，盐水 100 毫升。

(2) 制作过程

① 煮锅中加入白糖与矿泉水，小火煮至白糖溶化，熄火待凉（也可用糖浆）。

② 将糖浆放入冰箱，冻成冰块。菠萝洗净切块，用盐水泡 10 分钟。

③ 取出冰糖浆，放入破壁机内打碎，加入菠萝块搅拌一分钟即可。

133 咖啡提拉米苏奶昔

(1) 原料配方　意大利咖啡 1 杯，香草冰激凌球 1 个，奶油 20 克，可可粉 5 克。

(2) 制作过程　在破壁机中倒入意大利咖啡、香草冰激凌、奶油搅拌均匀倒入杯内。最后撒上可可粉装饰。

134 可可奶昔

(1) 原料配方　可可半杯，冰激凌球 1 个，冰块 150 克，彩糖粒适量。

(2) 制作过程　在破壁机内加入可可和冰激凌球。搅拌 1 分钟后，倒入玻璃碗内。撒上彩糖粒即可。

135 红茶奶昔

(1) 原料配方　牛奶 150 毫升，奶油冰激凌 1 勺，红茶水 30 毫升，冰块适量。

(2) 制作过程　将红茶水用牛奶混合成奶茶。再将奶油冰激凌与奶茶混合均匀。倒入杯中，再加入适量冰块拌匀即可。

136 西瓜柠檬冰沙

(1) 原料配方　西瓜果肉 100 克，柠檬草 10 克，开水 60 毫升，糖水 30 毫升，碎冰 300 克。

(2) 制作过程

① 西瓜果肉去籽，柠檬草洗净放入茶壶中，用开水浸泡 5 分钟后滤出，然后将茶壶放入冰水中，隔水冷却，再倒入破壁机中。

② 倒入其他材料高速搅打 10 秒后，用吧匙略微搅拌一下，再搅打 20 秒即可。

137 椰子榛子奶昔

(1) 原料配方　牛奶 150 毫升，椰奶 50 毫升，奶油冰激凌 1 勺，榛子酱 10 克，冰块适量。

(2) 制作过程

① 将奶油冰激凌、牛奶、椰奶与榛子酱倒入破壁机中拌匀。

② 倒入杯中再加入适量冰块拌匀即可。

138 香草奶昔冰沙

(1) 原料配方　鲜奶 90 毫升，鲜奶油 30 毫升，糖水（果糖、糖浆）15 毫升，香草奶昔冰沙 2 匙，冰块 300 克，巧克力糖 10 克，薄荷叶 3 枝。

(2) 制作过程

① 将冰块置入破壁机内，加入鲜奶、鲜奶油，再加入糖水。

② 加入香草奶昔冰沙粉于破壁机中。然后开动破壁机，将冰块搅打至绵细。

③ 将冰沙倒入杯内，饰以巧克力糖、薄荷叶。

139 香橙奶昔

(1) 原料配方　牛奶 150 毫升，奶油冰激凌 1 勺，橙汁 50 毫升，冰块适量。

(2) 制作过程

① 将牛奶、橙汁、奶油冰激凌放入破壁机或奶昔机中搅拌均匀。

② 倒入杯中，再加入适量冰块拌匀即可。

140 水果精灵

(1) 原料配方　开水 150 毫升，水果精灵果粒茶 10 克，苹果果露 20 毫升，百香果果露 20 毫升，冰块 300 克，苹果片 1 片。

(2) 制作过程

① 将开水及水果精灵果粒茶泡成茶汤，并冷却。

② 再把茶汤及其他材料倒入破壁机内，放入冰块。

③ 开启电源，瞬间启动开关，分段搅打 3～4 次。

④ 连续搅打成冰沙状即可盛入杯中，再放上苹果片装饰即可。

141 橘子冰沙

(1) 原料配方　橘子 2 个，糖水 60 毫升，碎冰 250 克。

（2）制作过程

　　① 将橘子洗净剥皮，果肉切成小块。

　　② 将碎冰、橘子果肉和糖水放入破壁机中，高速搅打 10 秒。

　　③ 用吧匙搅拌一下再搅打 20 秒即可出品。

142 血腥莓子

（1）原料配方　小红莓果露 20 毫升，樱桃果露 20 毫升，鲜奶 60 毫升，冰块 300 克，鲜奶油适量，红樱桃 1 颗。

（2）制作过程

　　① 将小红莓果露、樱桃果露、鲜奶依次倒入破壁机内，放入冰块。

　　② 开启电源，瞬间启动开关，分段搅打 3～4 次。

　　③ 连续搅打成冰沙状，倒入杯中，挤上鲜奶油，放上红樱桃装饰即可。

143 巧克力奶昔

（1）原料配方　巧克力 50 克，牛奶 150 毫升，奶油冰激凌 1 勺，冰块适量。

（2）制作过程

　　① 将巧克力融化后，加入 1/2 的牛奶备用。

　　② 将奶油冰激凌、巧克力奶和剩余的牛奶倒入破壁机中充分搅拌均匀。

　　③ 倒入杯中，加入适量冰块拌匀即可。

144 薄荷巧克力香草冰

（1）原料配方　薄荷汁 15 毫升，柠檬汁 10 毫升，香草冰激凌球 1 个，碎冰适量，巧克力碎屑适量。

（2）制作过程

　　① 破壁机内加入薄荷汁、柠檬汁、碎冰搅拌成冰沙状，倒入杯内。

　　② 向杯中加入香草冰激凌球，撒上巧克力碎屑即可。

145 纯正草莓奶昔

（1）原料配方　草莓 100 克，草莓果酱 50 克，牛奶 120 毫升，蜂蜜 30 毫升，草莓冰激凌球 1 个，冰块 1 小杯。

（2）制作过程

　　① 草莓洗净去蒂，放入破壁机中，加入草莓果酱、蜂蜜、牛奶、草莓冰激凌和冰块。

　　② 拌匀倒入杯中，加以装饰。

146 今生唯美冰沙

(1) 原料配方　玫瑰红酒 60 毫升，蔓越莓果汁 45 毫升，柳橙浓缩汁 20 毫升，冰块 200 克，红樱桃 1 颗，柠檬片 1 片。

(2) 制作过程

① 将玫瑰红酒、蔓越莓果汁、柳橙浓缩汁依次倒入冰沙机内，放入冰块。

② 开启电源，瞬间启动开关，分段搅打 3～4 次。

③ 连续搅打成冰沙状，倒入杯中，以红樱桃、柠檬片装饰。

147 翠绿海岛

(1) 原料配方　哈密瓜香甜酒 45 毫升，青苹果果露 20 毫升，百香果果露 20 毫升，冰块 200 克，哈密瓜片适量。

(2) 制作过程

① 将哈密瓜香甜酒、青苹果果露、百香果果露依次倒入破壁机内，放入冰块。

② 开启电源，瞬间启动开关，分段搅打 3～4 次。

③ 连续搅打成冰沙状，倒入杯中，用哈密瓜片装饰。

148 朗姆葡萄干奶昔

(1) 原料配方　牛奶 30 毫升，酸奶 30 毫升，糖水 15 毫升，朗姆酒 10 毫升，葡萄干 15 克，碎冰适量。

(2) 制作过程　将所有材料倒入破壁机中搅拌均匀倒入杯内即可。

149 豆浆橙子冰沙

(1) 原料配方　冰块 6 块，橙汁 75 毫升，糖浆 15 毫升，炼乳 30 毫升，意式浓缩咖啡 20 毫升，豆浆 50 毫升，黑糖 10 克，腰果 10 克，杏仁 10 克，爆米花 15 克。

(2) 制作过程

① 在杯中放入冰块、橙汁、糖浆和炼乳，稍微混合一下。

② 倒入意式浓缩咖啡混合，放入豆浆，用破壁机将冰块打碎，使其充分融合。

③ 撒上黑糖、杏仁、腰果和爆米花。

150 木瓜奶昔

(1) 原料配方　牛奶 150 毫升，木瓜 80 克，奶油冰激凌 1 勺，冰块 200 克。

(2) 制作过程

① 木瓜洗净切成小块备用。

② 将奶油冰激凌、牛奶、木瓜混合搅拌均匀。

③ 倒入杯中，再加入适量冰块拌匀。

151 青苹果冰沙

(1) 原料配方 青苹果汁 90 毫升，冰块 4～5 块，绿橄榄 1 颗，糖水 30 毫升。

(2) 制作过程

① 将青苹果汁、糖水、冰块放入破壁机内搅拌成细沙状。

② 将搅拌好的冰沙倒入杯内，加入绿橄榄装饰即可。

152 咖啡奶昔

(1) 原料配方 咖啡 50 毫升，奶油冰激凌 1 勺，牛奶 150 毫升，冰块适量。

(2) 制作过程 将所有材料倒入破壁机中搅拌均匀。倒入玻璃杯中，附上吸管。

153 乌梅冰沙

(1) 原料配方 乌梅汁 45 毫升，鲜奶 120 毫升，蜂蜜 30 毫升，奶精粉 1 匙，香草粉 1/3 匙，冰块适量。

(2) 制作过程 冰块倒入破壁机中，再加入所有原料搅拌均匀后倒入杯中，加以装饰即可。

154 美味香草奶昔

(1) 原料配方 牛奶 90 毫升，香草冰激凌球 1 个，糖水 10 毫升，冰块 200 克，果酱 15 克，樱桃 1 个。

(2) 制作过程

① 将牛奶、香草冰激凌、糖水与冰块放入破壁机中搅拌均匀成奶昔。

② 将奶昔倒入杯内，加果酱与樱桃装饰。

155 芒果粒粒爽

(1) 原料配方 鲜芒果丁 200 克，糖水 30 毫升，碎冰 200 克。

(2) 制作过程

① 破壁机内加入适量碎冰，再加入一半鲜芒果丁、糖水。

② 在破壁机内搅匀，倒入杯内。再加入剩余芒果丁即可。

156 大都会冰沙

(1) 原料配方　草莓 4 个，杨梅 4 个，红石榴汁 15 毫升，柠檬汁 15 毫升，碎冰适量。

(2) 制作过程

① 草莓洗净、去蒂；杨梅洗净去核。

② 将所有材料放入破壁机中搅拌均匀倒入杯内即可。

157 巧克力饼干奶昔

(1) 原料配方　香草冰激凌球 1 个，牛奶 90 毫升，糖水 10 毫升，巧克力饼干 2 块，巧克力威化饼干 2 片，冰块 200 克。

(2) 制作过程

① 将巧克力饼干、牛奶、香草冰激凌球、糖水、冰块放入破壁机内搅拌均匀。

② 将搅拌好的奶昔倒入杯内，用巧克力威化饼干装饰即可。

158 草莓牛奶冰沙

(1) 原料配方　草莓冰激凌 1 个，糖水 15 毫升，新鲜草莓 4 个，牛奶 30 毫升，碎冰 200 克。

(2) 制作过程　新鲜草莓去蒂、洗净。将所有材料倒入破壁机中搅拌均匀倒入杯中即可。

159 香蕉奶昔

(1) 原料配方　香蕉 1 根，牛奶 120 毫升，香草冰激凌球 1 个，蜂蜜 30 毫升，冰块 1 杯。

(2) 制作过程　香蕉去皮切成段，放入破壁机中。倒入其他配料搅拌均匀后倒入杯中。

160 鲜奶木瓜爽

(1) 原料配方　木瓜 100 克，牛奶 200 毫升，蜂蜜 15 毫升，鲜奶油 15 克，鲜奶果冻 1 个，冰块 200 克。

(2) 制作过程

① 木瓜去皮去籽切成块，放入破壁机中加冰块打碎。

② 将牛奶、蜂蜜加入破壁机中搅拌均匀倒入杯中。

③ 杯中加入鲜奶果冻，最后挤上鲜奶油即可。

161 麦片奶昔

(1) 原料配方　香草冰激凌球 1 个，麦片 2 匙，鲜奶 180 毫升，蜂蜜 30 毫升，冰块适量。

(2) 制作过程

① 将鲜奶、香草冰激凌球、蜂蜜、冰块放入破壁机中搅拌均匀。

② 再将麦片放入破壁机中搅拌 5 秒，倒入杯中，上面撒少许麦片装饰即可。

162 红果奶昔

(1) 原料配方　牛奶 150 毫升，奶油冰激凌 1 勺，鲜红果（山楂）80 克，冰块 200 克。

(2) 制作过程　鲜红果洗净去核取果肉。将牛奶、红果肉与奶油冰激凌放入破壁机中拌匀。倒入杯中，加入冰块即可。

163 瘦身冰沙

(1) 原料配方　草莓 4 颗，蓝莓 4 颗，蔓越莓汁 30 毫升，苹果汁 30 毫升，柠檬汁 30 毫升，芦荟汁 30 毫升，糖水 10 毫升，覆盆子 15 克，碎冰 200 克。

(2) 制作过程

① 将苹果汁、芦荟汁、柠檬汁、糖水与碎冰放入破壁机内搅拌均匀后倒入杯中。

② 再将洗净去蒂的草莓、覆盆子、蓝莓、蔓越莓汁放入破壁机内搅拌均匀后倒入冰沙中。

164 青提刨冰

(1) 原料配方　青提 50 克，蜂蜜 30 毫升，碎冰 200 克。

(2) 制作过程　碎冰放入玻璃碗中，加入青提拌匀再盛入玻璃杯中，淋上蜂蜜即可。

165 巧克力摩卡泡沫冰沙

(1) 原料配方　摩卡咖啡 1 杯，巧克力酱 15 毫升，牛奶 30 毫升，碎冰适量，巧克力饼干 1 块。

(2) 制作过程　破壁机中依次加入碎冰、巧克力酱、摩卡咖啡、牛奶搅拌均匀，倒入杯中。再加入巧克力饼干即可。

166 巧克力奶油冰沙

(1) 原料配方　巧克力冰激凌球 1 个，牛奶 45 毫升，糖水 15 毫升，巧克力果仁饼干 1 块，碎冰适量。

(2) 制作过程　在破壁机内依次加入巧克力冰激凌球、牛奶、糖水、碎冰搅拌均匀，倒入杯内。再加入巧克力果仁饼干即可。

167 百利提拉米苏奶昔

(1) 原料配方　百利甜酒 30 毫升，巧克力冰激凌球 1 个，奶油 15 毫升，巧克力粉适量。

(2) 制作过程

① 破壁机内加入百利甜酒、巧克力冰激凌球，搅匀后倒入杯中。

② 再倒入适量奶油，均匀地撒上巧克力粉即可。

168 鲜橙芒果雪泥

(1) 原料配方　橙子 2 个，芒果汁 30 毫升，白砂糖 150 克，柠檬汁 10 毫升，浓缩橙汁 20 毫升，碎冰 1 杯。

(2) 制作过程

① 将橙子顶部切下，制成果皮盖备用。

② 将果肉取出，将碎冰、浓缩橙汁、柠檬汁、白砂糖放入破壁机中，搅拌均匀，再加入芒果汁、橙子肉搅拌均匀。

③ 将搅匀的料倒入橙子杯中，用橙子果皮盖加以装饰即可。

169 动力草莓冰沙

(1) 原料配方　香蕉 1 根，草莓 4 颗，酸奶 60 毫升，碎冰 200 克，草莓酱 15 克。

(2) 制作过程

① 将香蕉去皮切块，草莓洗净去蒂切块。

② 将香蕉、草莓、酸奶、碎冰倒入破壁机中搅拌均匀倒入杯内，用草莓酱装饰即可。

170 巧克力杏仁冰

(1) 原料配方　杏仁果露 45 毫升，糖水 15 毫升，巧克力饼干 15 克，碎冰 200 克，果仁碎 15 克。

(2) 制作过程

① 破壁机中加入杏仁果露、糖水、碎冰，搅拌均匀后倒入杯中。

② 再加入巧克力饼干、果仁碎即可。

171 冰激凌水果冰沙

(1) 原料配方　香蕉1根，杨梅6颗，香草冰激凌球1个，火龙果球1个，冰块200克。

(2) 制作过程

① 杯中预先放入冰块，用破壁机做成冰沙。

② 香蕉去皮切片，杨梅洗净。

③ 香蕉片放入杯内，加入香草冰激凌球，放入火龙果球、杨梅即可。

172 黑樱桃奶昔

(1) 原料配方　牛奶150毫升，黑樱桃80克，奶油冰激凌1勺，冰块200克。

(2) 制作过程

① 黑樱桃洗净切成两半。

② 将黑樱桃、牛奶与奶油冰激凌放入破壁机或奶昔机中拌匀。

③ 倒入杯中，放入适量冰块拌匀即可。

173 柠檬红茶冰沙

(1) 原料配方　红茶1包，汽水60毫升，浓缩柠檬汁30毫升，蜂蜜30毫升，柠檬半个，开水120毫升，碎冰200克。

(2) 制作过程

① 柠檬榨汁备用；开水泡开红茶备用。

② 碎冰放入破壁机中，倒入红茶汤、新鲜柠檬汁、蜂蜜、浓缩柠檬汁、汽水，搅拌均匀，倒入杯中后装饰即可。

174 奶油蜜桃冰沙

(1) 原料配方　香草冰激凌球1个，蜜桃2块，糖水15毫升，奶油30克，碎冰适量。

(2) 制作过程　破壁机内加入香草冰激凌、糖水、奶油、碎冰搅拌均匀，倒入杯内。加入蜜桃块装饰。

175 双梅冰沙

(1) 原料配方　草莓6颗，糖水30毫升，碎冰200克，覆盆子15克。

(2) 制作过程　在破壁机内依次加入草莓（部分切成片待用）、覆盆子（留少许装饰用)、糖水、碎冰搅匀，倒入杯内。再加入草莓片、覆盆子装饰即可。

176 草莓饼干脆冰沙

(1) 原料配方　鲜草莓 4 个，草莓冰激凌球 1 个，碎冰 200 克，巧克力饼干 15 克。

(2) 制作过程　鲜草莓洗净去蒂。将鲜草莓、草莓冰激凌、碎冰放入破壁机中搅拌均匀，倒入杯内，用巧克力饼干装饰。

177 原味奇异果冰沙

(1) 原料配方　奇异果 2 个，浓缩奇异果汁 30 毫升，蜂蜜 30 毫升，碎冰 1 杯。

(2) 制作过程

① 奇异果去皮切成小块，备用。

② 将碎冰、浓缩奇异果汁和蜂蜜倒入破壁机中搅拌均匀。

③ 再加入奇异果肉，搅拌 10 秒钟，倒入杯中，加以装饰。

178 薄荷芒果西瓜冰

(1) 原料配方　西瓜 100 克，芒果块 100 克，糖浆 30 毫升，薄荷汁 15 毫升，碎冰 200 克，汽水 150 毫升。

(2) 制作过程　将西瓜切丁放入杯内，依次加入芒果块、碎冰、糖浆、薄荷汁。最后注入汽水即可。

179 葡萄紫冰沙

(1) 原料配方　葡萄原汁 240 毫升，红石榴糖浆 15 毫升，蓝柑橘糖浆 15 毫升，冰块 200 克，薄荷叶 1 枝。

(2) 制作过程

① 将葡萄原汁、红石榴糖浆、蓝柑橘糖浆依次放入破壁机内，放入冰块。

② 开启电源，瞬间启动开关，分段搅打 3～4 次。

③ 连续搅打成冰沙状，倒入杯中，放上薄荷叶装饰。

180 菠萝柠檬香茅小豆蔻冰沙

(1) 原料配方　菠萝半个，柠檬香茅茎 1 根，小豆蔻的种子 2 个，酸橙汁半个量，冰块 200 克

(2) 制作过程

① 菠萝半个去皮；柠檬香茅茎稍加修剪。

② 把菠萝和柠檬香茅茎放在榨汁机中，再加入小豆蔻的种子和酸橙汁，搅拌 30 秒。

③ 倒入放有冰块的玻璃杯中，即可饮用。

181 加勒比海酷饮奶昔

(1) 原料配方　鲜榨西番莲汁 1 个量，芒果块 1 个，菠萝汁 240 毫升，去皮香蕉 1 个，巴西坚果 2 个，菠萝 1 片。

(2) 制作过程

① 把菠萝片之外的材料倒入破壁机中，搅拌 1 分钟，成顺滑状。

② 倒入玻璃杯中，用菠萝片点缀装饰。

182 芒果椰香酸橙冰沙

(1) 原料配方　去皮去核芒果 1 个，椰奶 60 毫升，酸橙汁 60 毫升，冰块 240 克。

(2) 制作过程　把所有材料放入破壁机中搅拌 1 分钟，成顺滑状即可。

183 热带风情冰沙

(1) 原料配方　菠萝汁 90 毫升，糖水 30 毫升，冰块 200 克，红石榴糖浆 10 毫升，菠萝丁 25 克，樱桃 25 克，杨梅 25 克。

(2) 制作过程

① 将菠萝汁、冰块、糖水放入破壁机中搅拌成细沙状。

② 将冰沙倒入杯内，加菠萝丁、樱桃、杨梅，淋入适量红石榴糖浆即可。

184 薄荷椰果西瓜冰

(1) 原料配方　西瓜 100 克，椰果 100 克，糖浆 30 毫升，薄荷汁 15 毫升，碎冰 200 克，汽水 150 毫升。

(2) 制作过程　将西瓜切丁放入杯内，依次加入椰果、碎冰、糖浆、薄荷汁。最后慢慢注入汽水即可。

185 薰衣草冰沙

(1) 原料配方　薰衣草 8 克，薰衣草浓缩汁 60 毫升，糖水 20 毫升，沸水 60 毫升，冰块 250 克。

(2) 制作过程

① 沸水倒入茶壶中，放入薰衣草浸泡 5 分钟，滤出汤汁隔水冷却后

备用。

② 所有材料一起放入破壁机中搅打 30 秒即成。

186 椰子香蕉菠萝冰

(1) 原料配方　椰汁 45 毫升，香蕉 1 根，香草冰激凌球 1 个，菠萝碎 120 克，糖水 20 毫升，冰块 200 克。

(2) 制作过程　香蕉去皮切块。在破壁机内依次加入椰汁、香蕉块、香草冰激凌、菠萝碎、糖水、冰块，搅拌均匀，倒入杯中，用菠萝碎装饰即可。

187 乡村早餐奶昔

(1) 原料配方　苹果 1 个，梨 1 个，黑莓 35 克，柠檬汁 15 毫升，蜂蜜 15 毫升，普通低脂酸奶 120 毫升，纯净水 100 毫升。

(2) 制作过程

① 把苹果和梨的皮削掉，去核，切成块。

② 把所有的水果放在煮锅中，加入纯净水、柠檬汁和蜂蜜。煮开后用小火炖 10 分钟，等所有水果都比较烂了，关火冷却。

③ 把炖好的水果放在破壁机中，倒入普通低脂酸奶，搅拌 1 分钟，成顺滑状。

④ 倒入玻璃杯中，立即饮用，还可以在奶昔上淋上一点蜂蜜。

188 蜜西瓜冰沙

(1) 原料配方　西瓜果肉 300 克，蜂蜜 30 毫升，纯净水 30 毫升，冰块 300 克，西瓜 1 片。

(2) 制作过程

① 将西瓜果肉、蜂蜜依次放入破壁机内，放入冰块。

② 开启电源，瞬间启动开关，分段搅打 3～4 次

③ 连续搅打成冰沙状，倒入杯中，用 1 片西瓜装饰。

189 可尔必思冰沙

(1) 原料配方　冰块 300 克，可尔必思 120 毫升，红樱桃 1 个。

(2) 制作过程

① 将可尔必思倒入破壁机内，放入冰块。

② 开启电源，瞬间启动开关，分段搅打 3～4 次。

③ 连续搅打成冰沙状即可盛入杯中，以红樱桃装饰即可。

190 木瓜西柚刨冰

(1) 原料配方　木瓜 100 克，西柚 100 克，糖水 30 毫升，绿樱桃 2 颗，碎冰适量。

(2) 制作过程

① 将木瓜、西柚去皮切块，备用。

② 将绿樱桃之外的材料倒入破壁机内搅拌均匀，倒入杯内用绿樱桃装饰即可。

191 罗马假期

(1) 原料配方　冰咖啡 60 毫升，鲜奶 30 毫升，炼乳 45 毫升，冰块 300 克，鲜奶油适量。

(2) 制作过程

① 将冰咖啡、炼乳、鲜奶依次放入破壁机内，放入冰块。

② 开启电源，瞬间启动开关，分段搅打 3～4 次。

③ 连续搅打成冰沙状，倒入杯中，挤上鲜奶油装饰。

192 杏子早餐奶昔

(1) 原料配方　杏子 3 个，苹果汁 180 毫升，普通低脂酸奶 180 毫升，蜂蜜 1 茶匙，燕麦 1 汤匙，冰块 200 克。

(2) 制作过程　杏子切成两半，去核。把所有的材料倒入破壁机中，搅拌 1 分钟，成顺滑状即可。

193 蓝莓覆盆子蜜桃香橙奶昔

(1) 原料配方　蓝莓 35 克，覆盆子 35 克，蜜桃 1 个，橙汁 120 毫升，普通低脂酸奶 180 毫升，蜂蜜 2 茶匙，冰块 200 克。

(2) 制作过程　蜜桃 1 个切成两半去核。把所有材料倒入破壁机中，搅拌 1 分钟，成顺滑状即可。

194 特浓香蕉奶昔

(1) 原料配方　香蕉 1 根，调匀的花生酱 1 汤匙，牛奶 240 毫升，冰块 200 克。

(2) 制作过程　香蕉去皮切成 4 段。把所有材料倒入破壁机中，搅拌 1 分钟，成顺滑状即可。

195 香蕉蜜桃草莓奶昔

(1) 原料配方　香蕉 1 根，蜜桃 1 个，去蒂草莓 4 个，橙汁 180 毫升，蜂蜜 1 茶匙，冰块 200 克。

(2) 制作过程

① 香蕉去皮切成 4 段；蜜桃去核切成两半。

② 把所有材料倒入破壁机中，搅拌 1 分钟，成顺滑状即可。

196 草莓香蕉奶昔

(1) 原料配方　香蕉 1 根，草莓 150 克，普通低脂酸奶 120 毫升，牛奶 60 毫升，冰块 200 克。

(2) 制作过程

① 香蕉去皮切块；草莓去蒂。

② 将所有材料倒入破壁机中搅拌一分钟左右，成顺滑的饮料。

197 黑莓黑加仑奶昔

(1) 原料配方　黑莓 150 克，黑加仑 75 克，普通低脂酸奶 120 毫升，牛奶 60 毫升，冰块 200 克。

(2) 制作过程　把所有的材料倒入破壁机中，搅拌 1 分钟，成顺滑状即可。

198 木瓜芒果奶昔

(1) 原料配方　木瓜 100 克，芒果 100 克，普通低脂酸奶 120 毫升，牛奶 60 毫升，冰块 200 克。

(2) 制作过程

① 木瓜去皮切块；芒果去皮切块。

② 把所有的材料倒入破壁机中搅拌 1 分钟，成顺滑状即可。

199 蓝莓草莓奶昔

(1) 原料配方　蓝莓 75 克，去蒂草莓 150 克，普通低脂酸奶 120 毫升，牛奶 60 毫升，冰块 200 克。

(2) 制作过程　把所有配料倒入破壁机中，搅拌 1 分钟，成顺滑状即可。

200 黑莓覆盆子奶昔

(1) 原料配方　黑莓 150 克，覆盆子 75 克，普通低脂酸奶 120 毫升，牛奶 60 毫升，蜂蜜 1 茶匙，冰块 200 克。

（2）制作过程　把所有材料加入破壁机中，搅拌1分钟，成顺滑状即可。

201 李子西番莲奶昔

（1）原料配方　红李或黑李3个，西番莲2个，普通低脂酸奶120毫升，牛奶60毫升，冰块200克。

（2）制作过程

① 红李或黑李切成两半去核；西番莲榨汁过滤。

② 将所有的材料倒入破壁机中搅拌1分钟，成顺滑的奶昔。

202 蜜桃覆盆子奶昔

（1）原料配方　蜜桃1个，覆盆子75克，普通低脂酸奶120毫升，牛奶120毫升，冰块200克。

（2）制作过程　蜜桃去核，切成小块。把所有的配料倒入破壁机中。搅拌1分钟，成顺滑的混合物。

203 芒果西番莲奶昔

（1）原料配方　中等大小芒果1个，西番莲2个，普通低脂酸奶120毫升，牛奶120毫升，冰块200克。

（2）制作过程

① 中等大小芒果去核去皮；西番莲榨成汁。

② 把所有材料倒入破壁机中，搅拌1分钟，成顺滑状即可。

③ 可以在奶昔上撒些西番莲子，别有风味。

204 蜜瓜猕猴桃奶昔

（1）原料配方　切块蜜瓜100克，去皮猕猴桃2个，普通低脂酸奶120毫升，牛奶60毫升，冰块200克。

（2）制作过程　把所有材料倒入破壁机中搅拌1分钟，成顺滑状即可。

205 哈密瓜奶昔

（1）原料配方　哈密瓜1/4个，香草冰激凌1球，冰块200克。

（2）制作过程

① 哈密瓜去皮去籽后，切成小块备用。

② 将哈密瓜块放入破壁机中搅打约10秒，加入香草冰激凌及冰块继续搅打至呈绵细状即可。

206 绿野葱葱

(1) 原料配方 绿薄荷果露 10 毫升，橘皮果露 30 毫升，凤梨果露 20 毫升，柠檬汁 15 毫升，纯净水 60 毫升，冰块 300 克，凤梨 1 片，樱桃 1 个，薄荷叶 3 枝。

(2) 制作过程

① 将绿薄荷果露、橘皮果露、凤梨果露、柠檬汁、纯净水依次倒入破壁机内，放入冰块。

② 开启电源，瞬间启动开关，分段搅打 3～4 次。

③ 连续搅打成冰沙状，倒入杯中，放上凤梨片、樱桃、薄荷叶装饰。

207 柠檬茶格妮塔

(1) 原料配方 冰红茶 150 毫升，柠檬茶果露 45 毫升，冰块 300 克，柠檬 1 片。

(2) 制作过程

① 将冰红茶、柠蒙茶果露依次放入破壁机内，放入冰块。

② 开启电源，瞬间启动开关，分段搅打 3～4 次。

③ 连续搅打成冰沙状，再倒入杯中，放上柠檬片装饰。

注：格妮塔（Granita）是一种意大利的粗制冰糕。除了柠檬茶的口味，还可以变化成水蜜桃茶或莱姆茶等。

208 夏日梦幻

(1) 原料配方 哈密瓜果露 30 毫升，青苹果果露 20 毫升，柳橙汁 15 毫升，纯净水 60 毫升，冰块 300 克，哈密瓜 1 片，柳橙 1 片。

(2) 制作过程

① 将哈密瓜果露、青苹果果露、柳橙汁、纯净水依次倒入冰沙机内，放入冰块。

② 开启电源，瞬间启动开关，分段搅打 3～4 次。

③ 连续搅打成冰沙状，盛入杯中，再放上哈密瓜片、柳橙片装饰即可。

209 牛奶可尔必思

(1) 原料配方 可尔必思 90 毫升，奶粉 30 克，鲜奶 60 毫升，冰块 1/3 杯。

(2) 制作过程

① 将可尔必思、奶粉、鲜奶依次放入破壁机内，放入冰块。

② 开启电源，瞬间启动开关，分段搅打 3～4 次。

③ 连续搅打成冰沙状，倒入杯中。

210 草莓杏子奶昔

(1) 原料配方 去蒂草莓 75 克，杏子 2 个，普通低脂酸奶 120 毫升，牛奶 60 毫升，蜂蜜 1 茶，冰块 200 克。

(2) 制作过程 杏子去核切成两半。把所有的材料倒入破壁机中。搅拌 1 分钟，成顺滑状即可。

211 焦糖冰沙

(1) 原料配方 焦糖果露 45 毫升，炼乳 30 毫升，鲜奶 60 毫升，冰块 200 克，焦糖酱 15 克，薄荷叶 3 枝。

(2) 制作过程
① 将焦糖果露、炼乳、鲜奶依次倒入破壁机内，放入冰块。
② 开启电源，瞬间启动开关，分段搅打 3～4 次。
③ 连续搅打成冰沙状，倒入杯中，在冰沙顶层淋上焦糖酱，放上薄荷叶即可。

212 蜂蜜柠檬冰沙

(1) 原料配方 冰块 200 克，鲜榨柠檬汁 60 毫升，蜂蜜 45 毫升，纯净水 30 毫升，柠檬 1 片。

(2) 制作过程
① 将鲜榨柠檬汁、蜂蜜、纯净水依次放入破壁机内，放入冰块。
② 开启电源，瞬间启动开关，分段搅打 3～4 次。
③ 连续搅打成冰沙状，倒入杯中，用柠檬片装饰。

213 无忧果冰沙

(1) 原料配方 覆盆子 1/2 小匙，玫瑰果 1/2 小匙，橘皮 1/2 小匙，新鲜覆盆子 6 颗，冰糖 2 大匙，开水 200 毫升，冰块 200 克。

(2) 制作过程
① 将覆盆子、玫瑰果、橘皮放入茶壶中，冲入 200 毫升的开水，静置约 5 分钟后倒出，加入冰糖调味后放凉备用。
② 将新鲜覆盆子、步骤①中的汤汁、冰块（1/2 的量）放入破壁机中搅打约 10 秒钟后停机。
③ 用长吧匙稍加搅拌后，再加入其余的冰块继续搅打约 10 秒钟，至冰块皆呈细沙状即可。

214 梦幻樱桃冰沙

(1) 原料配方　紫罗兰果露 15 毫升，樱桃果露 15 毫升，鲜奶 90 毫升，香草冰激凌 1 个，奶粉 20 克，冰块 200 克，薄荷叶 1 枝。

(2) 制作过程

① 将紫罗兰果露、樱桃果露、鲜奶、香草冰激凌、奶粉依次倒入破壁机内，放入冰块。

② 开启电源，瞬间启动开关，分段搅打 3～4 次。

③ 连续搅打成冰沙状，倒入杯中，以薄荷叶装饰。

215 缤纷世界冰沙

(1) 原料配方　无色伏特加 40 毫升，芒果果露 20 毫升，椰子果露 20 毫升，蔓越莓果露 20 毫升，冰块 200 克，薄荷叶 1 枝，凤梨 1 片，红樱桃 1 个。

(2) 制作过程

① 将无色伏特加、芒果果露、椰子果露、蔓越莓果露依次倒入冰沙机内，放入冰块。

② 开启电源，瞬间启动开关，分段搅打 3～4 次。

③ 连续搅打成冰沙状，倒入杯中，以薄荷叶、凤梨片、红樱桃装饰。

216 蜜桃爽

(1) 原料配方　新鲜水蜜桃 1 个，罐头水蜜桃 1/2 罐，蜂蜜 20 毫升，冰块 200 克。

(2) 制作过程

① 新鲜水蜜桃去皮去核，切小块；再取罐头水蜜桃的果肉两大块，切丁备用。

② 取水蜜桃罐头的汤汁 100 毫升，连同备用的新鲜水蜜桃块、冰块一起放入破壁机中搅打成碎冰状，即可倒入杯中。

③ 将步骤①中的罐头水蜜桃果肉丁放在步骤②的混合物最上层，再淋上少许蜂蜜即可。

217 原味柳橙冰沙

(1) 原料配方　柳橙汁 45 毫升，新鲜柳橙果肉（去皮切丁）80 克，矿泉水 60 毫升，鲜果冰沙粉 1 匙，冰块 300 克，柳橙花 1 份，车厘子 1 粒，薄荷叶 3 枝。

(2) 制作过程

① 将冰块置入破壁机内，加入柳橙汁及新鲜柳橙果肉。再加入矿泉水、

鲜果冰沙粉。

　　② 开动破壁机，将冰块搅打至绵细。将冰沙倒入杯内，饰以柳橙花、车厘子、薄荷叶。

218 绿香蕉戴克利

（1）原料配方　绿香蕉果露 45 毫升，柠檬汁 10 毫升，冷开水 60 毫升，冰块 300 克，香蕉 1 片，柠檬 1 片，红樱桃 1 个。

（2）制作过程

　　① 将绿香蕉果露、柠檬汁、冷开水依次倒入破壁机内，放入冰块。

　　② 开启电源，瞬间启动开关，分段搅打 3～4 次。

　　③ 连续搅打成冰沙状，盛入杯中，再放上香蕉片、柠檬片、红樱桃装饰即可。

219 绿果奶昔

（1）原料配方　杏仁露 30 毫升，绿薄荷糖浆 7 毫升，鲜奶 90 毫升，香草冰激凌 1 球，奶粉 20 克，冰块 1 杯，小红莓酱 10 毫升，巧克力酱 15 克。

（2）制作过程

　　① 将杏仁露、绿薄荷糖浆、鲜奶、香草冰激凌、奶粉依次倒入冰沙机内，放入冰块。

　　② 开启电源，瞬间启动开关，分段搅打 3～4 次。

　　③ 连续搅打成冰沙状，倒入杯中，挤上小红莓酱，淋上巧克力酱装饰。

220 爱尔兰法培

（1）原料配方　爱尔兰果露 30 毫升，鲜奶 60 毫升，香草冰激凌 1 球，奶粉 20 克，冰块 1 杯，小红莓酱 10 毫升，巧克力酱 15 克。

（2）制作过程

　　① 将材料依次倒入冰沙机内，放入冰块。

　　② 开启电源，瞬间启动开关，分段搅打 3～4 次。

　　③ 连续搅打成冰沙状，倒入杯中。挤上小红莓酱，淋上巧克力酱装饰。

221 青苹果奶昔

（1）原料配方　青苹果果露 30 毫升，鲜奶 60 毫升，奶粉 20 克（或奶精粉），香草冰激凌 1 球，冰块 1 杯，柠檬 1 片。

（2）制作过程

　　① 将青苹果果露、鲜奶、奶粉、香草冰激凌依次倒入冰沙机内，放入

冰块。

② 开启电源，瞬间启动开关，分段搅打 3～4 次。

③ 连续搅打成冰沙状，倒入杯中，放上柠檬片装饰即可。

222 奇异绿洲冰沙

(1) 原料配方　哈密瓜香甜酒 45 毫升，奇异果（猕猴桃）果汁 30 毫升，柳橙浓缩汁 15 毫升，冰块 300 克，柳橙 1 角，奇异果 1 角。

(2) 制作过程

① 将哈密瓜香甜酒、奇异果果汁、柳橙浓缩汁依次倒入破壁机内，放入冰块。

② 开启电源，瞬间启动开关，分段搅打 3～4 次。

③ 连续搅打成冰沙状，倒入杯中，以柳橙角、奇异果角装饰。

223 乌梅莱姆冰沙

(1) 原料配方　乌梅原汁 180 毫升，莱姆汁 15 毫升，冰块 300 克，加州梅 15 克。

(2) 制作过程

① 将乌梅原汁、莱姆汁依次倒入冰沙机内，放入冰块。

② 开启电源，瞬间启动开关，分段搅打 3～4 次。

③ 连续搅打成冰沙状，倒入杯中，在冰沙顶部放上加州梅装饰。

224 蛋蜜派对冰沙

(1) 原料配方　蛋黄香甜酒 60 毫升，奶粉 30 克，牛奶 30 毫升，冰块 300 克，豆蔻粉 0.5 克。

(2) 制作过程

① 将蛋黄香甜酒、奶粉、牛奶依次倒入冰沙机内，放入冰块。

② 开启电源，瞬间启动开关，分段搅打 3～4 次。

③ 连续搅打成冰沙状，倒入杯中，撒上豆蔻粉增加香味。

225 柳橙蛋蜜

(1) 原料配方　莱姆汁 10 毫升，蜂蜜 30 毫升，柳橙汁 150 毫升，蛋黄 1 个，鲜奶 60 毫升，冰块 300 克，柳橙 1 角。

(2) 制作过程

① 将莱姆汁、蜂蜜、柳橙汁、蛋黄、鲜奶依次倒入冰沙机内，放入冰块。

② 开启电源，瞬间启动开关，分段搅打 3～4 次。

③ 连续搅打成冰沙状，倒入杯中，放上柳橙角装饰。

226 馨香法培

(1) 原料配方　肉桂果露 30 毫升，香草冰激凌 1 球，鲜奶 60 毫升，奶粉（或奶精粉）20 克，冰块 1 杯，肉桂棒 1 根。

(2) 制作过程

　　① 将肉桂果露、香草冰激凌、鲜奶、奶粉依次倒入冰沙机内，放入冰块。

　　② 开启电源，瞬间启动开关，分段搅打 3～4 次。

　　③ 连续搅打成冰沙状，倒入杯中，插上肉桂棒即可。

227 黑醋栗奶昔

(1) 原料配方　黑醋栗果汁 120 毫升，香草冰激凌 1 球，奶粉（或奶精粉）20 克，冰块 1 杯，小红莓酱 15 克，红樱桃 1 个。

(2) 制作过程

　　① 将黑醋栗果汁、香草冰激凌、奶粉依次倒入破壁机内，放入冰块。

　　② 开启电源，瞬间启动开关，分段搅打 3～4 次。

　　③ 连续搅打成冰沙状，倒入杯中。挤上小红莓酱，放上红樱桃装饰。

228 杏仁薄荷冰沙

(1) 原料配方　绿薄荷糖浆 15 毫升，杏仁果露 15 毫升，鲜奶 90 毫升，香草冰激凌 1 球，奶粉 20 克，冰块 1 杯，薄荷叶 1 枝。

(2) 制作过程

　　① 将绿薄荷糖浆、杏仁果露、鲜奶、香草冰激凌、奶粉依次倒入冰沙机内，放入冰块。

　　② 开启电源，瞬间启动开关，分段搅打 3～4 次。

　　③ 连续搅打成冰沙状，倒入杯中，以薄荷叶装饰。

229 拥抱热情冰沙

(1) 原料配方　无色朗姆酒 45 毫升，葡萄原汁 150 毫升，冰块 300 克，洋兰 1 枝。

(2) 制作过程

　　① 将无色朗姆酒、葡萄原汁依次倒入冰沙机内，放入冰块。

　　② 开启电源，瞬间启动开关，分段搅打 3～4 次。

③ 连续搅打成冰沙状，倒入杯中，以洋兰装饰。

230 金色加州

(1) 原料配方　柳橙汁 30 毫升，葡萄柚果露 30 毫升，纯净水 30 毫升，冰块 300 克，葡萄柚 1 片，柳橙 1 片。

(2) 制作过程

① 将柳橙汁、葡萄柚果露、纯净水依次倒入破壁机内，放入冰块。

② 开启电源，瞬间启动开关，分段搅打 3～4 次。

③ 连续搅打成冰沙状，再倒入杯中，放上葡萄柚片、柳橙片装饰即可。

231 星河

(1) 原料配方　杏仁果露 15 毫升，草莓果露 20 毫升，凤梨果露 20 毫升，纯净水 60 毫升，冰块 300 克，奇异果 1 片，凤梨 1 片。

(2) 制作过程

① 将杏仁果露、草莓果露、凤梨果露、纯净水依次倒入破壁机内，放入冰块。

② 开启电源，瞬间启动开关，分段搅打 3～4 次。

③ 连续搅打成冰沙状，倒入杯中，放上奇异果片和凤梨片装饰即可。

232 杨桃冰沙

(1) 原料配方　杨桃原汁 180 毫升，莱姆汁 15 毫升，果糖 15 毫升，冰块 300 克，薄荷叶 1 枝。

(2) 制作过程

① 将杨桃原汁、莱姆汁、果糖依次倒入破壁机内，放入冰块。

② 开启电源，瞬间启动开关，分段搅打 3～4 次。

③ 连续搅打成冰沙状，倒入杯中，放上薄荷叶装饰。

233 甘蔗冰沙

(1) 原料配方　甘蔗原汁 180 毫升，柠檬汁 15 毫升，果糖 15 毫升，冰块 300 克。

(2) 制作过程

① 将甘蔗原汁、柠檬汁、果糖依次倒入冰沙机内，放入冰块。

② 开启电源，瞬间启动开关，分段搅打 3～4 次。

③ 连续搅打成冰沙状，倒入杯中。

234 琥珀迷情

(1) 原料配方 椰子果露 20 毫升，广柑果露 20 毫升，凤梨果露 20 毫升，纯净水 60 毫升，冰块 300 克，洋兰 1 枝。

(2) 制作过程

① 将椰子果露、广柑果露、凤梨果露、纯净水依次倒入冰沙机内，放入冰块。

② 开启电源，瞬间启动开关，分段搅打 3～4 次。

③ 连续搅打成冰沙状，倒入杯中，放上洋兰装饰。

235 紫色偶然

(1) 原料配方 蓝柑橘果露 15 毫升，红石榴果露 15 毫升，柠檬汁 10 毫升，果糖 15 毫升，纯净水 60 毫升，冰块 300 克。

(2) 制作过程

① 将蓝柑橘果露、红石榴果露、柠檬汁、果糖、纯净水依次倒入破壁机内，放入冰块。

② 开启电源，瞬间启动开关，分段搅打 3～4 次。

③ 连续搅打成冰沙状，倒入杯中即可。

236 圣基亚冰沙

(1) 原料配方 圣基亚果露 30 毫升，柳橙汁 15 毫升，冷开水 60 毫升，冰块 300 克，柳橙 1 片，红樱桃 1 个。

(2) 制作过程

① 将圣基亚果露及一半的冷开水倒入破壁机内，放入一半的冰块。

② 开启电源，打成冰沙状，倒入杯中。

③ 再将柳橙汁及剩余的冷开水放入冰沙机内，加入剩下的冰块，打成冰沙状，倒入杯中形成二层双色冰沙，以柳橙片、红樱桃装饰即可。

237 草莓凤梨冰沙

(1) 原料配方 凤梨汁 75 毫升，香草冰沙粉 35 克，草莓果露 20 毫升，冰块 300 克，凤梨叶 1 个，柳橙 1 片。

(2) 制作过程

① 将凤梨汁、香草冰沙粉、草莓果露依次倒入破壁机内，放入冰块。

② 开启电源，打成冰沙状，瞬间启动开关，分段搅打 3～4 次。

③ 连续搅打成冰沙状，再倒入杯中。以凤梨叶、柳橙片装饰即可。

238 青青河畔

(1) 原料配方 橘皮果露 20 毫升，绿薄荷果露 10 毫升，果糖 15 毫升，纯净水 60 毫升，冰块 300 克，柳橙皮结 1 个。

(2) 制作过程

① 将橘皮果露、绿薄荷果露、果糖、纯净水依次倒入冰沙机内，放入冰块。

② 开启电源，瞬间启动开关，分段搅打 3～4 次。

③ 连续搅打成冰沙状，再倒入杯中，放上柳橙皮结装饰即可。

239 草莓多冰沙

(1) 原料配方 养乐多 90 毫升，草莓果汁 60 毫升（或草莓果露 30 毫升），冰块 300 克，红樱桃 1 个，薄荷叶 1 枝。

(2) 制作过程

① 将养乐多、草莓果汁依次倒入破壁机内，放入冰块。

② 开启电源，瞬间启动开关，分段搅打 3～4 次。

③ 连续搅打成冰沙状，倒入杯中，放上红樱桃、薄荷叶装饰即可。

240 迷雾之晨

(1) 原料配方 水蜜桃果露 25 毫升，广柑果露 25 毫升，纯净水 60 毫升，冰块 300 克，柳橙 1 角，红樱桃 1 个。

(2) 制作过程

① 将水蜜桃果露、广柑果露、纯净水依次倒入冰沙机内，放入冰块。

② 开启电源，瞬间启动开关，分段搅打 3～4 次。

③ 连续搅打成冰沙状，盛入杯中。以樱桃叉放上柳橙角、红樱桃装饰即可。

241 樱桃石榴冰沙

(1) 原料配方 樱桃原汁 150 毫升，红石榴糖浆 10 毫升，冰块 300 克，红樱桃 2 颗。

(2) 制作过程

① 将樱桃原汁、红石榴糖浆依次倒入破壁机内，放入冰块。

② 开启电源，瞬间启动开关，分段搅打 3～4 次。

③ 连续搅打成冰沙状即可盛入杯中，以 2 颗红樱桃装饰即可。

242 粉红假日

(1) 原料配方　草莓果汁 180 毫升（或草莓果露 45 毫升），莱姆汁 15 毫升，炼乳 30 毫升，纯净水 60 毫升，冰块 300 克，柠檬 1 片，柳橙 1 片。

(2) 制作过程

① 将草莓果汁、莱姆汁、炼乳、纯净水依次倒入破壁机内，放入冰块。

② 开启电源，瞬间启动开关，分段搅打 3～4 次。

③ 连续搅打成冰沙状即可盛入杯中。放上柠檬片、柳橙片装饰即可。

243 夕阳

(1) 原料配方　红石榴糖浆 10 毫升，柳橙原汁 90 毫升，百香果汁 60 毫升，蛋黄 1 个，纯净水 60 毫升，冰块 300 克。

(2) 制作过程

① 将红石榴糖浆及一半的纯净水倒入破壁机内，放入一半的冰块。

② 开启电源，打成冰沙状，放入杯中。

③ 再将百香果汁及剩余的材料放入破壁机内，加入剩下的冰块。

④ 打成冰沙状，倒入杯中形成二层双色冰沙。

244 蜜桃比妮

(1) 原料配方　水蜜桃果露 45 毫升，草莓果露 15 毫升，香魁克柳橙汁 15 毫升，纯净水 60 毫升，冰块 300 克，薄荷叶 1 枝，红樱桃 1 个，水蜜桃 1 片。

(2) 制作过程

① 将水蜜桃果露、草莓果露、香魁克柳橙汁、纯净水依次倒入破壁机内，放入冰块。

② 开启电源，瞬间启动开关，分段搅打 3～4 次。

③ 连续搅打成冰沙状即可盛入杯中。放上薄荷叶、红樱桃、水蜜桃片装饰即可。

245 南海之恋

(1) 原料配方　葡萄柚果露 15 毫升，草莓果露 15 毫升，凤梨果露 30 毫升，柠檬汁 45 毫升，纯净水 60 毫升，冰块 300 克，葡萄柚 1 片，新鲜樱桃 1 个，薄荷叶 1 枝。

(2) 制作过程

① 将葡萄柚果露、草莓果露、凤梨果露、柠檬汁、纯净水依次倒入破壁机内，放入冰块。

② 开启电源，瞬间启动开关，分段搅打 3～4 次。

③ 连续搅打成冰沙状即可盛入杯中。再放上葡萄柚片、新鲜樱桃、薄荷叶装饰即可。

246 玫瑰田园

(1) 原料配方　开水 150 毫升，玫瑰田园果粒茶 10 克，玫瑰果露 30 毫升，冰块 300 克，玫瑰花瓣 15 克。

(2) 制作过程

① 将热水及玫瑰田园果粒茶泡成茶汤，并冷却。

② 把茶汤及其他材料（玫瑰花瓣除外）依次倒入破壁机内。

③ 加入冰块，开启电源，瞬间启动开关，分段搅打 3～4 次。

④ 连续搅打成冰沙状，盛入杯中。放上玫瑰花瓣装饰即可。

247 春之颂

(1) 原料配方　杏仁果露 30 毫升，柳橙汁 20 毫升，炼乳 30 毫升，果糖 15 毫升，纯净水 60 毫升，冰块 300 克，苹果 1 片，新鲜樱桃 1 个。

(2) 制作过程

① 将杏仁果露、柳橙汁、炼乳、果糖、纯净水依次倒入破壁机内，放入冰块。

② 开启电源，瞬间启动开关，分段搅打 3～4 次。

③ 连续搅打成冰沙状，盛入杯中。以苹果片、新鲜樱桃装饰即可。

248 柑橘魔力

(1) 原料配方　开水 150 毫升，柑橘魔力果粒茶 10 克，橘皮果露 40 毫升，冰块 300 克，柳橙皮丝 15 克。

(2) 制作过程

① 将热水及柑橘魔力果粒茶泡成茶汤，并冷却。

② 把茶汤及橘皮果露倒入破壁机内。

③ 加入冰块，开启电源，瞬间启动开关，分段搅打 3～4 次。

④ 连续搅打成冰沙状，盛入杯中。放上柳橙皮丝装饰即可。

249 黄金假期

(1) 原料配方　芒果果露 25 毫升，椰子果露 25 毫升，凤梨汁 90 毫升，冰块 300 克，芒果 1 片，柠檬 1 片，红樱桃 1 个。

(2) 制作过程

① 将芒果果露、椰子果露、凤梨汁依次倒入破壁机内，放入冰块。

② 开启电源，瞬间启动开关，分段搅打 3~4 次。

③ 连续搅打成冰沙状，盛入杯中。以芒果片、柠檬片、红樱桃装饰即可。

250 芬兰冰沙

(1) 原料配方　柳橙汁 15 毫升，柠檬汁 10 毫升，蜂蜜 30 毫升，奶粉（奶精粉）30 克，红石榴糖浆 10 毫升，牛奶 60 毫升，冰块 300 克，凤梨 1 片，凤梨叶 1 枝。

(2) 制作过程

① 将柳橙汁、柠檬汁、蜂蜜、奶粉、红石榴糖浆、牛奶依次倒入破壁机内，放入冰块。

② 开启电源，瞬间启动开关，分段搅打 3~4 次。

③ 连续搅打成冰沙状即可盛入杯中，以凤梨片、凤梨叶装饰即可。

251 夏之恋

(1) 原料配方　蓝莓果露 30 毫升，草莓果露 30 毫升，纯净水 60 毫升，冰块 300 克，红樱桃 1 个。

(2) 制作过程

① 将蓝莓果露、草莓果露、纯净水依次倒入冰沙机内，放入冰块。

② 开启电源，瞬间启动开关，分段搅打 3~4 次。

③ 连续搅打成冰沙状即可盛入杯中，以红樱桃装饰即可。

252 大溪地冰沙

(1) 原料配方　热带水果果露 60 毫升，冰红茶 150 毫升，冰块 300 克，芒果 1 片，柠檬 1 片，新鲜樱桃 1 个。

(2) 制作过程

① 将热带水果果露、冰红茶依次倒入破壁机内，放入冰块。

② 开启电源，瞬间启动开关，分段搅打 3~4 次。

③ 连续搅打成冰沙状，盛入杯中。放上芒果片、柠檬片、新鲜樱桃装饰即可。

253 湖滨散记冰沙

(1) 原料配方　热水 150 毫升，薄荷叶 2 克，柠檬草 3 克，马鞭草 3 克，果糖 40 毫升，冰块 300 克。

(2) 制作过程

① 将热水及薄荷叶、柠檬草、马鞭草泡成汤汁，并冷却。

② 把汤汁、果糖倒入破壁机内，放入冰块。

③ 开启电源，瞬间启动开关，分段搅打 3～4 次。

④ 连续搅打成冰沙状，盛入杯中。用薄荷叶装饰。

254 奇异果凤梨冰沙

(1) 原料配方　奇异果果露 30 毫升，莱姆汁 15 毫升，凤梨果露 30 毫升，奇异果 1/2 个，纯净水 60 毫升，冰块 300 克，奇异果块 1 个，柳橙 1 片。

(2) 制作过程

① 将奇异果果露、莱姆汁、凤梨果露、奇异果、纯净水依次倒入破壁机内，放入冰块。

② 开启电源，瞬间启动开关，分段搅打 3～4 次。

③ 连续搅打成冰沙状，盛入杯中。放上奇异果块、柳橙片装饰即可。

255 蔷薇蜜桃冰沙

(1) 原料配方　开水 150 毫升，蔷薇蜜桃果粒茶 1 包，杏桃果露 40 毫升，冰块 300 克，水蜜桃 1 片。

(2) 制作过程

① 将开水及蔷薇蜜桃果粒茶泡成茶汤，并冷却。

② 把茶汤及杏仁果露倒入破壁机内。

③ 加入冰块，开启电源，瞬间启动开关，分段搅打 3～4 次。

④ 连续搅打成冰沙状，盛入杯中。放上水蜜桃片装饰即可。

256 蓝色激情

(1) 原料配方　蓝柑橘果露 20 毫升，百香果汁 40 毫升，纯净水 60 毫升，冰块 300 克，凤梨 1 片，红樱桃 1 个，薄荷叶 1 枝。

(2) 制作过程

① 将蓝柑橘果露、百香果汁、纯净水依次倒入破壁机内，放入冰块。

② 开启电源，瞬间启动开关，分段搅打 3～4 次。

③ 连续搅打成冰沙状即可盛入杯中。以凤梨片、红樱桃、薄荷叶装饰即可。

257 芒果茶格妮塔

(1) 原料配方　芒果茶果露 45 毫升，冰红茶 150 毫升，冰块 300 克，芒果 1 片，薄荷叶 1 枝。

(2) 制作过程

① 将芒果茶果露、冰红茶依次放入破壁机内，放入冰块。

② 开启电源，瞬间启动开关，分段搅打 3～4 次。

③ 连续搅打成冰沙状，盛入杯中。放上芒果片、薄荷叶装饰即可。

258 蔷薇椰凤

(1) 原料配方　热开水 150 毫升，蔷薇椰凤果粒茶 10 克，椰子果露 10 毫升，凤梨果露 30 毫升，冰块 300 克，凤梨片 2 片。

(2) 制作过程

① 将热开水及蔷薇椰风果粒茶泡成茶汤汁，并冷却，再把汤汁及其他材料倒入破壁机内。

② 放入冰块，开启电源，瞬间启动开关，分段搅打 3～4 次。

③ 连续搅打成冰沙状，盛入杯中，再放上凤梨片装饰即可。

259 水蜜桃冰沙

(1) 原料配方　柳橙汁 20 毫升，香草冰沙粉 35 克，水蜜桃果露 20 毫升，冰块 300 克，薄荷叶 1 枝，水蜜桃 1 片。

(2) 制作过程

① 将柳橙汁、香草冰沙粉、水蜜桃果露倒入冰沙机内，放入冰块。

② 开启电源，瞬间启动开关，分段搅打 3～4 次。

③ 连续搅打成冰沙状，盛入杯中。再放上薄荷叶、水蜜桃装饰即可。

260 午后阳光

(1) 原料配方　热水 150 毫升，洋甘菊、薰衣草、金盏花、柠檬草各 2 克，果糖 45 毫升，冰块 300 克。

(2) 制作过程

① 将热水及洋甘菊、薰衣草、金盏花、柠檬草泡成汤汁，并冷却，再把汤汁、果糖倒入破壁机内。

② 放入冰块，开启电源，瞬间启动开关，分段搅打 3～4 次。

③ 连续搅打成冰沙状即可盛入杯中。

261 小红梅茶格妮塔

(1) 原料配方　小红莓茶果露 45 毫升，冰红茶 150 毫升，冰块 1 杯，红樱桃 1 个。

(2) 制作过程

① 将小红莓茶果露、冰红茶依次倒入破壁机内，放入冰块。

② 开启电源，瞬间启动开关，分段搅打 3～4 次。

③ 连续搅打成冰沙状即可盛入杯中，放上红樱桃装饰。

262 水蜜桃茶格妮塔

(1) 原料配方　雀巢水蜜桃茶 180 毫升（或水蜜桃茶果露 45 毫升），果糖 15 毫升，冰红茶 60 毫升，冰块 300 克。

(2) 制作过程

① 将雀巢水蜜桃茶、果糖、冰红茶依次倒入破壁机内，放入冰块。

② 开启电源，瞬间启动开关，分段搅打 3～4 次。

③ 连续搅打成冰沙状即可盛入杯中。

263 有氧薄荷冰沙

(1) 原料配方　热水 150 毫升，薄荷叶 8 克，绿薄荷糖浆 30 毫升，冰块 300 克。

(2) 制作过程

① 将热水及薄荷叶泡成汤汁，并冷却，再把汤汁、绿薄荷糖浆倒入破壁机内。

② 放入冰块，开启电源，瞬间启动开关，分段搅打 3～4 次。

③ 连续搅打成冰沙状即可盛入杯中。

264 杰克桑果

(1) 原料配方　开水 150 毫升，杰克桑果果粒茶 10 克，黑莓果露 30 毫升，冰块 300 克。

(2) 制作过程

① 将开水及杰克桑果果粒茶泡成茶汤，并冷却，再把茶汤及黑莓果露倒入破壁机内。

② 放入冰块，开启电源，瞬间启动开关，分段搅打 3～4 次。

③ 连续搅打成冰沙状即可盛入杯中。

265 奇异之吻

(1) 原料配方　凤梨汁 75 毫升，莱姆汁 20 毫升，奇异果（猕猴桃）半个，冰块 300 克，奇异果 1 角。

(2) 制作过程

① 将凤梨汁、莱姆汁、奇异果依次放入破壁机内，放入冰块。

② 开启电源，瞬间启动开关，分段搅打 3～4 次。

③ 连续搅打成冰沙状，倒入杯中。在杯口放上奇异果角装饰。

266 乡村茉莉

(1) 原料配方　开水 150 毫升，茉莉花 6 克，马鞭草 1 克，薄荷叶 1 克，果糖 40 毫升，冰块 300 克。

(2) 制作过程

　① 将开水及茉莉花、马鞭草、薄荷叶泡成汤汁，并冷却，再把汤汁、果糖倒入破壁机内。

　② 放入冰块，开启电源，瞬间启动开关，分段搅打 3～4 次。

　③ 连续搅打成冰沙状后盛入杯中，放上薄荷叶装饰即可。

267 夏威夷果

(1) 原料配方　开水 150 毫升，夏威夷果果粒茶 10 克，芒果果露 40 毫升，冰块 300 克，芒果 1 角。

(2) 制作过程

　① 将开水及夏威夷果粒茶泡成茶汤，并冷却，再把茶汤及其他材料倒入破壁机内。

　② 放入冰块，开启电源，瞬间启动开关，分段搅打 3～4 次。

　③ 连续搅打成冰沙状后盛入杯中，放上芒果角装饰即可。

268 热带水果冰沙

(1) 原料配方　综合水果汁 90 毫升，果糖 30 毫升，新鲜柳橙汁 60 毫升，冰块 300 克。

(2) 制作过程

　① 将综合水果汁、果糖、新鲜柳橙汁依次放入破壁机内，放入冰块。

　② 开启电源，瞬间启动开关，分段搅打 3～4 次。

　③ 连续搅打成冰沙状，倒入杯中，用薄荷叶装饰。

注：综合水果汁一般使用三种以上颜色相近的新鲜水果，以 1∶1∶1 等量的比例加入制作，例如凤梨、百香果、芒果等，浓郁香甜是制作冰沙的最佳要素。

269 安神菩提冰沙

(1) 原料配方　开水 150 毫升，菩提叶 3 克，薰衣草 2 克，洋甘菊 2 克，果糖 30 毫升，冰块 300 克。

(2) 制作过程

　① 将开水及菩提叶、薰衣草、洋甘菊泡成汤汁，并冷却，然后和果糖

一起倒入破壁机内。

② 放入冰块，开启电源，瞬间启动开关，分段搅打 3～4 次。

③ 连续搅打成冰沙状即可。

270 蓝莓乳香冰沙

(1) 原料配方　进口蓝莓果酱 50 克（或蓝莓果露 40 毫升），炼乳 30 毫升，鲜奶 90 毫升，冰块 300 克。

(2) 制作过程

　　① 将进口蓝莓果酱、炼乳、鲜奶依次放入破壁机内，放入冰块。

　　② 开启电源，瞬间启动开关，分段搅打 3～4 次。连续搅打成冰沙状，倒入杯中。

271 爱尔兰冰沙

(1) 原料配方　爱尔兰炼乳 30 毫升，冰咖啡 90 毫升，鲜奶 30 毫升，果露 30 毫升，冰块 300 克，咖啡豆 3 粒。

(2) 制作过程

　　① 将爱尔兰炼乳、冰咖啡、鲜奶、果露依次放入破壁机内，放入冰块，开启电源，瞬间启动开关，分段搅打 3～4 次。

　　② 连续搅打成冰沙状，倒入杯中。放上咖啡豆装饰。

272 白巧克力冰沙

(1) 原料配方　白巧克力（切细）50 克，果糖 15 毫升，鲜奶 90 毫升，冰块 300 克，巧克力碎片 15 克，鲜奶油适量。

(2) 制作过程

　　① 将白巧克力、果糖、鲜奶依次放入破壁机内，放入冰块。

　　② 开启电源，瞬间启动开关，分段搅打 3～4 次。

　　③ 连续搅打成冰沙状，倒入杯中，挤上鲜奶油，放上巧克力碎片装饰。

273 桑葚冰沙

(1) 原料配方　桑葚果酱 100 克，纯净水 60 毫升，冰块 300 克，薄荷叶 2 枝。

(2) 制作过程

　　① 将桑葚果酱、纯净水依次倒入破壁机内，放入冰块。

　　② 开启电源，瞬间启动开关，分段搅打 3～4 次。

　　③ 连续搅打成冰沙状即可盛入杯中，放上薄荷叶装饰。

274 巧酥冰沙

（1）原料配方　可可粉 35 克，果糖 15 毫升，鲜奶 60 毫升，巧克力奶油饼干 2 片，冰块 300 克，巧克力饼干适量（装饰用）。

（2）制作过程

　① 将可可粉、果糖、鲜奶油、巧克力奶油饼干依次放入破壁机内，放入冰块，开启电源，瞬间启动开关，分段搅打 3～4 次。

　② 连续搅打成冰沙状，倒入杯中。放上巧克力饼干装饰。

275 榛果摩卡冰沙

（1）原料配方　可可粉 20 克，奶粉 20 克，榛果粉 20 克，果糖 10 毫升，鲜奶 90 毫升，冰块 300 克，烘焙过的咖啡豆 3 粒。

（2）制作过程

　① 将可可粉、奶粉、榛果粉、果糖、鲜奶依次放入破壁机内。放入冰块。开启电源，瞬间启动开关，分段搅打 3～4 次。

　② 连续搅打成冰沙状，倒入杯中，放上几颗烘焙过的咖啡豆装饰。

276 樱桃香草冰沙

（1）原料配方　香草冰激凌 1 球（或香草冰沙粉 35 克），去梗红樱桃 4 颗（或樱桃果露 30 毫升），鲜奶 90 毫升，冰块 300 克，小红莓酱 10 克，原味鲜奶油适量。

（2）制作过程

　① 将香草冰激凌、去梗红樱桃、鲜奶依次放入破壁机内，放入冰块。

　② 开启电源，瞬间启动开关，分段搅打 3～4 次。

　③ 连续搅打成冰沙状，倒入杯中。在成品上挤适量原味鲜奶油，淋上小红莓酱即可。

277 夏威夷摩卡

（1）原料配方　摩卡冰沙粉 40 克，夏威夷豆果露（或杏桃果露）20 毫升，鲜奶 60 毫升，冰块 300 克，红樱桃 1 个，鲜奶油适量。

（2）制作过程

　① 将摩卡冰沙粉、夏威夷豆果露、鲜奶依次放入冰沙机内，放入冰块。

　② 开启电源，瞬间启动开关，分段搅打 3～4 次。

　③ 连续搅打成冰沙状，倒入杯中，挤上鲜奶油，放上红樱桃装饰。

278 咖啡恋曲冰沙

(1) 原料配方 巧克力酱 40 毫升，冰咖啡 90 毫升，奶粉 30 克，冰块 300 克，巧克力 10 克。

(2) 制作过程

① 将巧克力酱、冰咖啡、奶粉依次放入破壁机内，放入冰块。开启电源，瞬间启动开关，分段搅打 3～4 次。

② 连续搅打成冰沙状，倒入杯中。将巧克力用刀刨下一些碎屑做装饰。

279 加州橘香

(1) 原料配方 金橘（榨汁）4 颗，柳橙原汁 90 毫升，果糖 15 毫升，冰块 300 克，金橘 1 颗（装饰用）。

(2) 制作过程

① 将榨汁用金橘、柳橙原汁、果糖依次放入冰沙机内，放入冰块。开启电源，瞬间启动开关，分段搅打 3～4 次。

② 连续搅打成冰沙状，倒入杯中。将金橘对切装饰。

280 椰风可可

(1) 原料配方 巧克力酱 60 毫升，椰浆 90 毫升，果糖 30 毫升，冰块 300 克，可可粉 0.5 克，巧克力鲜奶油适量。

(2) 制作过程

① 将巧克力酱、椰浆、果糖依次放入冰沙机内，放入冰块。

② 开启电源，瞬间启动开关，分段搅打 3～4 次。连续搅打成冰沙状，倒入杯中。

③ 在成品上挤适量巧克力鲜奶油，撒些可可粉即可。

281 欧风巧克力冰沙

(1) 原料配方 巧克力酱（或意大利可可粉 35 克）60 毫升，奶粉 30 克，果糖 10 毫升，鲜奶 90 毫升，冰块 300 克，白巧克力酱 15 克，巧克力鲜奶油适量。

(2) 制作过程

① 将巧克力酱、奶粉、果糖、鲜奶依次放入破壁机内，放入冰块。

② 开启电源，瞬间启动开关，分段搅打 3～4 次。连续搅打成冰沙状，倒入杯中。

③ 在成品上挤适量巧克力鲜奶油，淋上白巧克力酱即可。

282　冰冻星球

(1) 原料配方　草莓果汁 90 毫升（或草莓果露 30 毫升），黑莓汁 90 毫升（或黑莓果露或蓝莓果露 30 毫升），炼乳 30 毫升，冰块 300 克，绿樱桃 1 个。

(2) 制作过程

　　① 将草莓果汁、黑莓汁、炼乳依次放入破壁机内，放入冰块。

　　② 开启电源，瞬间启动开关，分段搅打 3～4 次。连续搅打成冰沙状，倒入杯中。放上绿樱桃即完成。

283　夏威夷酷栗

(1) 原料配方　瑞士巧克力果露 25 毫升，夏威夷豆果露（或凤梨果露）25 毫升，鲜奶 60 毫升，冰块 300 克，巧克力鲜奶油 15 克。

(2) 制作过程

　　① 将瑞士巧克力果露、夏威夷豆果露、鲜奶依次放入破壁机内，放入冰块。

　　② 开启电源，瞬间启动开关，分段搅打 3～4 次。连续搅打成冰沙状，倒入杯中。

　　③ 在成品上挤适量巧克力鲜奶油。

284　玫瑰恋人

(1) 原料配方　白巧克力（切细）50 克，玫瑰果露 15 毫升，百香果汁 60 毫升，鲜奶 30 毫升，红石榴糖浆 10 毫升，冰块 300 克，干玫瑰 10 克。

(2) 制作过程

　　① 将白巧克力、玫瑰果露、百香果汁、鲜奶、红石榴糖浆依次放入破壁机内，放入冰块。

　　② 开启电源，瞬间启动开关，分段搅打 3～4 次。

　　③ 连续搅打成冰沙状，倒入杯中，放上干玫瑰装饰。

285　蓝莓果子冰沙

(1) 原料配方　进口蓝莓果酱 100 克（或蓝莓果子果粒茶 10 克），果糖 15 毫升（或蓝莓果露 30 毫升），纯净水 90 毫升，冰块 300 克，新鲜樱桃 1 个，薄荷叶 1 枝。

(2) 制作过程

　　① 将进口蓝莓果酱、果糖、纯净水倒入冰沙机内，放入冰块。

② 开启电源，瞬间启动开关，分段搅打 3～4 次。连续搅打成冰沙状即可盛入杯中。

③ 用新鲜樱桃、薄荷叶装饰。

286 咖啡拿铁冰沙

(1) 原料配方　可可粉 45 克，黑咖啡 60 毫升（或咖啡拿铁冰沙粉 40 克），果露 30 毫升，鲜奶 60 毫升，冰块 300 克，饼干 2 片，鲜奶油适量。

(2) 制作过程

① 将可可粉、黑咖啡、果露、鲜奶依次放入破壁机内，放入冰块。

② 开启电源，瞬间起动开关，分段搅打 3～4 次。连续搅打成冰沙状，倒入杯中。

③ 挤上鲜奶油，再放饼干装饰。

287 绿豆牛奶冰沙

(1) 原料配方　绿豆蜜 100 克，炼乳 45 毫升，鲜奶 60 毫升，冰块 300 克。

(2) 制作过程

① 将绿豆蜜（留少许装饰用）、炼乳、鲜奶依次放入破壁机内，放入冰块。

② 开启电源，瞬间启动开关，分段搅打 3～4 次，连续搅打成冰沙状，倒入杯中。

③ 放绿豆蜜在顶部装饰。

288 健康抹茶冰沙

(1) 原料配方　开水 30 毫升，抹茶粉 4 克，炼乳 45 毫升，鲜奶 60 毫升，果糖 20 毫升，冰块 300 克，抹茶粉（装饰用）适量。

(2) 制作过程

① 将材料依次放入破壁机内，放入冰块

② 开启电源，瞬间启动开关，分段搅打 3～4 次。

③ 连续搅打成冰沙状，再倒入杯中，撒上抹茶粉装饰。

289 红葡萄柚冰沙

(1) 原料配方　葡萄柚（榨汁）120 毫升，蜂蜜 30 毫升，冰块 300 克，奇异果 1 片。

(2) 制作过程

① 将葡萄柚、蜂蜜依次放入破壁机内，放入冰块。

② 开启电源，瞬间启动开关，分段搅打 3～4 次。

③ 连续搅打成冰沙状，再倒入杯中，放上奇异果片装饰。

290 水蜜桃鲜果泥

（1）原料配方 去皮去核水蜜桃 150 克，水蜜桃果露 30 毫升，纯净水 30 毫升，冰块 300 克，水蜜桃丁 25 克。

（2）制作过程
① 将去皮去核水蜜桃、水蜜桃果露、纯净水依次放入破壁机内，放入冰块。
② 开启电源，瞬间启动开关，分段搅打 3～4 次。
③ 连续搅打成冰沙状，再倒入杯中，放上水蜜桃丁装饰。

291 草莓园冰沙

（1）原料配方 新鲜草莓 150 克，奶粉 30 克，果糖 30 毫升，鲜奶 60 毫升，冰块 300 克，红樱桃 1 个，鲜奶油适量。

（2）制作过程
① 将新鲜草莓、奶粉、果糖、鲜奶依次放入破壁机内，放入冰块。
② 开启电源，瞬间启动开关，分段搅打 3～4 次。
③ 连续搅打成冰沙状，倒入杯中，在冰沙顶层挤上鲜奶油，再放上红樱桃装饰。

292 酷儿柳橙冰沙

（1）原料配方 柳橙原汁 150 毫升（或香魁克柳橙汁 40 毫升），果糖 30 毫升，冰块 300 克，柳橙 1 片。

（2）制作过程
① 将柳橙原汁、果糖依次放入破壁机内，放入冰块。开启电源，瞬间启动开关，分段搅打 3～4 次。
② 连续搅打成冰沙状，倒入杯中，用柳橙片装饰。

293 巴黎黄昏

（1）原料配方 草莓汁 90 毫升，百香果汁 90 毫升，果糖 15 毫升，冰块 300 克，红樱桃 2 颗。

（2）制作过程
① 将草莓汁放入破壁机内，放入一半的果糖与冰块。
② 开启电源，瞬间启动开关搅打成冰沙状，倒入杯底。再将百香果汁放入破壁机内，放入剩余的果糖与冰块打成冰沙，再倒入杯中形成

两层色泽不同的双色冰沙。

③ 最后用红樱桃装饰。

294 金橘柠檬冰沙

(1) 原料配方　新鲜浓缩汁 45 毫升，果糖 30 毫升，冷开水 60 毫升，冰块 300 克，新鲜金橘（榨汁）2 颗，新鲜金橘（装饰用）1 颗。

(2) 制作过程

① 将新鲜浓缩汁、果糖、冷开水、新鲜金橘（榨汁）依次放入破壁机内，放入冰块。开启电源，瞬间启动开关，分段搅打 3~4 次。

② 连续搅打成冰沙状，倒入杯中，将新鲜金橘对切装饰。

295 芒果探戈

(1) 原料配方　水蜜桃果肉 120 克（或水蜜桃果露），芒果果肉 120 克（或芒果果露 30 毫升），果糖 15 毫升，纯净水 60 毫升，冰块 300 克，芒果 1 片，薄荷叶枝。

(2) 制作过程

① 将水蜜桃果肉、芒果果肉、果糖、纯净水依次放入破壁机内，放入冰块。开启电源，瞬间启动开关，分段搅打 3~4 次。

② 连续搅打成冰沙状，倒入杯中，用芒果片、薄荷叶装饰。

296 百分百冰沙

(1) 原料配方　百香果果肉 2 颗（或百香果果露 25 毫升），椰浆 120 毫升（或椰子果露 20 毫升），果糖 30 毫升，香蕉半根，细盐 0.05 克，冰块 300 克，

(2) 制作过程　将百香果果肉、椰浆、果糖、香蕉、细盐依次放入破壁机内，放入冰块。开启电源，瞬间启动开关，分段搅打 3~4 次。连续搅打成冰沙状，倒入杯中。

297 奇异果酷

(1) 原料配方　奇异果 1 颗，奇异果汁 90 毫升，凤梨果汁 90 毫升，果糖 30 毫升，柠檬汁 15 毫升，冰块 300 克，凤梨 1 片，奇异果 1 片。

(2) 制作过程

① 将奇异果、奇异果果汁、凤梨果汁、果糖、柠檬汁依次放入破壁机内，放入冰块，开启电源，瞬间启动开关，分段搅打 3~4 次。

② 连续搅打成冰沙状，倒入杯中，将凤梨片、奇异果放在杯口装饰。

298 热带奇异冰沙

(1) 原料配方　百香果果肉 2 颗，奇异果果肉 1 颗，果糖 20 毫升，纯净水 90 毫升，冰块 300 克。

(2) 制作过程

① 将百香果果肉放入破壁机内，放入一半的果糖与冰块，开启电源，瞬间启动开关搅打成冰沙状，倒入杯中。

② 将奇异果果肉放入破壁机内，放入剩余的果糖与冰块，瞬间启动开关搅打成冰沙状，再倒入杯中形成两层色泽不同的双色冰沙。

299 白薄荷鸡尾酒冰沙

(1) 原料配方　白薄荷果露 60 毫升，莱姆汁 15 毫升，白色朗姆酒 30 毫升，糖水（果糖、糖浆）30 毫升，鲜果冰沙粉 1 匙，冰块 300 克，车厘子 1 粒，薄荷叶 3 枝。

(2) 制作过程

① 将冰块置入破壁机内，加入白薄荷果露、莱姆汁。

② 加入白色朗姆酒、糖水、鲜果冰沙粉于破壁机内。

③ 开动破壁机，将冰块搅打至绵细。将冰沙倒入杯内，饰以车厘子、薄荷叶。

300 紫罗兰花草冰沙

(1) 原料配方　紫罗兰果露 45 毫升，莱姆汁 30 毫升，紫罗兰花草冰沙粉 1 匙，果汁 15 毫升，冰块 300 克，柠檬片 1 片，紫罗兰适量，车厘子 1 粒，薄荷叶 2 枝。

(2) 制作过程

① 将冰块置入破壁机内，加入紫罗兰果露及莱姆汁。

② 加入果汁、紫罗兰花草冰沙粉于冰沙机内。

③ 开动破壁机，将冰块搅打至绵细。将冰沙倒入杯内，饰以紫罗兰、车厘子、柠檬片、薄荷叶。

301 夏日蜜梅冰沙

(1) 原料配方　柳橙原汁 120 毫升，脆梅蜜饯（去核）6 颗，冰块 300 克。

(2) 制作过程

① 将柳橙原汁放入冰沙机内，放入一半的冰块，开启电源，瞬间启动开关搅打成冰沙状，倒入杯中。

② 再将脆梅蜜饯放入冰沙机内,放入剩余的冰块,瞬间启动开关搅打成冰沙状,再倒入杯中,形成两层色泽不同的双色冰沙。

302 哈密瓜冰沙

(1) 原料配方　哈密瓜果肉 200 克,果糖 30 毫升,纯净水 30 毫升,冰块 300 克,哈密瓜片 1 片。

(2) 制作过程

① 将哈密瓜果肉、果糖、纯净水依次放入破壁机内,放入冰块。开启电源,瞬间启动开关,分段搅打 3~4 次。

② 连续搅打成冰沙状,倒入杯中,在杯口放入哈密瓜片装饰。

303 香蕉草莓冰沙

(1) 原料配方　柳橙汁 30 毫升,矿泉水 60 毫升,新鲜草莓 3 粒,香蕉半根,水果冰沙粉 2 匙,糖水(果糖、糖浆)15 毫升,冰块 300 克,薄荷叶 3 枝,草莓 2 片。

(2) 制作过程

① 将冰块置入破壁机内,加入柳橙汁、矿泉水。再加入新鲜草莓、香蕉、糖水、水果冰沙粉。

② 然后开动破壁机,将冰块搅打至绵细。将冰沙倒入杯内,饰以草莓片、薄荷叶。

304 芒果冰沙

(1) 原料配方　芒果香蜜 45 毫升,冷冻芒果 80 克,矿泉水 30 毫升,鲜果冰沙粉 1 匙,冰块 300 克,芒果 2 片,车厘子 1 粒,薄荷叶 3 枝。

(2) 制作过程

① 将冰块置入破壁机内。加入芒果香蜜、冷冻芒果、矿泉水、鲜果冰沙粉。

② 然后开动破壁机,将冰块搅打至绵细。将冰沙倒入杯内,饰以芒果、车厘子、薄荷叶。

305 摩卡基诺冰沙

(1) 原料配方　意式浓缩咖啡 60 毫升,糖水(果糖、糖浆)15 毫升,鲜奶油 30 毫升,巧克力酱 30 毫升,鲜果冰沙粉 1 匙,冰块 300 克,巧克力糖 2 片,发泡鲜奶油 15 毫升,薄荷叶 3 枝。

(2) 制作过程

① 将冰块置入破壁机内,加入意式浓缩咖啡、糖水、鲜奶油、鲜果冰

沙粉及巧克力酱。

② 开动破壁机，将冰沙块搅打至绵细。将冰沙倒入杯内，挤上发泡鲜奶油，饰以巧克力糖、薄荷叶。

306 杏核奶昔冰沙

(1) 原料配方　鲜奶 60 毫升，鲜奶油 30 毫升，杏核酱 45 毫升，冰块 300 克，香草奶昔冰沙粉 1 匙，巧克力片 10 克，车厘子 1 粒，薄荷叶 3 枝。

(2) 制作过程

① 将冰块置入破壁机内，加入鲜奶、鲜奶油、杏核酱、香草奶昔冰沙粉于冰沙机内。

② 然后开动破壁机，将冰块搅打至绵细。

③ 将冰沙倒入杯内，饰以巧克力片、车厘子、薄荷叶。

307 杏仁脆棒冰沙

(1) 原料配方　意大利浓缩咖啡 60 毫升，冰块 200 克，糖浆 20 毫升，牛奶 60 毫升，杏仁脆棒适量。

(2) 制作过程　将除杏仁脆棒外的材料放入破壁机中搅拌，然后再加上杏仁脆棒轻轻地搅拌。

308 酵母冰沙

(1) 原料配方　巧克力 60 克，鲜奶 90 克，鲜果冰沙粉 1 匙，冰块 300 克，薄荷叶 3 枝，巧克力屑适量。

(2) 制作过程

① 将冰块置入破壁机内，加入巧克力、鲜奶、鲜果冰沙粉。

② 然后开动破壁机，将冰块搅打至绵细。将冰沙倒入杯内，饰以巧克力屑、薄荷叶。

309 哈密瓜鸡尾酒冰沙

(1) 原料配方　哈密瓜香甜酒 45 毫升，莱姆酒 15 毫升，琴酒 30 毫升，糖水（果糖、糖浆）30 毫升，鲜果冰沙粉 1 匙，冰块 300 克，哈密瓜花 1 份，车厘子 1 粒，薄荷叶 3 枝。

(2) 制作过程

① 将冰块置入破壁机内，加入哈密瓜香甜酒、莱姆酒、琴酒、糖水、鲜果冰沙粉于破壁机内。

② 然后开动破壁机，将冰块搅打至绵细。将冰沙倒入杯内，饰以哈密

瓜花、车厘子、薄荷叶。

310 酸梅绿茶冰沙

(1) 原料配方　酸梅汁 200 毫升，柠檬汁 45 毫升，糖浆 15 毫升，绿茶水 200 毫升，生姜末 10 克。
(2) 制作过程
　① 把酸梅汁、柠檬汁、糖浆、绿茶水、生姜末放入碗中搅拌均匀。
　② 过滤后注入冰格中，放入冰箱冷冻成冰。
　③ 将冰冻好的混合冰块，倒入破壁机中粉碎数秒即可。

311 紫薯奶昔

(1) 原料配方　熟紫薯 100 克，牛奶 200 毫升，冰块 200 克。
(2) 制作过程　将蒸好的熟紫薯去皮切小块，放入破壁机中。倒入牛奶和冰块搅打均匀即可。

312 芦荟猕猴桃冰沙

(1) 原料配方　猕猴桃 3 个，白砂糖 20 克，纯净水 60 毫升，芦荟汁 30 毫升，冰块 200 克。
(2) 制作过程　猕猴桃去皮切成丁备用。破壁机中加入猕猴桃丁，还有白砂糖、纯净水、芦荟汁、冰块。搅拌至碎，放入玻璃杯中。

313 酸梅冰沙

(1) 原料配方　酸梅汤 200 毫升，薄荷叶 3 枝。
(2) 制作过程
　① 将一半酸梅汤倒入冰格中，放入冰箱冻成冰块，用破壁机将冰块打成冰沙。
　② 剩余的一半酸梅汤倒入杯中，将冰沙放在酸梅汤里，以薄荷叶点缀即可。

314 双莓奶昔

(1) 原料配方　蓝莓 100 克，草莓 100 克，脱脂牛奶 150 毫升，薄荷叶 3 枝，冰块 50 克。
(2) 制作过程
　① 蓝莓和草莓洗净，分别放入破壁机中榨汁。将蓝莓汁与一半脱脂牛奶、一半冰块放入破壁机中制成蓝莓奶昔。

② 草莓汁用同样方法制成奶昔备用。

③ 在玻璃杯中倒入一层蓝莓奶昔，然后再铺一层草莓奶昔，在杯口以薄荷叶装饰即可。

315 玫瑰花蜜冰沙

(1) 原料配方　玫瑰花 30 克，红石榴汁 45 毫升，鲜奶 45 毫升，蜂蜜 30 毫升，碎冰 250 克

(2) 制作过程　将玫瑰花洗净。将碎冰、玫瑰花、红石榴汁、鲜奶和蜂蜜放入破壁机中，高速搅打 10 秒。用吧匙略微搅拌一下再搅打 20 秒即可。

316 爽口猕猴桃奶昔

(1) 原料配方　猕猴桃 2 个，蜂蜜 15 毫升，鲜牛奶 200 毫升，冰块 100 克，猕猴桃 1 片。

(2) 制作过程

① 先将猕猴桃洗净、去皮、切块放进破壁机里。把鲜牛奶、冰块、蜂蜜也放进破壁机，搅打成果泥汁。

② 取一个干净玻璃杯，将果泥汁倒入杯中。拿一片猕猴桃划一小口插入杯边装饰即可。

317 香蕉奇异果冰沙

(1) 原料配方　香蕉 1 根，奇异果 1 个，低脂酸奶 1 杯，冰块 200 克，蜂蜜 15 毫升。

(2) 制作过程

① 香蕉去皮，切块；奇异果去皮，切片。

② 将香蕉、奇异果、低脂酸奶、冰块和蜂蜜一起放入破壁机搅拌成冰沙状，然后倒进玻璃杯即可。

318 草莓香蕉亚麻籽冰沙

(1) 原料配方　中等大小香蕉半根，冰冻草莓半杯，脱脂牛奶或豆奶 1.5 杯，磨碎的亚麻籽粉 2 汤匙，冰块 200 克。

(2) 制作过程　将以上原材料放进破壁机搅拌成冰奶昔状即可饮用。

319 花生香蕉冰沙

(1) 原料配方　脱脂牛奶/纯豆奶 300 毫升，天然花生酱 1 汤匙，中等大小香蕉 1 根，冰块 200 克。

(2) 制作过程　将所有原材料放进破壁机搅拌成冰沙状，倒入杯中即可。

320 香蕉牛奶冰沙

(1) 原料配方　脱脂牛奶/纯豆奶 300 毫升，香蕉 3 根，冰块 200 克。

(2) 制作过程　将所有原材料放进破壁机搅拌成冰沙状，倒入杯中即可。

321 草莓杏子冰沙

(1) 原料配方　脱脂牛奶/纯豆奶 300 毫升，草莓 100 克，杏子 4 个，冰块 200 克。

(2) 制作过程　将所有原材料放进破壁机搅拌成冰沙状，倒入杯中即可。

322 蓝莓星冰乐

(1) 原料配方　蓝莓茶 60 克，冰沙粉 40 克，纯净水 60 毫升，冰块 200 克，奶油 15 毫升。

(2) 制作过程
  ① 破壁机中加入蓝莓茶（留少许装饰用）、冰沙粉、冰块、纯净水搅打均匀。
  ② 装杯，挤上奶油，撒上蓝莓茶点缀。

323 鲜奶冰激凌

(1) 原料配方　鲜牛奶 350 克，糖粉 25 克，香草冰激凌 1 球，碎冰块 0.5 杯。

(2) 制作过程　先将碎冰块、糖粉、鲜牛奶放入杯内搅溶。然后加上香草冰激凌球即可。

324 香蕉圣代

(1) 原料配方　双色冰激凌 2 球，香蕉片 10 片，香草糖浆适量，鲜奶油少许，红樱桃 2 个，华夫饼干 1 块。

(2) 制作过程　先将双色冰激凌球放在杯中，然后把香蕉片加香草糖浆拌匀，铺在球四周，加鲜奶油在球上，顶部放红樱桃，华夫饼干放在旁边。

325 芒果巴菲

(1) 原料配方　樱桃汁 1 汤匙，香草冰激凌 1 球，芒果肉 4 勺，杂果粒 1 汤匙，鲜奶油 15 克，红樱桃 1 个，开心果粒 1 汤匙，华夫饼干 2 块。

(2) 制作过程　先将樱桃汁注入杯底，然后按次序将香草冰激凌球、芒果

肉、杂果粒、鲜奶油、红樱桃、开心果粒逐层加入。华夫饼干放杯边，
另放长柄匙供用。

326 夏日旋风

(1) 原料配方　枫叶核桃冰激凌 2 球，香草冰激凌 1 球，蓝莓果汁 50 克，
奶油花 1 朵，黑白巧克力棒 2 条，烤核桃仁 5 克，鲜猕猴桃 5 克。

(2) 制作过程
① 将枫叶核桃冰激凌、香草冰激凌放入杯中，浇上蓝莓果汁。
② 用奶油花点缀，插入巧克力棒，撒上烤核桃仁。将鲜猕猴桃切片码
放好即可。

327 香蕉船

(1) 原料配方　巧克力冰激凌 1 球，香草冰激凌 1 球，草莓冰激凌 1 球，香
蕉 1 根，巧克力酱 15 克，鲜奶油 15 克，水果块 25 克，糖饰品 1 个，
杏仁片 12 克。

(2) 制作过程
① 香蕉切成三段，码放在杯中；放入香草冰激凌、巧克力冰激凌、草
莓冰激凌。
② 浇少许巧克力酱在冰激凌上，并撒上杏仁片。
③ 在冰激凌上点缀鲜奶油，放上水果块，插上糖饰品即可。

328 蜜雪香波

(1) 原料配方　香草冰激凌 1 球，蛋黄 1 个，牛奶 120 毫升，蜂蜜 15 克，
冰块 0.5 杯。

(2) 制作过程　将蛋黄、牛奶、蜂蜜、冰块放入粉碎机中，高速搅打均匀。
倒入杯，将香草冰激凌放在上面。

参 考 文 献

[1] 李祥睿，陈洪华. 饮料配方与工艺. 北京：中国纺织出版社，2008.

[2] 李祥睿，陈洪华. 饮料加工技术与配方. 北京：中国纺织出版社，2017.

[3] 李祥睿，陈洪华. 饮品与调酒. 北京：中国纺织出版社，2018.

[4] 李祥睿，陈洪华. 调酒事典. 北京：化学工业出版社，2019.